高职高专示范院校建设规划教材

编委会

主　　任　杨宗伟

副主任　　王志斌

秘书长　　邓启华

委　　员　杨宗伟　王志斌　李和春　邓启华
　　　　　张　宏　高朝祥　王　林　张　欣

秘　　书　任小鸿

高职高专示范院校建设规划教材

化工压力容器结构与制造

王志斌　主　编
文申柳　徐茂钦　副主编
吴明兰　主　审

化学工业出版社
·北京·

本书共分八章，内容包括：化工压力容器基本知识、化工压力容器材料、化工压力容器计算、压力容器成型准备、成型、列管式换热器的组装、高压容器及其制造、球罐的制造。本书在编写过程中，充分考虑高职化工装备技术专业的特点，从读者的认知规律出发，力求做到基本概念阐述清晰，理论推导从简，直接切入主题，内容精练，深入浅出，突出实用性，并注重提高读者的实际应用能力。

本书可作为高职高专院校化工装备技术、焊接技术及自动化专业和其他机械类专业的教材或相关专业的教学参考书，也可供从事化工过程装备的制造、管理工作的工程技术人员和社会读者参考。

图书在版编目(CIP)数据

化工压力容器结构与制造/王志斌主编．—北京：化学工业出版社，2014.8（2023.3重印）
高职高专示范院校建设规划教材
ISBN 978-7-122-21104-0

Ⅰ．①化… Ⅱ．①王… Ⅲ．①化工设备-压力容器-构造-高等职业教育-教材②化工设备-压力容器-制造-高等职业教育-教材　Ⅳ．①TQ051.3

中国版本图书馆CIP数据核字（2014）第142272号

责任编辑：高　钰　　　　　　　　　文字编辑：项　潋
责任校对：吴　静　　　　　　　　　装帧设计：刘丽华

出版发行：化学工业出版社（北京市东城区青年湖南街13号　邮政编码100011）
印　　装：北京科印技术咨询服务有限公司数码印刷分部
787mm×1092mm　1/16　印张14¾　字数358千字　2023年3月北京第1版第5次印刷

购书咨询：010-64518888　　　　　　售后服务：010-64518899
网　　址：http://www.cip.com.cn
凡购买本书，如有缺损质量问题，本社销售中心负责调换。

定　　价：48.00元　　　　　　　　　　　　　　　　　　　版权所有　违者必究

前 言

近年来，在国家大力推进职业教育改革和加强教育结构调整的基础上，高等职业教育得到了较快的发展。针对高职教育"培养适应生产、建设、管理、服务第一线的技术技能型专门人才"的培养目标，编者将工学结合作为高职教育人才培养模式，达到将课程内容与职业标准、教学过程与生产过程相结合，以引导教育教学方法的改革。

本书在编写过程中，充分考虑高职化工装备技术专业的特点，从读者的认知规律出发，力求做到基本概念阐述清晰，理论推导从简，直接切入主题，内容精练，深入浅出，突出实用性，并注重提高读者的实际应用能力，同时插入了大量三维模型图片及实物照片，便于读者理解。编写人员来自教学和企业生产一线，具有丰富的教学和实践经验，力求达到"专业设置与产业需求、课程内容与职业标准、教学过程与生产过程"的对接。教学中引导学生认识、理解和掌握相关标准、规范，培养运用标准、规范、手册、图册等有关技术资料的能力，做到学以致用。

本书的第一章由陈玲编写，第二章、第四章、第八章由徐茂钦编写，第三章、第七章由王志斌编写，第五章由刘本树编写，第六章由文申柳编写。全书由王志斌担任主编并统稿，文申柳、徐茂钦担任副主编，吴明兰担任主审。

由于编者水平所限，不足之处诚恳希望专家及读者批评指正。

编者

目录

第一章 概述 ... 1
第一节 化工压力容器在生产中的应用与要求 ... 1
一、化工压力容器在生产中的应用 ... 1
二、生产中对化工压力容器的基本要求 ... 2
第二节 化工压力容器的结构 ... 4
一、化工压力容器基本结构 ... 4
二、压力容器分类 ... 5
第三节 压力容器标准体系简介 ... 6
一、我国压力容器标准体系简介 ... 6
二、压力容器制造质保体系 ... 8
第四节 压力容器发展 ... 8
一、化工压力容器向大型化发展 ... 9
二、化工压力容器用钢的发展 ... 9
三、化工压力容器制造方法的发展 ... 9
四、焊接新材料、新技术的产生和应用 ... 9
同步练习 ... 10

第二章 化工压力容器材料 ... 11
第一节 化工压力容器的材料分类 ... 12
一、碳素钢和低合金钢 ... 13
二、高合金钢 ... 14
第二节 材料的检验 ... 14
一、力学性能 ... 15
二、化学性能 ... 16
三、其他 ... 17
第三节 材料的管理 ... 18
一、材料的选择 ... 18
二、入库验收 ... 18
三、材料的使用 ... 19
四、材料的代用 ... 19

  第四节 材料的劣化 ·· 19
   一、材料的高温性能 ··· 19
   二、材料的劣化及防止措施 ··· 20
  同步练习 ··· 21

第三章 化工压力容器计算 22

  第一节 内压薄壁容器 ·· 23
   一、回转薄壳的形成及几何特性 ·· 23
   二、内压球形容器 ·· 27
   三、压力容器参数的确定方法 ··· 29
   四、压力容器的厚度计算及校核 ·· 35
   五、压力试验 ··· 39
  第二节 外压容器 ··· 40
   一、外压容器的失稳与失稳形式 ·· 40
   二、临界压力及其计算方法 ··· 41
   三、外压圆筒及外压球壳的图算法 ······································· 43
   四、外压容器的加强圈 ·· 52
   五、轴向受压圆筒 ·· 54
  第三节 压力容器封头 ··· 54
   一、封头的概念与形式 ·· 54
   二、椭圆形封头 ··· 55
   三、半球形封头 ··· 56
   四、碟形封头 ··· 56
   五、锥形封头 ··· 57
   六、平盖 ··· 59
  第四节 压力容器附件 ··· 59
   一、密封装置 ··· 59
   二、人孔与手孔 ··· 66
   三、支座 ··· 69
   四、补强方法与结构 ··· 77
   五、安全装置 ··· 79
   六、其他附件 ··· 81
  同步练习 ··· 82

第四章 压力容器成型准备 86

  第一节 原材料的准备 ··· 87
   一、原材料的净化 ·· 87
   二、矫形 ··· 88
  第二节 放样及划线 ·· 90

  一、展图 ·· 90
  二、号料（划线） ·· 92
 第三节 下料及边缘加工 ··· 94
  一、机械切割 ·· 94
  二、热切割 ··· 95
  三、边缘加工 ·· 99
 同步练习 ·· 101

第五章 成型 102

 第一节 冲压成型 ·· 103
  一、坯料的准备及要求 ·· 103
  二、冲压成型原理 ··· 103
  三、冲压成型过程及要求 ·· 104
 第二节 卷制成型 ·· 106
  一、钢板的弯卷半径 ··· 106
  二、卷板机的工作原理 ·· 106
  三、弯卷工艺 ·· 108
  四、弯卷易出现的缺陷及预防 ·· 110
  五、管子的弯卷 ·· 111
 第三节 旋压成型 ·· 116
  一、旋压成型特点 ··· 116
  二、旋压成型方法及成型过程 ·· 116
 第四节 爆炸成型 ·· 118
  一、爆炸成型特点 ··· 118
  二、爆炸成型过程及要求 ·· 118
 同步练习 ·· 119

第六章 列管式换热器的组装 121

 第一节 换热器的组装 ··· 121
  一、组装工艺 ·· 122
  二、组装的技术要求 ··· 130
  三、换热器的组装 ··· 132
 第二节 换热器的焊接 ··· 138
  一、焊接原理与设备 ··· 138
  二、焊接材料 ·· 142
  三、焊缝与坡口 ·· 146
  四、焊接工艺评定及产品焊接试板 ·· 149
  五、压力容器焊接施工 ·· 150
  六、焊接应力与变形 ··· 155

第三节　换热器的无损检测 ·································· 159
一、无损检测在压力容器中的应用 ·························· 159
二、射线探伤基本知识 ··· 159
三、射线底片评定 ··· 164
四、超声波探伤 ·· 168
五、表面探伤 ·· 176
六、无损检测新技术 ··· 182
第四节　换热器的热处理 ·································· 184
一、概述 ·· 184
二、热处理工艺 ·· 184
同步练习 ·· 187

第七章　高压容器及其制造　189

第一节　厚壁圆筒容器的强度计算 ···················· 190
一、厚壁圆筒弹性失效准则及强度计算 ···················· 190
二、中国现行规范中的厚壁圆筒计算方法 ················· 193
第二节　高压容器密封结构 ······························· 194
一、平垫密封 ·· 195
二、卡扎里密封 ·· 196
三、双锥密封 ·· 197
四、伍德式密封 ·· 197
第三节　厚壁圆筒制造 ·· 198
一、单层卷焊式高压容器筒节的制造 ······················· 198
二、整体锻造式高压容器筒节的制造 ······················· 199
三、多层包扎式高压容器筒节的制造 ······················· 199
四、绕带式高压容器筒节的制造 ······························ 200
五、绕板式高压容器筒节的制造 ······························ 201
六、热套式高压容器筒节的制造 ······························ 203
同步练习 ·· 204

第八章　球罐的制造　206

第一节　球形容器的结构与分类 ·························· 206
一、球罐的结构 ·· 207
二、球罐的分类 ·· 208
第二节　球瓣的制造 ·· 210
一、原材料检验 ·· 210
二、球瓣片加工 ·· 211
三、球瓣成型方法 ··· 212
四、球瓣板的曲率及几何尺寸 ································· 214

五、球瓣板的超声波和磁粉检查……………………………………………… 214
　　六、预组装……………………………………………………………………… 215
　第三节　球罐的组装……………………………………………………………… 215
　　一、整体组装法………………………………………………………………… 215
　　二、分带组装法………………………………………………………………… 216
　　三、分带和整体混合组装法…………………………………………………… 217
　　四、组焊准备…………………………………………………………………… 217
　　五、焊接及热处理……………………………………………………………… 217
　　六、检验………………………………………………………………………… 219
　同步练习…………………………………………………………………………… 219

附录　220
　附录一　碳素钢和低合金钢板的许用应力……………………………………… 220
　附录二　化工压力容器常用标准………………………………………………… 223

参考文献　224

第一章 概　述

● **知识目标**

掌握化工压力容器在生产中的应用要求、结构组成及分类方法，掌握压力容器的相关标准。

● **能力目标**

能够查阅压力容器标准，并利用相关标准对压力容器进行分类；能够利用网络书籍、工具书、期刊查询化工生产过程和化工压力容器的制造流程。

● **观察与思考**

图1-1是化工厂一角，图1-2是一化工压力容器——储罐。请仔细观察，并回答以下问题。

- 化工厂内有哪些机器设备？
- 化工压力容器由哪些部分组成？其用途是什么？

图1-1　化工厂一角

图1-2　储罐

第一节　化工压力容器在生产中的应用与要求

一、化工压力容器在生产中的应用

1. 化工压力容器概念

化工生产是介质在一定压力下进行的，因此工业生产中亦将化工压力容器简称为压力容器。

化工压力容器：指盛装气体或者液体，承载一定压力的密闭设备，它在化工生产过程中被广泛应用。储运容器、反应容器、换热容器和分离容器均属化工压力容器。

化工生产过程需要使用一系列的机器设备及配套装置，化工压力容器作为其重要的静设备，是一系列物理、化学、生物反应的场所，如果说把动设备如泵、压缩机、风机比作人体的心脏提供动力，把管路比作人体的血管，那么压力容器则相当于人体的其他脏器。化工压力容器不仅广泛应用于石油化工，还应用于生物、制药等诸多领域。

2. 化工压力容器在化工生产中的应用

化工生产是通过一定的工艺流程来实现的。工艺流程是指以反应设备为骨干，由系列单元设备通过管路串联组成的系统装置。不同的原料、不同的产品具有不同的工艺流程。

图1-3所示为管式炉乙烷裂解制乙烯生产流程图。原料乙烷和循环乙烷经热水预热后到裂解炉对流层，与加入一定比例的稀释蒸气进一步预热后，进入裂解炉的辐射段裂解，裂解气经废热锅炉迅速冷却后进入骤冷塔进一步冷却，其中水和重质成分冷凝成液体从塔底分出，冷却后的裂解气经压缩机一、二、三段压缩，送至碱洗塔去除酸性气体后，再进入乙炔转换塔除去乙炔，然后至压缩机四段增压后到干燥塔除去水分，再进入乙烯/丙烯冷冻系统降温冷凝，分离出氢气、冷凝液分离出甲烷，再在二分馏塔得到乙烯产品，乙烷再循环使用。

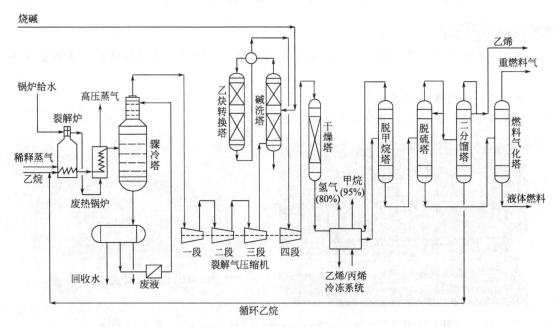

图1-3　管式炉乙烷裂解制乙烯流程图

上面生产过程中锅炉、骤冷塔、洗涤塔、干燥塔、脱碳塔等都属于压力容器范畴。除此外，几乎所有的化工生产都会用到压力容器，所以压力容器在化工生产中得到广泛应用。

二、生产中对化工压力容器的基本要求

1. 安全性要求

（1）足够的强度　强度是指材料在载荷作用下抵抗永久变形和断裂的能力。材料具有的

两个强度判据是屈服点和抗拉强度。化工压力容器是由一定材料制造的，材料强度与安全性紧密相关。在相同条件下，提高材料强度，可以提高设备的许用应力，减薄筒体厚度，减轻重量，便于制造、运输和安装，从而降低成本，提高总体综合经济性。对大型化工压力容器，提高材料强度的经济性尤为明显。

（2）良好的韧性　韧性是指材料断裂前吸收变形能量的能力，它是金属材料的力学性能指标之一。由于制造和使用的原因，化工压力容器在制造过程中可能会出现各种各样的缺陷，如裂纹、气孔、夹渣等，如果材料的韧性差，就会因其本身的缺陷或在波动的载荷作用下发生破坏。

（3）足够的刚度和抗失稳能力　刚度是指装备在载荷作用下保持原有形状的能力。刚度不足将导致装备变形而出现破坏。如螺栓、法兰和垫片组成的连接结构，若法兰刚度不够而出现过度变形就将导致密封失效而出现泄漏。

（4）良好的耐蚀性　化工压力容器接触的介质往往腐蚀性较强，如酸、碱、盐等。材料被腐蚀后不仅壁厚减薄而导致强度下降，而且可能导致材料的组织和性能改变。因此，材料必须具有较好的耐蚀性。

（5）可靠的密封性　密封是指化工压力容器防止介质泄漏的能力。由于设备内的介质具有一定压力和一定的危险性，如果一旦发生泄漏不仅造成环境污染，而且可能导致中毒、燃烧，甚至爆炸而出现安全事故。因此可靠的密封性是化工压力容器安全运行的必备条件之一。

2. 工艺性能要求

（1）工艺指标　化工压力容器具有一定的工艺指标要求，以满足生产需要而生产出合格的产品，如换热器的换热量、储罐的容量、反应器的反应速率、塔设备的传质效率等。如果工艺指标达不到生产要求，不仅影响整个过程的效率，而且还会造成经济损失而增加成本。

（2）生产效率高、消耗低　生产效率是指单位时间内单位体积或者单位面积所完成的生产任务，如换热器在单位时间单位传热面积的传热量，反应器在单位时间单位容积内的产品数量等。消耗是指单位质量或体积产品所需要的资源（如原料、燃料、电能等）。设计时需从工艺、结构等方面来考虑提高压力容器的生产效率和降低消耗。

3. 使用性能的要求

（1）结构合理、制造简单　化工压力容器的结构要紧凑、设计要合理、材料利用率要高。制造方法要有利于实现自动化、机械化，有利于成批生产，以降低生产成本。

（2）运输与安装方便　化工压力容器一般是由机械厂制造，再运至使用单位安装。对于中小型设备而言安装比较方便，但对于大型压力容器需要考虑运输的可能性，如运载工具的能力、空间的大小、码头的深度、桥梁与路面的承载能力、吊装设备的吊装能力等。对于特大型设备或有特殊要求的设备，则应考虑采用现场组装的条件和方法。

（3）操作、控制、维护简便　要求压力容器操作要简便，最好有自动控制装置和报警装置，以防误操作而出现安全事故。设备上一般需要设置测量、报警和调节装置，能检测流量、温度、压力、浓度、液位等状态参数，当操作过程中出现超温、超压和其他异常情况时，能够发出报警信号，并可对操作状态进行自动调节。

4. 经济性要求

在满足安全性、工艺性、使用性的前提下，应尽量减少压力容器的基建投资和日常维护、操作费用，并使设备在使用寿命内安全运行，以获得较好的经济性。

第二节 化工压力容器的结构

一、化工压力容器基本结构

图 1-4 所示为化工压力容器的典型结构,由筒体、封头、支座、开孔及接管、密封装置等五大部分组成。

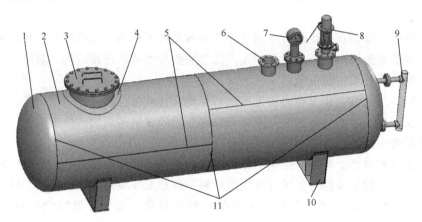

图 1-4 化工压力容器的典型结构
1—封头;2—筒体;3—人孔;4—补强圈;5—纵焊缝;6—法兰;
7—压力表;8—安全阀;9—液面计;10—支座;11—环焊缝

1. 筒体

筒体是化工压力容器最主要的受压元件之一,是储存物料或完成化学反应所需要的主要空间,如图 1-4 所示。筒体通常由钢板卷制成一个或多个筒节通过焊接而成,当直径较小(一般小于 500mm)时,筒体可直接采用无缝钢管制作。

2. 封头

封头是化工压力容器的另一受压元件,根据几何形状特征,分为球形、椭圆形、碟形、锥形、平板等形式。封头和筒体组合在一起就构成了封闭的容积空间。

当设备组装后不需要开启时(一般是设备内无内置构件或虽然有内置构件但不需更换和检修),封头与筒体通过焊接形成一个整体,从而保证密封。如果化工压力容器内部的构件需要更换或因检修需要多次开启,则封头和筒体的连接则采用可拆连接,此时,封头和筒体之间就必须要有一个密封装置。

3. 密封装置

为了保证化工压力容器内的介质不发生泄漏,需要进行密封。化工压力容器上有很多密封装置,如封头与筒体采用的可拆连接、容器接管与管道法兰的可拆连接、人孔、手孔的可拆连接等。压力容器能否安全正常运行,很大程度上取决于密封装置的可靠性。

4. 开孔与接管

为了使容器物料输入和输出,以及供检修人员进出设备进行检修,常在压力容器的壳体上开设各种大小的孔或安装接管,如人孔、手孔、视镜孔、物料进出接管,以及安装压力表、液面计、安全阀、测温仪表等接管开孔。

5. 支座

支座的作用是承受压力容器自身的重量和其内部介质的重量。对塔类容器而言除承受自身和介质的重量外，还要承受风载荷和地震载荷所造成的弯曲力矩。

二、压力容器分类

1. 按工艺用途分

（1）反应容器（代号 R）　主要用于完成介质的物理、化学反应。如反应器、反应釜［图 1-5（a）］、合成塔、蒸煮锅、分解塔、聚合釜、煤气发生炉等。

(a) 反应釜　　　(b) 换热器　　　(c) 干燥塔　　　(d) 球形储罐(球罐)

图 1-5　四种典型设备

（2）换热容器（代号 E）　主要用于完成介质之间的热量交换。如热交换器［换热器，图 1-5（b）］、管壳式余热锅炉、冷却塔、冷凝器、蒸发器、加热器、烘缸、电热蒸汽发生器等。

（3）分离容器（代号 S）　主要用于完成流体介质分离的设备。如分离器、过滤器、集油器、缓冲器、洗涤器、吸收塔、干燥塔［图 1-5（c）］、汽提塔、除氧器等。

（4）储存容器（代号 C，其中球罐代号 B）　主要用于储存和盛装生产用的原料气、液体、液化气体等。如储槽、球罐［图 1-5（d）］、槽车等。

如果一种压力容器，同时具备两种以上的工艺作用时，应按工艺过程中的主要作用来划分。

2. 按壳体的承压方式分

（1）内压容器　作用于器壁内部的压力高于器壁外表面承受的压力。

（2）外压容器　作用于器壁内部的压力低于器壁外表面承受的压力。

3. 按设计压力 p 的高低分

（1）低压容器（代号 L）　$0.1 \leqslant p < 1.6$ MPa。

（2）中压容器（代号 M）　1.6 MPa $\leqslant p < 10$ MPa。

（3）高压容器（代号 H）　$10 \leqslant p < 100$ MPa。

（4）超高压容器（代号 U）　$p \geqslant 100$ MPa。

4. 按容器的壁厚分

（1）薄壁容器　径比 $k = D_o/D_i \leqslant 1.2$ 的容器（D_o 为容器的外直径，D_i 为容器的内直径）。

（2）厚壁容器　$k > 1.2$ 的容器。

5. 按容器的工作温度 t 分

(1) 低温容器　$t \leqslant -20℃$。

(2) 常温容器　$-20℃ < t \leqslant 200℃$。

(3) 中温容器　$-200℃ < t \leqslant 450℃$。

(4) 高温容器　$t > 450℃$。

6. 按安装方式分

(1) 固定式压力容器　安装和使用地点固定，工艺条件也相对固定的压力容器。如生产中的储槽、储罐、塔器、分离器、热交换器等。

(2) 移动式压力容器　经常移动和搬运的压力容器。如汽车槽车、铁路槽车、槽船等容器。

7. 按安全技术监察规程分

按监察规程分为Ⅰ、Ⅱ、Ⅲ类压力容器。压力容器类别划分是根据介质特性、压力高低、体积大小进行的。具体按照以下要求选择类别划分图，再根据设计压力 p（单位 MPa）和容积 V（单位 L），标出坐标点，确定容器类别。

(1) 第一组介质　即是毒性程度为极度危害、高度危害的化学介质，易爆介质，液化气体。压力容器的分类见图1-6。

(2) 第二组介质　即除第一组范围之外的介质。压力容器的分类见图1-7。

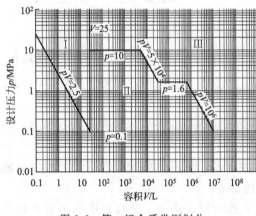
图1-6　第一组介质类别划分

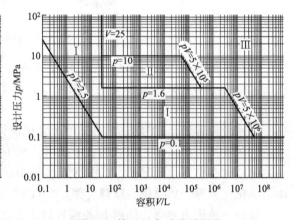
图1-7　第二组介质类别划分

第三节　压力容器标准体系简介

压力容器质量是一个企业的灵魂，每个企业都是依据相关标准制造压力容器，这样才能保证制造的压力容器安全可靠。压力容器制造的关键在于企业按照标准制定工艺规程，再根据工艺规程操作执行，其中某一个环节出现问题都可能导致严重的后果，所以世界各国都有一套完整的标准体系。

一、我国压力容器标准体系简介

鉴于压力容器的重要性，为了确保其安全运行，各国相继制定了一系列压力容器规范，如美国的 ASME 规范，日本的 JIS 规范，欧盟的 EN 规范等。

我国压力容器规范的制订工作开始于20世纪50年代，并于1959年由原化工部、一机部等四个工业部联合颁布了第一本规范《多层高压容器设计与检验规程》，1960年原化工部颁布了适用中低压容器的《石油化工设备零部件标准》，两个标准相互配套，满足了当时生产的需要。1967年完成了《钢制石油化工压力容器设计规定》（草案），简称为"钢规"，经修订于1977年开始正式实施，后经过两次修改，即出现了82版和85版"钢规"。1984年成立的"全国压力容器标准技术委员会"在《钢制石油化工压力容器设计规定》基础上，经充实、补充、完善和提高，于1989年颁布了第一版国家标准GB 150—89《钢制压力容器》，并于1998年颁布了经全面修订的新版GB 150—98《钢制压力容器》。在2011年发布了最新的压力容器标准：GB 150.1~4《压力容器》。与此同时，全国压力容器标准技术委员会在GB 150的基础上，先后制订了GB 151—1999《管壳式换热器》、GB 12337—2010《钢制球形容器》、NB/T 47004—2009板式热交换器、NB/T 47007—2010《空冷式热交换器》、GB 16749—1997《压力容器波形膨胀节》、JB 4732—2005《钢制压力容器——分析设计标准》、JB 4710—2005《钢制塔式容器》、NB/T 47003.31—2009《钢制焊接常压容器》、JB/T 4731—2005《钢制卧式容器》、NB/T 47020—2012《压力容器法兰与技术条件》、JB/T 4712.1—2007《鞍式支座》、JB/T 4712—2007《容器支座》等。NB/T 47003.31—2009《钢制焊接常压容器》与GB 150一样，都属于常规设计标准。GB 150.1~4—2011、JB 4732—2005和NB/T 47003.31—2009的区别和应用范围见表1-1。

表1-1 GB 150.1~4—2011、JB 4732—2005和NB/T 47003.31—2009的区别和应用范围

项目	GB 150.01~4—2011	JB 4732—2005	NB/T 47003.31—2009
设计压力	$0.1MPa \leqslant p \leqslant 35MPa$，真空度不低于0.02MPa	$0.1MPa \leqslant p < 100MPa$，真空度不低于0.02MPa	$-0.02MPa < p < 0.01MPa$
设计温度	按《压力容器》允许的温度确定（最高为700℃，最低为-196℃）	低于以钢材蠕变控制其设计强度的相应温度（最高475℃）	大于-20~350℃（奥氏体高合金钢制容器和设计温度低于-20℃，但满足低温低应力工况，且调整后的设计温度高于-20℃的容器不受此限）
对介质的限制	不限	不限	不适用于盛装高度毒性或极度危害介质的容器
设计准则	弹性失效准则和失稳失效准则	塑性失效准则、失稳失效准则和疲劳失效准则，局部应力用极限分析和安定性分析结果来评定	弹性失效准则和失稳失效准则
应力分析方法	以材料力学、板壳理论公式为基础，并引入应力增大系数和形状系数	弹性有限元法，塑性分析，弹性理论和板壳理论公式，实验应力分析	以材料力学、板壳理论公式为基础，并引入应力增大系数
强度理论	最大主应力理论	最大剪应力理论	最大主应力理论
是否适应于疲劳分析容器	不适用	适用，但有免除条件	不适用

中国压力容器标准体系中，GB 150.1~4—2011《压力容器》是最基本、应用最广泛的标准，其技术内容与ASME Ⅷ-1、JIS B 8270等国外先进压力容器标准大致相当，但在适用范围、许用应力和一些技术指标上有所不同。表1-2是中、美两国的压力容器标准中压力限定值的比较。

表1-2 中、美两国的压力容器标准中压力限定值的比较   MPa

中国压力容器标准		ASME标准	
标准名称	压力限定	标准名称	推荐压力范围
GB 150—2011《压力容器》	≤35	ASME Ⅷ-1	≤20
JB 4732《钢制压力容器——分析设计标准》	<100	ASME Ⅷ-2	≤70
		ASME Ⅷ-3	>70

我国的标准在主体上都以设计规范为主，不同于包含质量保证体系的ASME规范。为保证生产，原国家劳动总局颁布了《压力容器安全检查规程》，1990年原劳动部在总结执行经验的基础上，修订了1981年版的规程，并改名为《压力容器安全技术监察规程》，简称"容规"，并于1991年1月正式开始执行。1999年国家质量技术监督局又对《压力容器安全技术监察规程》进行了修订，并颁布了1999年版。2009年发布了最新的TSG R0004—2009《固定式压力容器安全技术监察规程》。

压力容器标准是设计、制造、检验压力容器产品的依据；《固定式压力容器安全技术监察规程》是政府对压力容器实施安全技术监督和管理的依据，属于技术法规范畴，两者的适用范围不同。《固定式压力容器安全技术监察规程》适用于同时具备以下条件的容器：

① 最高工作压力大于等于0.1MPa（不含液体静压）；
② 内直径（非圆形截面指其最大尺寸）大于等于0.1m，且容积$V \geq 0.025m^3$；
③ 盛装介质为气体、液化气体或最高工作温度大于等于标准沸点的液体。

二、压力容器制造质保体系

压力容器质量保证体系是一个企业的灵魂，体系对压力容器制造的全过程都有相关规定，而且这个规定是能够经得起检验的，各个环节之间环环相扣，这样才能保证制造出的压力容器可靠。压力容器质保体系的内容及组成和实施分四级。一为质保手册，按照TSG Z0004-2007特种设备质量管理体系基本要求编写内容大概分为任命书、质量手册颁布书、质量目标、公司架构、各专业岗位职责等；二为程序文件，如质保手册引出的程序文件；三为作业指导书，各专业的控制程序及控制程序图等，作业文件有仓库管理、材料标识、焊材库房管理、焊接管理、封头检验、检验操作等及作业工艺文件；四为受控表格，如各专业记录表格。质量保证体系中规定了压力容器制造的各个环节，通常包含了由合同签订到发货出厂的整个过程。

压力容器制造的关键在于企业按照工艺规程操作执行，其中某一个环节出现问题都可能导致严重的后果，所以无论国内国外都有自己严格、完整的标准体系，来保证压力容器的使用安全。质保体系在企业一般也称为企业标准，企业标准的要求只允许高于国家标准，不得和国家标准相矛盾。

第四节 压力容器发展

随着科学技术的发展，压力容器制造技术的水平越来越高，其制造进展主要表现在以下四个方面。

一、化工压力容器向大型化发展

大型化的化工压力容器可以节省材料、降低投资、节约能源、提高生产效率、降低生产成本。目前板焊结构的煤气化塔厚度达200mm，其内径为9100mm，单台质量已达2500t；现在年产30万吨合成氨和52万吨尿素装置的四个关键设备均已实现国产化。炼油处理装置处理能力也由 $250×10^4$ t/a 原油提高到 $1000×10^4$ t/a。液化石油气、化工原料气储运中，卧式储罐已能生产 $\phi7400mm×38mm×7400mm$，单台设备达600t的设备。在核电设备的生产中，已能生产总重达380t的350MV核反应堆压力容器，以及总重达345t的1000MV核电蒸汽发生器。

为了适应大型容器的制造，其制造装备也得到了迅猛发展。目前，单台吊车的起吊质量已达1200t，水压机在6000t以上，卷板机在4000t以上，冷弯最大厚度达380mm，宽6m，热冲压封头直径达4.5m，厚度达300mm。重型旋压机可加工直径为7m、厚165mm的椭圆形封头。

二、化工压力容器用钢的发展

由于化工压力容器的大型化以及生产过程中的工艺条件越来越苛刻，导致对化工压力容器用钢的要求日益严格，因而促使材料技术不断发展，在要求钢材强度越来越高的同时，还要求改善钢材的抗裂性和韧性指标。通过降低含碳量和增加微量合金元素来保证强度，同时通过提高冶炼技术以降低杂质来保证抗裂性和韧性。目前日本的冶炼技术已能使含磷量降到0.01%以下，含硫量降到0.002%以下。随着冶炼技术的不断发展，出现了大焊接热输入下焊接性良好的钢板，且复合钢板的使用也越来越普遍。随着加氢工艺技术，特别是煤加氢液化工艺的发展，钢的抗氧能力、抗蠕变性能、最高使用温度限制及抗拉强度已不能满足要求，因此近年来国外相继开发了新型的Cr-Mo-V抗氢钢。为在一些腐蚀环境中保证化工压力容器的安全使用，双向不锈钢、Ni基不锈钢、哈氏合金等材料的应用也越来越多。

三、化工压力容器制造方法的发展

传统的化工压力容器制造方法主要有锻造式、卷焊式、包扎式、热套式等方法，1981年德国首次推出了焊接成型技术的新方法，采用多丝埋弧焊法制造化工压力容器。这一新技术出现，在原铸、锻、轧三种传统制造方法基础上增加了第四种制造方法——焊接制造。

四、焊接新材料、新技术的产生和应用

为了提高高强度钢的断裂韧性，必须降低焊缝中氢的含量，因此超低氢材料的研制和使用受到了容器制造厂家的关注。日本神钢公司研制的UL系列超低氢焊条，使用时止裂温度可降低25～50℃，同时它的吸湿性很小，管理也很简便。我国化工压力容器用钢从单纯的碳钢过渡到普通低合金钢，进而发展到低温钢、高强度钢和特殊钢，目前已能利用Cr-Mo-V抗氢钢制造出加氢反应器。

此外，自动焊接技术和焊接机器人使大型容器的焊缝实现了自动化，提高了焊接质量和效率，降低了工人的劳动强度。在自动焊接设备方面，出现了跟踪焊缝系统的自动焊机，并能用数控技术来控制焊接参数，用工业电视监视焊接过程等。热处理方式也出现了轻型加热炉，淬火工艺也出现了喷淋式和浸入式方法，退火出现了内部燃烧和局部加热退火。工频电

加热、电阻加热和红外线加热等局部加热方法也得到广泛应用。

同步练习

一、填空题

1. 化工生产中对化工压力容器的要求有（　　　　）、（　　　　）、（　　　　）和经济性要求四个方面。
2. 化工压力容器主要由（　　）、（　　）、（　　）、（　　）、（　　）五部分组成。
3. 目前我国纳入安全技术监察范围的化工压力容器必须同时具备的三个条件是（　　　）、（　　　）、（　　　）。
4. GB 150—2011《压力容器》是我国压力容器标准体系中的（　　　）标准。

二、简答题

1. 压力容器的分类方法有哪些？
2. 化工压力容器今后的发展方向是什么？
3. 运输槽车可以按照 GB 150—2011《压力容器》进行设计制造吗？为什么？
4. GB 150—2011《压力容器》与 TSG R0004—2009《固定式压力容器安全技术监察规程》有何区别？

三、选择题

1. 国内制造非疲劳压力容器的国家标准是（　　　）。
   ① GB 150　　　　② JB 4732　　　　③ ASME
2. 压力为 4MPa 的压力容器属于（　　　）。
   ① 低压容器　　　② 中压容器　　　③ 高压容器
3. 有一体积为 $1m^3$、压力为 0.2MPa 盛装石油液化气的压力容器属于（　　　）。
   ① Ⅰ类压力容器　② Ⅱ类压力容器　③ Ⅲ类压力容器

※四、拓展题

1. 我国化学工业在国民经济中的地位如何？我国化学工业在国际中的水平如何？
2. 我国化学工业的优势产品有哪些？
3. 我国的化学工业主要分布在哪些地区？
4. 20 世纪 70 年代进口的成套大化肥装置有哪些？
5. 目前全世界研究的替代能源有哪些？发展状况怎样？

第二章

化工压力容器材料

● 知识目标

掌握常用化工压力容器材料种类,化工压力容器材料的各项常用性能指标及检测方法,氢腐蚀和氢脆及化工压力容器选材的基本要求;了解钢材的劣化种类。

● 能力目标

能够对化工压力容器材料进行验收;能够查询相关标准提出复验要求;能够选择常用的化工压力容器材料。

● 观察与思考

仔细查看表2-1质量证明书,查阅相关资料,了解相关参数意义以及用途。回答以下问题:
- 该质量证明书牌号06Cr19Ni10数字代表的含义是什么?
- 化工压力容器上常用的钢材有哪些?选择的依据是什么?

表2-1 质量证明书主要内容

产品名称	热轧不锈钢板	订货单位	×××	收货单位	×××	订单号	0000113781-0000230	车号	4231151
序号	1	批号	50034215c	箱号	FA90157760k25	炉号	A1101402		
牌号	06Cr19Ni10	规格/mm	6×1500×60000	质量/t	3.426				

化学成分(熔炼分析)/%									
C	Si	Mn	P	S	Cr	Ni	Cu	Al	N
0.08	0.75	2.0	0.030	0.020	19.23	8.73			0.10

序号	执行标准	交货状态	抗拉强度	屈服强度			断后伸长率	冲击功
				纵向屈服	横向屈服	屈服(0.2)	屈服(1.0)		
1	GB/T 24511—2009	固溶酸洗	520					40%	

冷弯	晶间腐蚀	硬度			
		HB	HRB	HRC	HV
	合格	201	92		210

申明:本产品已按上述要求制造并检验,其结果符合要求,特此证明

第一节　化工压力容器的材料分类

化工压力容器的受压元件包括壳体、封头（端盖）、膨胀节、设备法兰、球罐的球壳板，换热器的管板和换热管、M36以上（含M36）的设备主螺柱以及公称直径大于等于250mm的接管和管法兰。受压元件材料的可靠性关乎化工压力容器的安全，要引起高度重视。

化工压力容器的钢材按照其使用形式可分为板材、管材、型材、棒材、锻件，如图2-1所示。板材主要用于制造封头、筒体、辅助件，是最常用的材料。在制造的过程中要经过各种成型加工、焊接、热处理等。管材常用于化工压力容器的接管、换热管、伴热管等。因化工压力容器的管材大多是工艺用管且尺寸要求较高，故化工压力容器用无缝钢管，若存在超大尺寸管件可通过钢板卷焊加工。锻件的强度较高，常用在设备的管法兰、设备法兰、换热器的管板、设备的平盖以及锻焊式化工压力容器的筒体等。型材具有较高的刚性，常用在设备的支撑和工装夹具上。棒材主要用于紧固件和换热器的拉杆上。

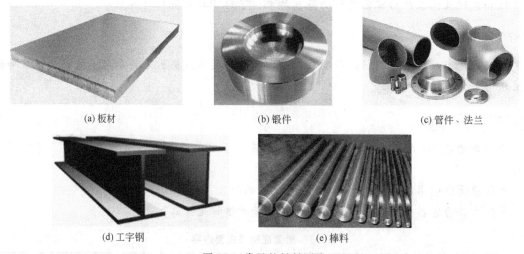

图2-1　常见的材料图片

化工压力容器的材料按照熔炼时脱氧方式分为沸腾钢和镇静钢，沸腾钢钢液铸锭时，有大量的一氧化碳气体逸出，钢液呈沸腾状，故称为沸腾钢，代号为"F"，例如"Q235 A·F"，其组织不够致密，成分不太均匀，硫、磷等杂质偏析较严重，故质量较差。镇静钢钢液铸锭时能平静地充满锭模并冷却凝固，故称为镇静钢，代号为"Z"，其组织致密，成分均匀，含硫量较少，性能稳定，故质量好。《压力容器》中规定了受压元件的材料应当是氧气转炉或者电炉冶炼的镇静钢。若是标准抗拉强度下限值大于或者等于540MPa的低合金钢钢板和奥氏体-铁素体不锈钢钢板，以及用于设计温度低于-20℃的低温钢板和低温钢锻件，还应当采用炉外精炼工艺。

化工压力容器钢板按照化学成分及组成的不同，可分碳素钢、不锈钢、复合板、有色金属（如铜、铝、镍、钛及

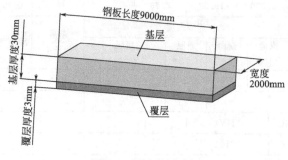

图2-2　复合板示意图

其合金）。复合板是由基层和复层紧密复合而成，基层通常是碳钢，复层通常为不锈钢或有色金属，复合方式常为爆炸复合。复合板通常兼具基层的强度和复层的耐蚀和耐高温等工艺性能。图 2-2 为基层 $\delta=30mm$ 的 Q345R 钢板，复层为 $\delta=3mm$ 的 S31603［此不锈钢标准牌号为 022Cr17Ni12Mo2（新标），旧牌号为 00Cr17Ni14Mo2，统一数字代号 S31603，常简称为 316L］不锈钢板，长 9000mm，宽 2000mm，该复合板表示为（30＋3）×2000×9000 Q345R＋S31603。GB 150.2—2011 中规定了复合钢板的未贴合率不应大于 5%，不同种类的复合板还规定了不同的结合剪切强度。有色金属常有其特殊的应用范围，如铜元素导热性较好，常用于换热器及防铁离子污染容器、低温容器中。镍制化工压力容器常用于高温、高压、强腐蚀性介质环境设备中。铝的表面氧化膜保护，在中性及近中性的水中及大气环境中耐蚀较好。钛元素在氯、溴、醋酸、硫酸、硝酸等腐蚀性介质中具有比不锈钢、铝、铜更优良的耐蚀性。

一、碳素钢和低合金钢

碳素钢的常用钢号：Q235B、Q235C、Q245R（R 读音为容，表示压力容器专用钢）、20G（G 读音为高，表示高压无缝钢管），Q235 系列的具体使用要求见 GB 150.2—2011 附录 D，常用于低压容器。低合金钢常用的钢板钢号：Q345R（屈服点为 340MPa 级的压力容器专用钢板、是我国压力容器行业使用最多的钢材）、Q370R、15CrMoR、14Cr1MoR、12Cr2Mo1R（前三种钢材是珠光体耐热钢，属于中温抗氢钢板，常用于设计温度不超过 550℃的环境，如加氢反应器等）、16MnDR、09MnNiDR、06Ni9DR（D 读音为低，表示使用温度低于－20℃的低温容器用钢，其中，16MnDR 是制造－40℃级的低温钢，常用于液氨储罐制造；09MnNiDR 是－70℃级别的低温钢，用于制造丙烯储罐和硫化氢储罐等；06Ni9DR 是－196℃级别的低温钢，常用于液化石油气 LNG 设备。低合金钢管钢号有 16Mn、09MnD；低合金锻件钢号有 16Mn、20、20MnMo（具有良好的热加工和焊接工艺性能，主要用于－40～470℃的重要大中型锻件）、16MnD、09MnNiD、12Cr2Mo1、14Cr1Mo、35CrMo、12Cr1MoV（较高的热强性、抗氧化性和良好的焊接性能，主要用于制造加氢裂化反应器）、12Cr2Mo1V。压力容器用碳钢和低合金钢牌号及标准见表 2-2。

表 2-2 压力容器用碳钢和低合金钢牌号及标准

碳素钢低合金钢钢板钢号	Q235B、Q235C、Q245R 、Q345R、Q370R、18MnNiMoR、13MnNiMoR、15CrMoR、14Cr1MoR、12Cr2Mo1R、12Cr1MoVR、12Cr2Mo1VR、16MnDR、15MnNiDR、15MnNiNbDR、09MnNiDR、08Ni3DR、06Ni9DR、07MnMoVR、07MnNiVDR、07MnNiMoVDR、12MnNiVR
碳素钢低合金钢钢板标准	碳素钢和珠光体耐热钢：GB/T 713—2008《锅炉和压力容器用钢板》 低温压力容器用钢板：GB 3531—2008《低温压力容器用低合金钢钢板》
碳素钢低合金钢钢管钢号	10、20、Q345D、16Mn、12Cr2Mo、15CrMo、12Cr2Mo1、1Cr5Mo、12Cr2Mo1VG、09MnD、09MnNiD、08Cr2AlMo、09CrCuSb
碳素钢低合金钢钢管标准	GB/T 8163《输送流体用无缝钢管》 GB/T 9948《石油裂化用无缝钢管》 GB 6479《化肥设备用高压无缝钢管》
碳素钢低合金钢锻件钢号	16Mn、20、35、20MnMo、16MnD、09MnNiD、12Cr2Mo1、14Cr1Mo、15CrMo、20MnMoNb、20MnNiMo、15NiCuMoNb、35CrMo、12Cr1MoV、12Cr2Mo1V、12Cr3Mo1V、1Cr5Mo、10Cr9Mo1VNb、08Ni3D、10Ni3MoVD、08MnNiMoVD、20MnMoD
碳素钢、低合金钢锻件标准	碳素钢和珠光体耐热钢：NB/T 47008—2010《碳素钢和合金钢锻件》 低合金钢：NB/T 47009—2010《低温承压设备用低合金钢锻件》

二、高合金钢

高合金钢分为铬钢、锰钢、硅锰钢、铬镍钢，压力容器所用高合金钢多为铬钢、铬镍钢等不锈钢，不锈钢按照其内部组织又分为奥氏体不锈钢、铁素体不锈钢、奥氏体-铁素体不锈钢（也称双相不锈钢）。铁素体不锈钢钢板有3个钢号：0Cr13（S11306）、0Cr13Al（S11348）、019Cr19Mo2NbTi（S11972）。S××××× 为不锈钢统一数字代号，如老牌号为0Cr13，新牌号为06Cr13，统一数字代号S11306，S1×××× 为铁素体不锈钢，S2×××× 为奥氏体＋铁素体不锈钢，S3×××× 为奥氏体＋马氏体不锈钢。奥氏体不锈钢钢板有11个钢号：0Cr18Ni9、00Cr19Ni10、07Cr19Ni10、0Cr25Ni20、0Cr17Ni12Mo2、00Cr17Ni14Mo2、0Cr18Ni12Mo3Ti、0Cr19Ni13Mo3、00Cr19Ni13Mo3、0Cr18Ni10Ti、S39042。奥氏体-铁素体不锈钢钢板有3个钢号：00Cr18Ni5Mo3Si2、022Cr22Ni5Mo3N、022Cr23Ni5Mo3。高合金常用钢管有 0Cr18Ni9、00Cr19Ni10、0Cr18Ni10Ti、0Cr17Ni12Mo2、00Cr17Ni14Mo2 等。压力容器用高合金钢钢号见表2-3。

表2-3 压力容器用高合金钢钢号

铁素体型钢板钢号	0Cr13（S11306）、0Cr13Al（S11348）、019Cr19Mo2NbTi（S11972）
奥氏体不锈钢钢板钢号	0Cr18Ni9（S30408）、00Cr19Ni10（S30403）、07Cr19Ni10（S30409）、0Cr25Ni20（S31008）、0Cr17Ni12Mo2（S31608）、00Cr17Ni14Mo2（S31603）、0Cr18Ni12Mo3Ti（S31668）、0Cr19Ni13Mo3（S31708）、00Cr19Ni13Mo3（S31703）、0Cr18Ni10Ti（S32168）、S39042
奥氏体-铁素体不锈钢板钢号	00Cr18Ni5Mo3Si2（S21953）、022Cr22Ni5Mo3N（S22253）、022Cr23Ni5Mo3（S22053）
不锈钢钢板标准	GB 24511—2009《承压设备用不锈钢钢板及钢带》
不锈钢锻件标准	NB/T 47010—2010《承压设备用不锈钢和耐热钢锻件》
不锈钢钢管常用牌号	依据不同标准选用
不锈钢钢管标准	GB/T 13296《锅炉、热交换器用不锈钢无缝钢管》 GB/T 14976《流体输送用不锈钢无缝钢管》 GB/T 21833《奥氏体-铁素体型双相不锈钢无缝钢管等》

不同的使用条件应选择相对应的材料种类，铁素体不锈钢具有较好的抗高温氧化性，其耐酸腐蚀和抵抗大气的能力较强，但强度较低，故常应用在受力较小的耐酸设备中。马氏体不锈钢强度及硬度较高，且具有较好的耐磨性，可用于稀硝酸和大气腐蚀的条件下。奥氏体不锈钢具有可耐强酸腐蚀、韧塑性较好、温度使用范围广、可焊性好等优点，故广为使用。双相不锈钢具有高强度、抗氯化物应力腐蚀断裂的优良性能，无论在高腐蚀环境还是在受力和腐蚀双重环境作用下都有广泛的应用。不锈钢钢管的选用较钢板复杂，需根据使用环境和GB 150.2—2011 进行选择，如按 GB 9948 选择换热管时应选用冷拔或者冷轧钢管，且钢管的精度等级应选用高级精度等。

第二节 材料的检验

《固定式压力容器安全技术监察规程》（简称"容规"）规定了压力容器材料的要求，即压力容器的选材应当考虑材料的力学性能、化学性能、物理性能和工艺性能，而且必须是有资质的单位，需要提供质量证明书和必要的标识。材料的检验应按相应的钢材标准确定，如GB 713—2008 中就对检验的项目、数量和试验方法做了如表2-4 所示的规定。

表 2-4　符合 GB 713 钢板的检验项目

序号	检验项目	取样数量/个	取样方法	取样方向	试验方法
1	化学成分	1/每炉	GB/T 20066		GB/T 223 或 GB/T 4336
2	拉伸试验	1	GB/T 2975	横向	GB/T 228
3	Z 向拉伸	3	GB/T 5313		GB/T 5313
4	弯曲试验	1	GB/T 2975	横向	GB/T 232
5	冲击试验	3	GB/T 2975	横向	GB/T 229
6	高温拉伸	1/每炉	GB/T 2975	横向	GB/T 4338
7	落锤试验		GB/T 6803		GB/T 6803
8	超声波检测	逐张			GB/T 2970 或 JB/T 4730.3
9	尺寸、外形	逐张			符合精度要求的适宜量具
10	表面	逐张			目视

一、力学性能

1. 冲击功 A_k

"容规"中对压力容器材料的力学性能提出了冲击功和断后伸长率的要求，冲击功的概念工程上常用一次摆锤冲击弯曲试验来测定材料抵抗冲击载荷的能力，即测定冲击载荷试样被折断而消耗的冲击功 A_k，单位为焦耳（J）。"容规"规定碳素钢和低合金钢应用 V 形缺口的冲击功 KV_2 应满足表 2-5 的要求。KV_2 表示 V 形缺口试样在 2mm 摆锤刀刃的冲击吸收能量，具体试验方法见 GB/T 229—2007，原理见图 2-3。

表 2-5　冲击试验合格值

钢材标准抗拉强度下限值 R_m/MPa	≤450	>450～510	>510～570	>570～630	>630～690
3 个标准试样冲击吸收功平均值 KV_2/J	≥20	≥24	≥31	≥34	≥38

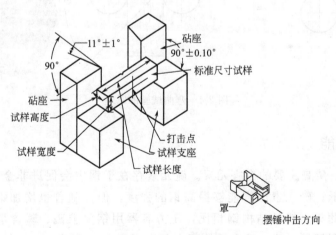

图 2-3　冲击试验原理

GB 150 中规定了钢板的冲击试验要求分别按 GB 713—2008、GB 3531—2008、GB 19189—2011 执行，锻件按 NB/T 47008—2010 和 NB/T 47009—2010 规定。奥氏体不锈钢使用环境高于 -196℃时，可免做冲击试验。若在 -196～-253℃区间也需要做冲击试验，实验要求按设计文件。

2. 拉伸试验

根据使用条件的不同分为室温拉伸、高温拉伸、低温拉伸、液氨拉伸等。具体方法和设备见 GB/T 228—2010《金属材料拉伸试验》。

① 断后伸长率 A　"容规"对碳素钢和低合金钢的断后伸长率的要求见表 2-6。

表 2-6　断后伸长率的要求

钢板标准抗拉强度下限值 R_m/MPa	≤420	>420～550	>550～680
断后伸长率 A/%	≥23	≥20	≥17

② 抗拉强度 R_m　表征材料最大均匀塑性变形的应力。GB 150 和"容规"中多次提到标准抗拉强度大于等于 540MPa 的钢板有特殊要求。

③ 下屈服极限 R_{el}　在屈服期间，不计初始瞬时效应的最小应力。如厚 3～16mm 钢板在室温下屈服极限为 345MPa，满足这一要求的压力容器专用钢为 Q345R。屈服极限是选择钢板的重要依据。

3. 弯曲试验

冷弯性能指金属材料在常温下能承受弯曲而不破裂的性能，用来衡量钢材的韧性与脆性。弯曲程度一般用弯曲角度 α（外角）或弯心直径 D 对材料厚度 a 的比值表示，α 愈大或 D/a 愈小，则材料的冷弯性愈好。冷弯性能可衡量钢材在常温下冷加工弯曲时产生塑性变形的能力。具体试验方法见 GB/T 232—2010《金属材料　弯曲试验》。弯曲试验的原理如图 2-4 所示。

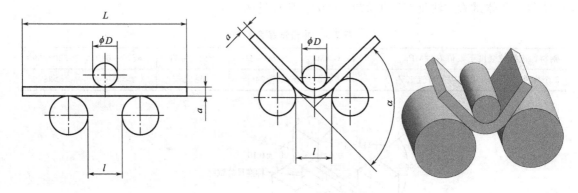

图 2-4　弯曲试验的原理

二、化学性能

在钢材中硫、磷是主要的有害元素。硫元素存在于钢中会促进非金属夹杂物的形成，使塑性和韧性降低；磷元素尽管能够提高钢的强度，但伴随着也增加钢材的脆性，特别是低温脆性。因此与一般的结构钢相比，压力容器用钢要求硫、磷含量在一个较低的水平。我国压力容器用钢对硫、磷含量的要求分别低于 0.02% 和 0.03%，为了有别于其他用途的钢材，压力容器专用碳素钢和低合金钢的钢号结尾都有一个"R"。标准 GB 713 对碳素钢和低合金钢的化学成分提出了要求，见表 2-7，实际钢板在冶炼时的要求应高于表中的指标。

表 2-7 常见碳钢低合金钢化学成分要求

牌号	化学成分(质量分数)/%										
	C	Si	Mn	Cr	Ni	Mo	Nb	V	P	S	Alt
Q245R	≤0.20	≤0.35	0.50~1.00						≤0.025	≤0.015	≥0.020
Q345R	≤0.20	≤0.55	1.20~1.60						≤0.025	≤0.015	≥0.020
Q370R	≤0.18	≤0.55	1.20~1.60				0.015~0.050		≤0.025	≤0.015	
18MnMoNbR	≤0.22	0.15~0.50	1.20~1.60			0.45~0.65	0.025~0.050		≤0.020	≤0.010	
13MnNiMoR	≤0.15	0.15~0.50	1.20~1.60	0.20~0.40	0.60~1.00	0.20~0.40	0.005~0.020		≤0.020	≤0.010	
15CrMoR	0.12~0.18	0.15~0.40	0.40~0.70	0.80~1.20		0.45~0.60			≤0.025	≤0.010	
14Cr1MoR	0.05~0.17	0.50~0.80	0.40~0.65	1.15~1.50		0.45~0.65			≤0.025	≤0.010	
12Cr2Mo1R	0.08~0.15	≤0.50	0.30~0.60	2.00~2.50		0.90~1.10			≤0.020	≤0.010	
12Cr1MoVR	0.08~0.15	0.15~0.40	0.40~0.70	0.90~1.20		0.25~0.35		0.15~0.30	≤0.025	≤0.010	

三、其他

1. 金相组织

对于某些重要的场合还需对材料进行确认,确保其组织满足要求。如需判断热处理的效果是否满足要求还需进行金相组织检验。其操作步骤为:取样,镶嵌,磨制,抛光,侵蚀,观察等,观察需在金相显微镜下进行。

2. 腐蚀试验

对于高合金钢往往需要进行晶界腐蚀测定,钢材应按 GB/T 4334 进行操作,有时也需按照其他有关标准进行应力腐蚀试验、点腐蚀试验等。

3. 超声波检验

壳体用钢板应按照 JB/T 4730.3 进行逐张检验,其要求见表 2-8。

表 2-8 钢板超声波检测技术要求

钢号	钢板厚度/mm	容器使用条件	质量等级
Q245R	>30~36	—	不低于Ⅲ级
Q345R	>36	—	不低于Ⅱ级
Q370R Mn-Mo 系 Cr-Mo 系 Cr-Mo-V 系	>25	—	不低于Ⅱ级
16MnDR Ni 系低温钢 (调质状态除外)	>20	—	不低于Ⅱ级
调质状态使用的钢号	>16	—	Ⅰ级
多层容器内筒钢板	≥12	—	Ⅰ级
—	≥12	介质毒性程度为极度或高度危害;在湿 H_2S 环境中使用;设计压力大于或等于10MPa	不低于Ⅱ级

4. 锻件特殊要求

锻造能改变金属组织，提高其力学性能，对于重要的、力学性能要求高的场合，往往对钢坯施加压力使其发生塑性变形。锻件由于在压力容器中使用较广泛，所以锻件的检验占有重要的地位，我国将锻件分为"Ⅰ""Ⅱ""Ⅲ""Ⅳ"四个等级，数字越高，质量要求越高，检验越严，可靠性越高。压力容器锻件的检验项目及要求见表2-9。

表2-9 锻件检验项目及要求

锻件级别	检验项目	检验数量
Ⅰ	硬度（HBW）	逐件检验
Ⅱ	拉伸和冲击（R_m、R_{el}、A、KV_2）	同冶炼炉号、同炉热处理的锻件组成一批，每批抽检一件
Ⅲ	拉伸和冲击（R_m、R_{el}、A、KV_2）	
Ⅲ	超声检测	逐件检验
Ⅳ	拉伸和冲击（R_m、R_{el}、A、KV_2）	逐件检验
Ⅳ	超声检测	逐件检验

注：低温用锻件至少为Ⅱ级锻件。

压力容器锻件标准：NB/T 47008—2010《承压设备用碳素钢和合金钢锻件》、NB/T 47009—2010《低温承压设备用低合金钢锻件》、NB/T 47010—2010《承压设备用不锈钢和耐热钢锻件》。

压力容器的焊接材料检验和母料检验相似，区别在于焊材的检测需要在所检焊材焊接之后，再取样进行。

第三节 材料的管理

材料管理则是质量保证体系的重要一环，主要内容是材料的选择、入库验收、材料的标记、移植、材料的代用。

一、材料的选择

压力容器材料的基本要求是化学成分、力学性能、制造工艺性能满足需要。在选择时应综合考虑压力容器材料的标准、使用条件、相容性、零件的功能和制造工艺、材料的历史使用经验、综合经济性。如标准规定国外材料应注意选择国外压力容器标准允许且已有成功经验的材料；使用条件应充分考虑材料的温度、设计压力、介质特性和操作特点等；相容性即材料与介质相容，不发生腐蚀等危险行为；零件的功能和制造工艺主要考虑是否受压元件，受压元件要求较高，一般其他元件可采用普通碳素钢；材料的历史使用经验主要考虑成熟使用的材料可参照；综合经济性能指在满足上述所有要求的情况下，要求价格合理，如有色金属虽然性能好，但造价较高。

二、入库验收

在材料管理常遇见"交货状态""炉批号"等名词。交货状态包括钢材制造状态和热处理状态，制造状态是指不经过热处理，直接将冷拉（轧）或热轧（锻）后成型的钢材交付用户，即为冷拉（轧）或热轧（锻）状态，具体的钢材制造状态见相应的钢材标准。热处理状态是指钢材成型后再经过某种热处理，如正火、调质、固溶等热处理再交货的状态。如低温压力容器用钢、壳体厚度大于 36mm 的 Q245R 和 Q345R 钢板、用于多层容器内筒的 Q245R 和 Q345R 钢板必须在正火状态下交货，合金螺栓材料必须在调质状态下交货，若在制造的过程中破坏了热处理状态，还需要进行热处理以达到使用状态。炉号指炼一批钢种第几炉次，根据这个炉次的编号能够查询到此炉次的钢材质量及工艺情况，因为炼的每炉钢都有化验数据记载。每出一炉都要做成分检测和力学测试，不同炉出的钢成分和性能是有差别的。在制造厂家一次检验的钢材称为一个检验批。

材料在采购回来之后入库之前，制造单位应首先检查其"质量证明书"，质量证明书是钢材生产厂家对该批钢材检验合格的凭证，也是使用单位验收、复验及使用的依据。所以材料的质量证明书作为压力容器的技术档案应该真实可靠，若存在疑义，也需对材料进行复验确认。质量证明书的内容包括：钢材的名称、规格、牌号、供货状态、交货数量、炉号、批号、化学性能、力学性能、工艺性能、其他检验项目以及钢材的标准（表 2-1）。

三、材料的使用

化工压力容器的材料一旦发生混用后果将不堪设想，所以 GB 150 规定制造受压元件的材料应有可追溯的标志，在制造过程中，如被分割成几块时，制造单位应按规定的表达方式，在材料分割前完成标记的移植，常用的标记方式有打印（钢印为主）、涂色、挂牌（不宜用其他两种方法标记的情况使用）。化工压力容器的材料需要进行严格管理及控制，受压元件材料从进入库房开始，制造单位就应当对材料进行标记（GB 150 中，低温钢和不锈钢不能打钢印，ASME 中应用低应力钢印），如果出现问题也可倒查，从而保证了使用的可追溯性。

四、材料的代用

一般情况下，制造单位应当按照设计图纸的要求购买材料，但是由于国内某些特殊钢材冶炼技术有限等原因，需进口大量的钢材，常常需要用国外的钢号代替国产的钢号。另一方面，制造单位常常存在钢材材料紧缺或者库存较多时，可以用库存材料代替图纸需要的材料。材料的代用原则应当符合原设计的各项力学性能、加工工艺性能，以优代劣。凡是受压元件材料代用的时候，需经设计单位许可，并做详细的记录，制造单位需对此负责。

第四节 材料的劣化

一、材料的高温性能

工作环境不同，同一种材料可能会表现出不同的性能，如图 2-5 所示。高温下，低碳钢的弹性模量和屈服点随温度升高而降低，而抗拉强度先随温度升高而升高，但当温度达到一定值后，反而下降很快。温度较高时，仅仅根据常温下材料抗拉强度和屈服点来决定许用应力是不够的，一般还应考虑设计温度下材料的屈服点。

有的化工压力容器，如加氢反应器（工作温度在 450℃ 左右）、氨合成塔等长期在高温下工作；又如液氨储罐（工作温度：-33.3~-77.7℃）在低温下工作，不同温度下其力学性能是不同的，金属材料长期在高温、恒定压力下产生缓慢塑性变形的现象称为蠕变，一般

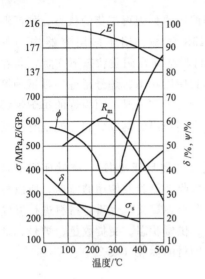

图 2-5　温度与力学性能关系

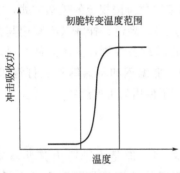

图 2-6　韧脆转变温度示意图

只有当温度达到一定值时才能出现蠕变，如碳素钢超过 300～350℃、低合金钢超过 400℃、Cr-Mo（低合金钢中加入铬和钼元素，可耐高温）钢超过 550℃。蠕变的结果是材料产生应力松弛、蠕变脆化、蠕变变形。随着温度降低，碳素钢和低合金钢的强度提高，而韧性降低。当温度低于 20℃时，钢材可采用 20℃时的许用应力。当温度低于某一界限时（它是一个范围而不是一个特定的温度），如图 2-6 所示，钢的冲击吸收功大幅度下降，从韧性状态变为脆性状态，这一温度称为韧脆性转变温度或脆性转变温度。

二、材料的劣化及防止措施

材料常见劣化有以下几类。

(1) 石墨化　石墨化是在高温长期作用下，珠光体内的渗碳体自行分解出石墨的过程。如碳素钢在 425℃长期使用，就会发生石墨化。可以采用的办法是使用 Cr-Mo 钢材或减少使用时间。

(2) 回火脆化　Cr-Mo 钢在脆化温度区间（300～600℃）持续停留，出现常温冲击功显著下降或者韧脆性温度显著升高的现象，有条件可以做步冷试验确定安全性。

步冷试验指分步冷却，温度每降一级，保温更长时间，使钢产生最大的回火脆性，之后进行一系列的冲击试验，绘制出步冷试验前、后回火脆化程度的曲线以确定韧脆转变温度。

(3) 氢腐蚀　高温下，碳与氢结合形成甲烷的化学反应现象。可通过加入 Cr、V、Ti 元素来提高耐氢腐蚀能力。

(4) 氢脆　钢吸收氢而导致韧性下降的现象。应在制造过程注意氢含量，在酸洗时应加入缓蚀剂。在高温、高氢分压下工作的压力容器，氢会以氢原子的形式渗入钢中，被钢的基体所吸收。当容器冷却后，氢的溶解度大为下降，形成氢分子的富集，造成氢脆。因此，这类容器停车时，应先降压，保温消氢（200℃以上），再降至常温，切不可先降温后降压。

(5) 电化学腐蚀　金属与电解质长期接触发生电化学反应现象。常见方法是在选择材料时考虑介质的相容性。

(6) 晶间腐蚀　腐蚀沿金属晶粒边界及临近区域发生或者扩展的现象。一般通过加入 V、Nb 元素或者采用超低碳不锈钢如 S31603 等来解决。

(7) 缝隙腐蚀　金属与金属或者金属与非金属之间的交界处发生腐蚀的现象。在工程中应尽量避免流动死角，停车时让液体排净。

(8) 应力腐蚀　在应力和介质的双重作用下，导致脆性开裂，如硫脆、碱脆等。在使用奥氏体不锈钢时应特别注意不锈钢对 Cl^- 非常敏感，容易导致应力腐蚀，应严格限制 Cl^- 含量，同时应严格按照热处理工艺对碳钢材料进行消除应力热处理。

（9）点腐蚀　点腐蚀发生于金属表面局部区域，并向内部扩散，大多数小孔腐蚀与Cl⁻含量有关。同时必须特别注意不锈钢表面的防护，对于碳钢也应有一定要求。

同步练习

一、填空题

1. 压力容器钢板按化学成分和组成的不同，可分为（　　）、（　　）、（　　）及有色金属等类型。

2. 压力容器板材主要用于制造压力容器的（　　）、（　　）等受压元器件。

3. GB 713—2008 规定压力容器材料需要进行的检验项目有（　　）、（　　）、（　　）、（　　）、（　　）、（　　）、（　　）、超声波试验、尺寸外形检查等。

4. 材料劣化的种类有石墨化、（　　）、（　　）、（　　）、（　　）、晶间腐蚀、缝隙腐蚀、（　　）、点腐蚀等。

二、简答题

1. Q345R 中最主要的两种有害元素是什么？其危害是什么？材料牌号后缀 "R" 表示什么意思？
2. 高温、高氢分压下工作的压力容器为什么要先降压后降温？
3. 压力容器常用的材料有哪些？主要的标准有哪些？

三、选择题

1. 压力容器所用板材中要求严格控制的元素是（　　）。
① Fe　　② S　　③ S、P　　④ Cr

2. 压力容器材料 Q345R 属于（　　）。
① 碳素钢　　② 合金钢　　③ 不锈钢

3. 下列哪种材料可以用于制造低温压力容器（　　）
① 16MnDR　　② Q245R　　③ 15CrMoR

第三章 化工压力容器计算

● **知识目标**

掌握内外压常规容器的计算方法；掌握外压容器失稳的原因及防止措施、常见化工压力容器附件的结构及选择方法；了解化工压力容器参数的确定方法。

● **能力目标**

具备一定的计算能力，能够对在役化工压力容器的承载能力进行校核计算；能够分析和计算化工压力容器载荷，合理选择法兰和支座；能够根据使用要求选择合理的密封结构和密封类型；能够选择化工压力容器上的其他附件。

● **观察与思考**

根据下列铭牌和表 3-1 列出的换热器图纸上基本参数，请回答以下问题。
- 设计温度、设计压力各是多少？设计温度及设计压力如何确定？
- 根据这些参数如何确定该化工压力容器的公称直径和钢材厚度？
- 这些参数还反映了哪些信息？各自代表了什么含义？有什么用途？

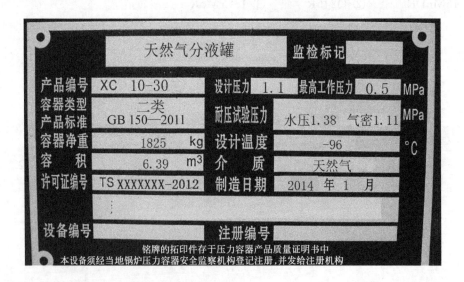

表 3-1　某换热器主要数据表

设计制造检验主要数据表					
I 基本数据					
项目	管程	壳程	项目	管程	壳程
设计压力/MPa	1.0/F.V.	1.0	容器类别	第一类	
工作压力/MPa	0.71	0.6	物料名称	塔底产物	低压蒸汽
设计温度/℃	160	200	物料特性	—	
进/出工作温度/℃	134	180/165	物料比重/kg·m⁻³	709.3~7.625	3.415~903.2
平均壁温/℃	154.3	164.5	空重	21350	
液压试验压力及介质/MPa	1.25/水	1.25/水	质量/kg　其中不锈钢	—	
气密试验压力/MPa	—	—	充满水	36350	
换热面积/m²	595		法规	固定式压力容器安全技术监察规程	
管束级别	I 级		设计标准	GB 151—1999	
主要受压元件材质	16Mn20、16Mn、20	Q345R		GB 150.1~4—2011	

第一节　内压薄壁容器

一、回转薄壳的形成及几何特性

化工压力容器的外壳通常是由板、壳制造而成的焊接结构，常见的外壳多数是由具有轴对称的回转壳体组合而成的，如圆柱壳体、球壳体、椭球壳体、圆锥壳体等，因此，首先来认识这些回转壳体的几何特性和受力的关系。

由一条平面曲线或直线绕同平面内的轴线回转 360°而成的薄壳体称为回转薄壳，绕轴线旋转的平面曲线或直线称为回转曲面上的母线。如图 3-1 所示，平行于轴线的直线绕轴旋转 360°形成圆柱面，与轴线相交的直线绕轴线旋转 360°形成圆锥面，半圆形和半椭圆形曲线绕轴线旋转 360°形成球面和椭球面。

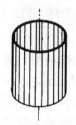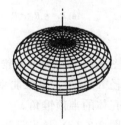

图 3-1　几种常见的回转体壳体

图 3-2 (a) 是一回转壳体的中间面，它是由平面曲线 OA 绕轴线 OO' 旋转 360°而形成的，OA 为母线，通过回转轴的平面称为经线平面，经线平面与中面的交线称为经线，经线上任意一点 B 处的曲率半径是回转壳体在该点的第一曲率半径，用 R_1 表示，在图中表示为线段 BK_1，K_1 点为第一曲率中心；垂直于轴线的平面与中面的交线形成的圆称为平行圆，显然平行圆即是纬线，其半径为 r；过 B 点且垂直于该点经线的平面切割中间面也会得到一

条曲线，此曲线在 B 点的曲率半径是回转壳体在该点的第二曲率半径，用 R_2 表示，在图形上是沿法线的线段 BK_2，K_2 是第二曲率中心。从图 3-2（b）可以看出，R_1、r、R_2 不是相互独立的，而是具有一定联系的，从图中可以得到

$$r = R_2 \sin\varphi$$

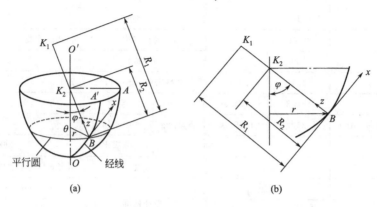

图 3-2　回转薄壳的几何参数

从几何特性可以看出，第一、二曲率半径都是回转壳体上各点位置的函数，如果已知回转壳体经线（母线）的形状，则经线在指定点的第一曲率半径 R_1 即可通过求曲率半径公式得到，而 R_2 可以通过几何关系求出。

图 3-3（a）是半径为 R 的圆筒形壳体，由于经线是直线，所以经线上任意一点 M 处的第一曲率半径 $R_1 = \infty$，与经线垂直的平面切割中间面所形成的曲线也就是平行圆，故第二曲率半径与平行圆半径相等，两者都等于圆筒形壳体中间面的半径 R，即 $R_2 = r = R$。

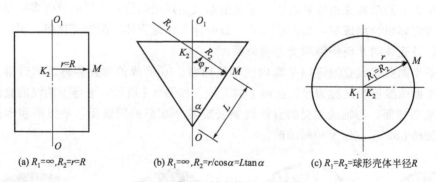

(a) $R_1=\infty, R_2=r=R$　　(b) $R_1=\infty, R_2=r/\cos\alpha=L\tan\alpha$　　(c) $R_1=R_2=$ 球形壳体半径 R

图 3-3　典型回转壳体的几何参数

图 3-3（b）为一圆锥壳体，经线与轴线相交且为一直线。与圆筒形壳体相似，第一曲率半径 $R_1 = \infty$，第二曲率半径从图中的几何关系可以得到为 $R_2 = r/\cos\alpha = L\tan\alpha$，其中 α 为圆锥壳体的半顶锥角。

图 3-3（c）是半径为 R 的圆球形壳体，其经线为圆曲线，与经线垂直的平面是球壳半径所在的平面，因此，第一、二曲率中心重合，且第一、二曲率半径都等于球形壳体中间面半径 R。

椭球形壳体由于经线是一个椭圆，经线上各点的曲率随位置的不同而发生变化，因此，对第一、二曲率半径的求取需要借助于椭圆曲线和曲率半径的公式进行，在此不介绍。

1. 承受气压圆筒形薄壁容器的受力分析

对密闭的压力容器而言，当容器内部承受压力时，在轴向和径向方向上存在不同程度的

变形，容器在长度方向上将伸长，直径将增大，说明在轴向方向上和圆周切向方向上存在拉应力。轴向方向的应力称为经向或轴向应力，用 σ_1 表示，圆周切向方向的应力称为周向应力或环向应力，用 σ_2 表示。

为了计算筒体上的经向（轴向）应力 σ_1 和环向（周向）应力 σ_2，可利用力学中的"截取法"求取。如图 3-4（a）所示，设壳体内的压力为 p，中间面直径为 D，壁厚为 δ，则轴向产生的轴向合力为 $p\frac{\pi}{4}D^2$。这个合力作用于封头内壁，左端封头上的轴向合力指向左方，右端封头上的合力则指向右方，因而在圆筒截面上必然存在轴向拉力，这个轴向总拉力为 $\pi D\delta\sigma_1$，如图 3-4（b）所示。

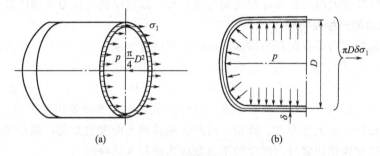

图 3-4　圆筒体横向截面受力分析

根据静力学平衡原理，由内压产生的轴向合力与作用于壳壁横截面上的轴向总拉力相等，即

$$p\frac{\pi}{4}D^2 = \pi D\delta\sigma_1 \tag{3-1}$$

由此可得经向（轴向）应力为

$$\sigma_1 = \frac{pD}{4\delta} \tag{3-2}$$

式中　σ_1——经向（轴向）应力，N/m² 或 MPa；
　　　p——圆筒体承受的内压力，N/m² 或 MPa；
　　　D——圆筒体中间面直径，mm；
　　　δ——圆筒体的壁厚，mm。

圆筒体环向（周向）应力计算仍采用"截面法"进行分析，通过圆通体轴线作一个纵向截面，将其分成相等的两部分，留取下面部分进行受力分析，如图 3-5（a）所示。在内压 p 的作用下，壳体所承受的合力为 LDp，这个合力有将筒体沿纵向截面分开的趋势，因此，在筒体环向（周向）必须有一个环向（周向）应力 σ_2 与之平衡，如图 3-5（b）所示，壳体在纵向截面上的总拉力为 $2L\delta\sigma_2$。

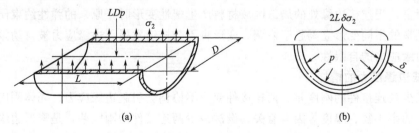

图 3-5　圆筒体纵向截面受力分析

根据力学平衡条件，在内压作用下，垂直于筒体截面的合力与筒体纵向截面上产生的总拉力相等，即

$$LDp = 2L\delta\sigma_2 \tag{3-3}$$

可得纵向截面的环向（周向）应力为

$$\sigma_2 = \frac{pD}{2\delta} \tag{3-4}$$

从式（3-2）和式（3-4）可以看出，$\sigma_2 = 2\sigma_1$，由此说明在圆筒形壳体中，环向应力是经向应力的2倍。因此，如果在圆筒形壳体上开设非圆孔时，应将其长轴设计在环向（周向），而短轴设计在经向（轴向），以减少开孔对壳体强度削弱的影响。同理，在制造圆筒形化工压力容器时，纵焊缝的质量比环焊缝的质量要求高，以确保化工压力容器的安全运行。

2. 边缘应力的产生及特性

以上所讨论的应力是在距筒体端部较远的中部位置处求取的，此时，在内压作用下壳体截面所产生的应力是均匀连续的。但在实际工程中所用的化工压力容器壳体，基本上都是由球壳、圆柱壳、圆锥壳等组合而成，如图3-6所示。壳体的母线不是单一曲线，而是多种曲线的组合，由此引起母线连接处出现了不连续性，从而造成连接处出现了应力的不连续性。另外，壳体沿轴线方向上在厚度、载荷、材质、温差等方面发生变化，也会在连接处产生不连续应力。上述在连接边缘处所产生的不连续应力统称为边缘应力。

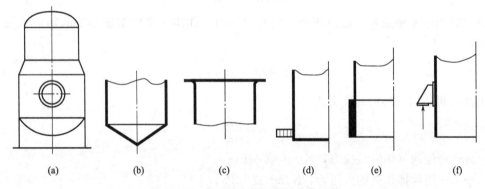

图3-6　组合回转壳体和常见连接边缘

不同组合的壳体，在连接边缘处所产生的边缘应力是不相同的。有的边缘应力比较显著，其应力值可以达到很高的数值，但它们有一个明显的特征，就是衰减快、影响范围小，应力只存在于连接边缘处的局部区域，离开边缘稍远区域，边缘应力便迅速减小为零，边缘应力的这一特性通常称为局限性。分析发现，对于一般钢材，在距边缘 $2.5\sqrt{R\delta}$（δ 为壳体厚度，R 为壳体半径）处，其边缘应力衰减掉95.7%。此外，边缘应力是由于在边缘两侧的壳体出现弹性变形不协调以及它们的变形相互受到弹性约束所致，但是，对于塑性材料制造的壳体而言，当连接边缘处的局部区域材料产生塑性变形时，原来的弹性约束便会得到缓解，并使原来的不同变形立刻趋于协调，变形将不会连续发展，边缘应力被自动限制，这种性质称为边缘应力的自限性。

3. 降低边缘应力的措施

（1）减少两连接件的刚度差　两连接件变形不协调会引起边缘应力。壳体刚度与材料的弹性模量、曲率半径、厚度等因素有关。设法减少两连接件的刚度差，是降低边缘应力的有效措施之一。直径和材料都相同的两圆筒连接在一起，当筒体厚度不同时，在内压作用下会

出现不连续而导致产生边缘应力。如果将不同厚度的厚圆筒部分在一定范围内削薄，可以降低边缘应力。两厚度差较小时，可以采用图 3-7（a）所示的单面削薄结构，单面削薄效果如图 3-7（b）所示；两厚度差较大时，也可以采用双面削薄结构。

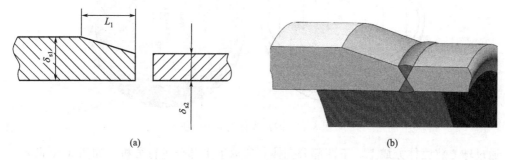

图 3-7　不同厚度筒体的连接

（2）采用圆弧过渡　几何尺寸和形状的突然改变是产生应力集中的主要原因之一。为了降低应力集中，在结构不连续处尽量采用圆弧过渡或经形状优化的特殊曲线过渡。例如，在平盖封头的内表面，其最大应力出现在内部拐角 A 点附近，如图 3-8 所示，若采用半径不小于 $0.5\delta_p$ 和（$D_c/6$）的过渡圆弧，将会减少因结构不连续所带来的边缘应力。

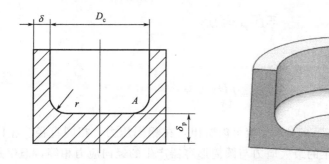

图 3-8　平盖内表面的圆弧过渡

（3）局部区域补强　在有局部载荷作用的壳体处，如壳体与吊耳的连接处、卧式容器与鞍式支座连接处等，如图 3-9 所示，在壳体与附件之间加一块垫板，适当给予补强，由此可以有效地降低局部应力。

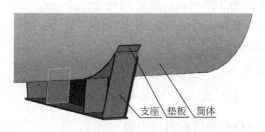

图 3-9　筒体与鞍式支座连接垫板

二、内压球形容器

在工厂中需要用到很多球形容器，如储罐、球形封头等。球形壳体在几何特性上与圆筒形壳体是不相同的，因为球形壳体上各点半径相等，且对称于球心，在内部压力作用之下有使球壳体变大的趋势，说明在球壳体上存在拉应力。为了计算方便，按照"截面法"进行分

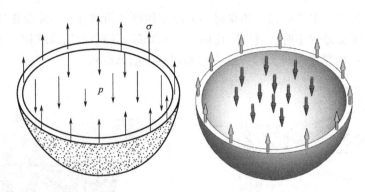

图 3-10 球形壳体的受力分析

析，通过球心将壳体分成上、下两部分壳体，留取下半部分进行分析，如图 3-10 所示。

设球形容器的内压力为 p，球壳中间面直径为 D，壁厚为 δ，则产生于壳体截面上的总压力为 $\frac{\pi}{4}D^2 p$，这个作用力有使壳体分成两部分的趋势，因此，在壳体截面上必有一个力与之平衡，此时整个圆环截面上的总拉力为 $\pi D\delta\sigma$。

根据力学平衡原理，垂直于壳体截面上的总压力与壳体截面上的总拉力应该相等，即

$$\frac{\pi}{4}D^2 p = \pi D\delta\sigma$$

由此可得球形壳体的应力为

$$\sigma = \frac{pD}{4\delta} \tag{3-5}$$

将式 (3-5) 与式 (3-2)、式 (3-4) 比较可以看出，在相同压力、相同直径、相同壁厚的条件下，球形壳体截面上产生的最大应力与圆筒形容器产生的经向应力相等，但仅是圆筒形容器最大应力（环向应力）的 1/2，这也说明在相同压力、相同直径情况下，球形壳体使用的壁厚仅为圆筒形壳体的 1/2，因此，球形容器可以节省材料。但考虑到制造方面的技术原因，球形容器一般用于压力较高的气体或液化气储罐以及高压容器的端盖等。

【例 3-1】 有一圆筒形和球形压力容器，它们内部均盛有压力为 2MPa 气体介质，圆筒形容器和球形容器的内径均为 1000mm，壁厚均为 $\delta = 20$mm，试分别计算圆筒形压力容器和球形压力容器的经向应力和环向应力？

解 (1) 计算圆筒形容器的应力

圆筒容器的中间面直径

$$D = D_i + \delta = 1000 + 20 = 1020 \text{ (mm)}$$

根据式 (3-2)，圆筒体横截面的经向应力为

$$\sigma_1 = \frac{pD}{4\delta} = \frac{2 \times 1020}{4 \times 20} = 25.5 \text{ (MPa)}$$

根据式 (3-4)，圆筒体横截面的环向应力为

$$\sigma_2 = \frac{pD}{2\delta} = \frac{2 \times 1020}{2 \times 20} = 51 \text{ (MPa)}$$

(2) 计算球形容器截面的应力

球形容器的中间面直径为

$$D = D_i + \delta = 1000 + 20 = 1020 \text{ (mm)}$$

根据式（3-5），球形壳体截面的应力为

$$\sigma_1 = \sigma_2 = \frac{pD}{4\delta} = \frac{2 \times 1020}{4 \times 20} = 25.5 \text{ (MPa)}$$

从以上计算结果可以看出，在相同压力、相同厚度的条件下，球形壳体截面产生的应力与圆筒形容器的经向应力相当，但仅是圆筒容器环向应力的 1/2，也就是说球形容器的最大应力是圆筒形容器最大应力的 1/2。因此，从受力角度来理解，对于内压较大的压力容器而言，选择球形结构的压力容器较为合适。

三、压力容器参数的确定方法

上面涉及的圆筒形容器和球形容器都包含了多种设计参数，诸如计算压力、设计压力、设计温度、厚度、壁厚附加量、焊接接头系数、许用压力等。这些参数在设计计算时需要按照 GB 150—2011《压力容器》及有关标准进行。

1. 压力参数

（1）工作压力 p_w　指压力容器在正常工作情况下容器顶部可能达到的最高压力，亦称最高工作压力，由工艺人员确定。

（2）计算压力 p_c　指设计温度下，用以确定受压元件厚度的压力。当容器内的介质为气液混合介质时，需要考虑液柱静压力的影响，此时计算压力等于设计压力与液柱静压力之和，即 $p_c = p + p_{液}$。但当元件所承受的液柱静压力小于设计压力的 5% 时，液柱压力可以忽略不计，此时计算压力即为设计压力。

（3）设计压力 p　指设定的容器顶部最高压力，与相应的设计温度一起构成设计载荷条件，其值不得低于工作压力。设计压力与计算压力的取值见表 3-2。

表 3-2　设计压力与计算压力的取值

类型			设计压力
内压容器	无安全泄放装置		1.0~1.1 倍工作压力
	装有安全阀		不低于(等于或稍大于)安全阀开启压力(安全阀开启压力取 1.05~1.1 倍工作压力)
	装有爆破片		取爆破片设计爆破压力加制造范围上限
真空容器	无夹套真空容器	有安全泄放装置	设计外压力取 1.25 倍最大内外压力差或 0.1MPa 两者中的小值
		无安全泄放装置	设计压力取 0.1MPa
	夹套内为内压的带夹套真空容器	容器(真空)	设计外压力按无夹套真空容器规定选取
		夹套(内压)	设计内压力按内压容器规定选取
	夹套内为真空的带夹套内压容器	容器(内压)	设计内压力按内压容器规定选取
		夹套(真空)	设计外压力按无夹套真空容器规定选取
外压容器			设计外压力取不小于在正常工作情况下可能产生的最大内外压力差

当容器系统设置有控制装置，但单个容器无安全控制装置，且各容器之间的压力难以确定时，其设计压力可按表 3-3 进行确定。

表 3-3 设计压力的选取　　　　　　　　　　　　　　　　　　　　　　MPa

工作压力 p_w	设计压力 p	工作压力 p_w	设计压力 p
$p_w \leq 1.8$	$p_w + 1.8$	$4.0 < p_w \leq 8.0$	$p_w + 0.4$
$1.8 < p_w \leq 4.0$	$1.1 p_w$	$p_w > 8.0$	$1.05 p_w$

对于盛装液化气且无降温设施的容器,由于容器内产生的压力与液化气的临界温度和工作温度密切相关,因此其设计压力应不低于液化气 50℃时的饱和蒸气压力;对于无实际组分数据的混合液化石油气容器,由其相关组分在 50℃时的饱和蒸气压力作为设计压力。液化石油气在不同温度下的饱和蒸气压可以参见有关化工手册。

2. 设计温度

设计温度是指容器在正常工作情况、相应设计压力下,设定的受压元件的金属温度(沿受压元件金属截面厚度的温度平均值)。设计温度与设计压力一起作为设计载荷条件,它虽然在设计公式中没有直接反映,但是在设计中选择材料和确定许用应力时是一个不可缺少的基本参数。在生产铭牌上标记的设计温度应是壳体金属的最高或最低值。

容器器壁与介质直接接触且有外保温(保冷)时,设计温度应按表 3-4 确定。

表 3-4 设计温度的选取

介质工作温度 T	设计温度	
	I	II
$T < -20℃$	介质最低工作温度	介质工作温度 $-(0 \sim 10℃)$
$-20℃ \leq T \leq 15℃$	介质最低工作温度	介质工作温度 $-(5 \sim 10℃)$
$T < 15℃$	介质最高工作温度	介质工作温度 $+(10 \sim 15℃)$

注:当最高(最低)工作温度不明确时,按表中 II 确定。

容器内介质用蒸汽直接加热或被内置加热元件间接加热时,设计温度取最高工作温度。对于 0℃以下的金属温度,设计温度不得高于受压元件金属可能达到的最低温度。元件的温度可通过计算求得,或在已使用的同类容器上直接测得,或根据内部介质温度确定。设计温度必须在材料允许的使用温度范围内,可从 −196℃至钢材的蠕变温度范围。通常将低于 −20℃的压力容器称为低温容器。

材料的具体适用温度范围如下。

压力容器用碳素钢:−19~475℃;

低合金钢:−40~475℃;

低温用钢:至 −70℃;

碳钼钢及锰钼铌钢:至 520℃;

铬钼低合金钢:至 580℃;

碳素体高合金钢:至 500℃;

非受压容器用碳素钢:沸腾钢 0~250℃;镇静钢 0~350℃;

奥氏体高合金钢:−196~700℃(低于 −100℃使用时,需要对设计温度下焊接接头做夏比 V 形缺口冲击试验)。

3. 许用应力 $[\sigma]^t$

许用应力是压力容器壳体受压元件所用材料的许用强度,它是根据材料各项强度性能指标分别除以标准中所规定的对应安全系数来确定的,如式 (3-6)。计算时必须选择合适的材料及其所具有的许用应力,若材料选择太好而许用应力过高,会使计算出来的受压元件过薄,导致刚度低而出现失稳变形;若采用许用应力过小的材料,则会使受压元件过厚而显笨重。材料的强度指标包括常温下的最低抗拉强度 σ_b、常温或设计温度下的屈服强度 σ_s 或 σ_s^t、持久强度 σ_D^t 及高温蠕变极限 σ_n^t 等。

$$[\sigma]^t = \frac{极限应力}{安全系数} \tag{3-6}$$

安全系数是强度的"保险"系数,它是可靠性与先进性相统一的系数,主要是为了保证受压元件的强度有足够的安全储备量。它是考虑到材料的力学性能、载荷条件、设计计算方法、加工制造技术水平及操作使用等多种不确定因素而确定的。各国标准规范中规定的安全系数均与本国规范所采用的计算、选材、制造和检验方面的规定一致。目前,我国标准规范中规定的安全系数为: $n_b \geqslant 2.7$, $n_s \geqslant 1.6$(或 1.5), $n_D \geqslant 1.5$, $n_n \geqslant 1.0$。

钢制压力容器材料许用应力的确定方法见表 3-5。

表 3-5 钢制压力容器用材料许用应力的确定方法

材 料	许用应力取下列各值中的最小值/MPa
碳素钢、低合金钢	$\dfrac{\sigma_b}{2.7}, \dfrac{\sigma_s}{1.5}, \dfrac{\sigma_s^t}{1.6}, \dfrac{\sigma_D^t}{1.5}, \dfrac{\sigma_n^t}{1.0}$
高合金钢	$\dfrac{\sigma_b}{2.7}, \dfrac{\sigma_s(\sigma_{0.2})}{1.5}, \dfrac{\sigma_s^t(\sigma_{0.2}^t)}{1.5}, \dfrac{\sigma_D^t}{1.5}, \dfrac{\sigma_n^t}{1.0}$

为了计算中取值方便和统一,GB 150—2011 给出了钢板、钢管、锻件以及螺栓材料在设计温度下的许用应力。在进行强度计算时,许用应力可以直接从表中查取而不必单个进行计算。当设计温度低于 20℃ 时,取 20℃ 时的许用应力,如果设计温度介于表中两温度之间,则采用内插法确定许用应力。常用钢板的许用应力见附录。

4. 焊接接头系数 φ

无论是圆筒形容器还是球形容器都是用钢板通过卷制焊接而成,其焊缝是比较薄弱的地方。焊缝区强度降低的原因在于焊接时可能出现未被发现的缺陷;焊接热影响区往往形成粗大晶粒区而使强度和塑性降低;由于受压元件结构刚性的约束所造成过大的内应力等。因此,为了补偿焊接时可能出现未被发现的缺陷对容器强度的影响,就引入焊接接头系数 φ,它等于焊缝金属材料强度与母材强度的比值,反映了焊缝区材料的削弱程度。影响焊接接头系数 φ 的因素很多,设计时所选取的焊接接头系数 φ 应根据焊接接头的结构和无损检测的长度比例确定,具体可参照表 3-6。

表 3-6 焊接接头系数

焊接接头结构	示意图	焊接接头系数 φ	
		100%无损探伤	局部无损探伤
双面焊对接接头和相当于双面焊的全焊透的对接接头		1.0	0.85
单面焊的对接接头(沿焊缝根部全长有紧贴基本金属垫板)		0.9	0.8

按照 GB 150—2011《压力容器》中"制造、检验与验收"的有关规定，容器主要受压部分的焊接接头分为 A、B、C、D、E 五类，如图 3-11 所示，非受压元件与受压元件相连接接头为 E 类焊缝接头。对于不同类型的焊接接头，其焊接检验的要求是不同的。

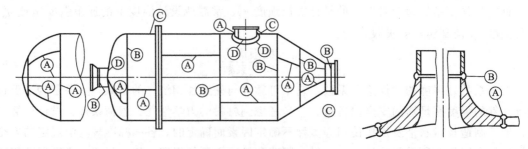

图 3-11　焊接接头类型

按 GB 150—2011《压力容器》规定，凡符合下列条件之一的容器及受压元件，需要对 A 类、B 类焊接接头进行 100% 无损探伤。

① 压力容器所用钢板厚度大于 30mm 的碳素钢、Q345R。
② 压力容器所用钢板厚度大于 25mm 的 15MnV、20MnMo 和奥氏体不锈钢。
③ 标准抗拉强度下限大于 540MPa 的钢材。
④ 压力容器所用钢板厚度大于 16mm 的 12CrMo、15CrMoR、15CrMo；其他任意厚度的 Cr-Mo 系列低合金钢。
⑤ 需要进行气压试验的容器。
⑥ 图样中注明压力容器为盛装毒性为极度危害和高度危害。
⑦ 图样中规定必须进行 100% 检验的容器。

除以上所规定和允许可以不进行无损检测的容器，对 A 类、B 类焊接接头还可以进行局部无损检测，但检测长度不应小于每条焊缝的 20%，且不小于 250mm。

压力容器焊缝的焊接必须由持有压力容器监察部门颁发的相应类别焊工合格证的焊工担任。压力容器无损检测亦必须由持有压力容器安全技术监察部门颁发的相应检查方法无损检测人员资格证书的人员担任。

5. 厚度附加量 C

压力容器厚度，不仅需要满足在工作时强度和刚度要求，而且还根据制造和使用情况，考虑钢板的负偏差和介质腐蚀对容器的影响。因此，在确定容器厚度时，需要进一步引入厚度附加量。厚度附加量有钢板或钢管厚度负偏差 C_1 和腐蚀裕量 C_2，即 $C = C_1 + C_2$。

(1) 钢板的厚度负偏差 C_1　钢板或钢管在轧制的过程中，由于制造原因可能会出现偏差。若出现负偏差将使实际厚度偏小，影响压力容器的强度，因此需要考虑这部分的影响。一般对于碳素钢、低合金钢、热轧不锈钢取 0.3，冷轧不锈钢和复合板可参考标准或表 3-7～表 3-9。

表 3-7　钢板厚度负偏差　　　　　　　　　　　　　　　　　　mm

钢板厚度	2.0～2.5	2.8～4.0	4.5～5.5	6.0～7.0	8.0～25	26～30	32～34	36～40	42～50	50～60	60～80
厚度负偏差 C_1	0.2	0.3	0.5	0.6	0.8	0.9	1.0	1.1	1.1	1.3	1.8

表3-8 不锈钢复合钢板厚度负偏差

复合板总厚度/mm	总厚度负偏差	复层厚度/mm	复层偏差
4～7	9%	1.0～1.5	10%
8～10	9%	1.5～2	10%
11～15	8%	2～3	10%
16～25	7%	3～4	10%
26～30	6%	3～5	10%
31～60	5%	3～6	10%

表3-9 钢管的厚度负偏差

钢管种类	厚度/mm	厚度负偏差C_1/%	钢管种类	厚度/mm	厚度负偏差C_1/%
碳素钢	≤20	15	不锈钢	≤10	15
低合金钢	>20	12.5		>10～20	20

如果钢板厚度负偏差不大于0.25mm，且不超过名义厚度的6%时，厚度负偏差可以忽略不计。

(2) 腐蚀裕量 C_2　为防止受压元件由于腐蚀、机械磨损而导致厚度减薄而削弱强度，对与介质接触的筒体、封头、接管、人（手）孔及内部构件等，应考虑腐蚀裕量。对有腐蚀或磨损的受压元件，应根据设备的预期寿命和介质对金属材料的腐蚀速率来确定腐蚀裕量 C_2，即 $C_2=k_aB$，k_a 为腐蚀速率 (mm/a)，它由试验确定或查阅材料腐蚀的有关手册确定；B 为容器的设计寿命。压力容器的设计寿命除特殊要求外，对塔类、反应器、高压换热器等主要容器一般不应少于20年，一般压力容器和换热器等则不少于10年，球形容器25年，对于重要的反应容器（如厚壁加氢反应器、氨合成塔）取30年。

腐蚀裕量的选取原则与方法如下。

① 容器各受压元件受到的腐蚀程度不同时，可采用不同的腐蚀裕量。

② 介质为压缩空气、水蒸气或水的碳素钢或低合金钢容器，腐蚀裕量不小于1mm。

③ 对于不锈钢容器，当介质的腐蚀性极微时，可取腐蚀裕量 $C_2=0$。

④ 资料不全或难以确定时，腐蚀裕量可以参见表3-10选取或者查阅 GB 150—2011《压力容器》。

表3-10 腐蚀裕量的选取　　　　　　　　　　　　　　　　　　　　mm

容器类别	碳素钢低合金钢	铬钼钢	不锈钢	备注	容器类别	碳素钢低合金钢	铬钼钢	不锈钢	备注
塔器及反应器壳体	3	2	0		不可拆内件	3	1	0	包括双面
容器壳体	1.5	1	0		可拆内件	2	1	0	
换热器壳体	1.5	1	0		裙座	1			
热衬里容器壳体	1.5	1	0						

注：最大腐蚀裕量不得大于16mm，否则应采取防腐措施。

6. 压力容器的公称压力、公称直径

(1) 公称直径　为了便于设计和成批生产，提高压力容器的制造质量，增强零部件的互换性，降低生产成本，国家相关部门针对压力容器及其零部件制定了系列标准。如储罐、换

热器、封头、法兰、支座、人孔、手孔等都有相应的标准,设计时可采用标准件。压力容器零部件标准化的基本参数是公称直径和公称压力。

压力容器如果采用钢板卷制焊接而成,则其公称直径等于容器的内径,用 DN 表示,单位为 mm。在现行的标准中容器的封头公称直径与筒体是一致的,见表3-11。

表3-11 卷制压力容器的公称直径　　　　　　　　　　　　　　　　　　　　mm

300	(350)	400	(450)	500	(550)	600	(650)	
700	800	900	1000	(1100)	1200	(1300)	1400	
(1500)	1600	(1700)	1800	(1900)	2000	(2100)	2200	
(2300)	2400	2600	2800	3000	3200	3400	3600	
3800	4000	4200	4400	4500	4600	4800	5000	
5200	5400	5500	5600	5800	6000			

注:带括号的公称直径尽量少用或不用。

除了公称直径进行了标准化以外,对于钢板的厚度也进行了标准化,钢板厚度系列见表3-12。

表3-12 钢板常用厚度系列　　　　　　　　　　　　　　　　　　　　　　mm

2.0	2.5	3.0	3.5	4.0	4.5	(5.0)	6.0	7.0	8.0	9.0	10	11	12
14	16	18	20	22	25	28	30	32	34	36	38	40	42
46	50	55	60	65	70	75	80	85	90	95	100	105	110
115	120	125	130	140	150	160	165	170	180	185	190	195	200

当容器直径比较小时常采用无缝钢管直接制作成筒体,此时的公称直径则指的是钢管的外径。无缝钢管的公称直径、外径及无缝钢管作筒体时的公称直径见表3-13。

表3-13 无缝钢管的公称直径、外径及无缝钢管作压力容器筒体时的公称直径　　mm

公称直径	80	100	125	150	175	200	225	250	300	350	400	450	500
外径	80	108	133	159	194	219	245	273	325	377	426	480	530
无缝钢管作压力容器筒体时的公称直径				159	—	219	—	273	325	377	426	—	—

对于管子来说,公称直径既不是管子内径也不是管子的外径,而是比外径小的一个数值。只要管子的公称直径一定,则外径的大小也就确定了,管子的内径则根据壁厚不同而有所不同。用于输送水、煤气的钢管,其公称直径既可用公制(mm),也可用英制(in),管子公制和英制规格及尺寸系列见表3-14。

表3-14 水、煤气输送钢管公称直径与外径

公称直径	mm	10	15	20	25	32	40	50	70	80	100	125	150
	in	$\frac{3}{8}$	$\frac{1}{2}$	$\frac{3}{4}$	1	$1\frac{1}{4}$	$1\frac{1}{2}$	2	$2\frac{1}{2}$	3	4	5	6
外径	mm	17	21.25	26.75	33.5	42.5	48	60	75.5	88.5	114	140	165

(2) 公称压力系列　目前我国制定压力容器的压力等级分为常压、0.25、0.6、1.0、1.6、2.5、4.0、6.4(单位均为 MPa)。在设计或选用压力容器零部件时,需要将操作温度

下的最高操作压力（或设计压力）调整为所规定的公称压力等级，然后再根据 DN 与公称压力 PN 选定零部件的尺寸。

四、压力容器的厚度计算及校核

1. 圆筒容器的校核

（1）强度校核计算　为了保证压力容器运行安全可靠，我国标准按第一强度理论（最大主应力理论）进行设计计算，即圆筒上产生的最大主应力（环向应力 σ_2）应小于等于圆筒材料在设计温度下的许用应力 $[\sigma]^t$，所以，筒体的强度条件为

$$\sigma_2 = \frac{pD}{2\delta} \leqslant [\sigma]^t \tag{3-7}$$

式（3-7）是圆筒薄壳仅考虑内压 p 作用下的强度条件，而在实际应用中还要同时考虑其他影响强度的因素，如材料质量、制造因素、大气及介质的腐蚀等。

圆柱筒体大多是用钢板通过卷制焊接而成的，在焊接的加热冷却形成的热循环过程中，导致了对焊缝金属组织产生的不利影响，同时焊缝还伴随着产生夹渣、气孔、未融合、未焊透等缺陷的可能性，使得焊缝及近焊缝区金属的强度比钢板本体的强度稍低，因此，需要将钢板的许用应力乘以一个小于1的数值 φ（φ 称为焊接接头系数），以弥补焊接时可能出现的强度削弱；此外，在制造过程中多用筒体内径作为测量直径方向的参数，因此，在工艺计算时一般以内径 D_i 为基本尺寸，故用内径 D_i 更方便，将 $D = (D_i + \delta)$ 代入式（3-7），则有

$$\sigma_2 = \frac{p(D_i + \delta)}{2\delta} \leqslant [\sigma]^t \varphi \tag{3-8}$$

根据 GB 150—2011 的规定，确定筒体厚度的压力为计算压力 p_c，解出式（3-8）中的 δ，则得内压薄壳圆柱壳体的计算厚度 δ 为

$$\delta = \frac{p_c D_i}{2[\sigma]^t \varphi - p_c} \tag{3-9}$$

考虑到大气及介质对压力容器材料腐蚀的影响，在确定筒体厚度时，还需要在计算厚度的基础上加上腐蚀裕量，于是，在设计温度 t 下筒体的计算厚度 δ_d 按式（3-9）计算，即

$$\delta_d = \delta + C_2 = \frac{p_c D_i}{2[\sigma]^t \varphi - p_c} + C_2 \tag{3-10}$$

再考虑钢板制造时的误差，将设计厚度加上负偏差，此时所得厚度数值如果不是钢板规格数值时，应将计算厚度朝大的方向圆整到相应的钢板标准厚度，该厚度称为名义厚度，用 δ_n 表示，由此式（3-10）变为

$$\delta_n \geqslant \delta_d + C_1 = \frac{p_c D_i}{2[\sigma]^t \varphi - p_c} + C_2 + C_1 \tag{3-11}$$

式中　δ_n——圆筒的名义厚度，mm；

　　　δ_d——圆筒的设计厚度，mm；

　　　δ——圆筒的计算厚度，mm；

　　　p_c——圆筒的计算压力，MPa；

　　　D_i——圆筒的直径，mm；

　　　C_1——钢材的厚度负偏差，mm；

　　　φ——焊缝系数，$\varphi \leqslant 1$；

　　　C_2——腐蚀裕量，mm；

$[\sigma]^t$——设计温度下圆筒材料的许用应力，MPa。

应该指出，上式是仅考虑内压（主要是气压）作用下而得到的壁厚计算公式；如果压力容器除承受内压外，还承受有较大的其他外部载荷，如风载荷、地震载荷、偏心载荷、温差应力等，式（3-8）就不能作为确定圆筒厚度的唯一依据了，这时需要同时校核其他载荷所引起的筒壁应力。

筒体的强度计算公式，除了用于确定承压容器的厚度外，还可以应用于对压力容器进行校核计算，也可以确定设计温度下圆筒的最大允许工作压力以及在指定压力下的计算应力等。对式（3-8）稍加变形即可得到相应的校核公式。

设计温度下圆筒的最大允许工作压力为

$$p_w = \frac{2\delta_e [\sigma]^t \varphi}{(D_i + \delta_e)} \tag{3-12}$$

设计温度下圆筒的计算应力为

$$\sigma^t = \frac{p_c (D_i + \delta_e)}{2\delta_e} \leqslant [\sigma]^t \varphi \tag{3-13}$$

式中 δ_e——圆筒的有效厚度，$\delta_e = \delta_n - C$，mm；

C——厚度附加量，$C = C_1 + C_2$，mm。

式中的其他符号同前。

(2) 最小壁厚的确定 对于低压或常压的小型容器，按照以上的强度计算公式计算出来的厚度往往很薄，在制造、运输和安装过程常因刚度不足而发生变形。

例如，有一容器内径为 1000mm，在压力为 0.1MPa、温度为 150℃ 条件下工作，材料采用 Q235B，取焊接接头系数 $\varphi = 0.85$，腐蚀裕量 1mm，则

$$\delta = \frac{p_c D_i}{2[\sigma]^t \varphi - p_c} = \frac{0.1 \times 1000}{2 \times 113 \times 0.85 - 0.1} = 0.5 \text{ (mm)}$$

如此薄的钢板显然不能满足刚度的要求，因此按照 GB 150—2011《压力容器》规定，对壳体加工成型后具有不包括腐蚀裕量在内的最小厚度 δ_{min} 进行如下限制。

① 对碳素钢、低合金钢制容器，δ_{min} 不小于 3mm；对高合金钢制容器，δ_{min} 不小于 2mm。

② 对标准椭圆封头和 $R_i = 0.9 D_i$、$r = 0.17 D_i$ 的碟形封头，其有效厚度应不小于封头内直径的 0.15%，即 $0.15\% D_i$。对于其他椭圆形封头和碟形封头，其有效厚度应不小于封头内直径的 0.3%，即 $0.3\% D_i$。

如果在计算封头时已经考虑了内压作用下的弹性失稳，或是按应力分析设计标准对压力容器进行计算者，则可不受上述要求的限制。

(3) 设计中各类厚度的关系 以上设计的过程涉及了多种厚度，它们之间有怎样的关系，在此进行讨论。在确定压力容器壁厚时，首先根据有关公式得出计算厚度 δ，再考虑壁厚附加量 C，然后圆整为名义厚度 δ_n，此时未考虑加工减薄量。壁厚附加量 C 由钢材的厚度负偏差 C_1 和腐蚀裕量 C_2 组成，即 $C = C_1 + C_2$；加工减薄量并不是由设计人员确定，而是由制造厂根据具体的制造工艺和钢板的实际厚度来确定，因此，压力容器出厂时的实际厚度可能与图样上的厚度不完全一致。压力容器各类厚度的关系见图 3-12。

① 计算厚度 δ 是按有关强度公式利用计算压力得到的厚度，除压力外，必要时还应计入对厚度有影响的其他载荷，如风载荷、地震载荷、偏心载荷等。

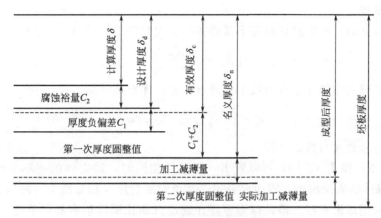

图 3-12 压力容器各类厚度之间的关系

② 设计厚度 δ_d　指计算厚度与腐蚀裕量之和，即 $\delta_d = \delta + C_2$。

③ 名义厚度 δ_n　指设计厚度加上钢板负偏差后，向上圆整得到标准规格的钢板厚度，它是图样上标注的厚度，即 $\delta_n = \delta + C_1 + C_2 + $ 圆整量 Δ，圆整量根据计算的具体情况而确定。

④ 有效厚度 δ_e　指名义厚度减去腐蚀裕量和钢板厚度负偏差，即

$$\delta_e = \delta_n - (C_1 + C_2)$$

⑤ 成型后厚度　指制造厂考虑加工减薄量并按钢板规格第二次向上圆整得到的坯板厚度，再减去实际加工减薄量后的厚度，即是压力容器出厂时的实际厚度。一般情况下，只要成型后的实际厚度大于设计厚度即可满足强度要求。

2. 内压球形壳体的强度计算

通过前面的分析可知，球形壳体是对称于球心的，没有圆筒的"经向"与"环向"之分，所以，在内压作用下，球壳壁上的双向应力是相等的，即经向应力 σ_1 和 σ_2 相等。按照第一强度理论，为保证球壳体的安全使用所需要的壳体强度，应满足

$$\sigma_1 = \sigma_2 = \frac{pD}{4\delta} \leqslant [\sigma]^t$$

采用计算压力 p_c 及用内径 D_i 代替中径，并考虑焊缝可能存在缺陷的影响，在计算中用焊接接头系数 φ 代替焊缝的影响，上式可以改写成

$$\frac{p(D_i + \delta)}{4\delta} \leqslant [\sigma]^t \varphi$$

将上式变形可得设计温度下的球壳体厚度计算公式

$$\delta = \frac{p_c D_i}{4[\sigma]^t \varphi - p_c} \qquad (3-14)$$

此公式仅在压力 $p_c \leqslant 0.6[\sigma]^t \varphi$ 的条件下适用，考虑介质和大气的腐蚀影响，将腐蚀裕量 C 代入得

$$\delta_d = \frac{p_c D_i}{4[\sigma]^t \varphi - p_c} + C_2 \qquad (3-15)$$

再考虑钢板成型时负偏差 C_1 的影响，满足 $\delta_n \geqslant \delta_d$ 的原则，将 δ_d 圆整至钢板相应的标准厚度。

与内压圆筒类似，可以通过此公式来确定球壳体的最大允许工作压力，也可对在役压力

容器进行强度校核。

将上式进行变形，可得设计温度下球壳体的最大允许工作压力 $[p_w]$

$$[p_w]=\frac{4\delta_e[\sigma]^t\varphi}{D_i+\delta_e} \tag{3-16}$$

设计温度下球壳体的计算应力按下式进行计算，即校核计算

$$\sigma^t=\frac{p_c(D_i+\delta_e)}{4\delta_e}\leqslant[\sigma]^t\varphi \tag{3-17}$$

公式中的符号意义与前面一样。

对比式（3-9）和式（3-14）可以看出：当条件相同时，球壳体的壁厚大约是圆筒壁厚的 1/2，而且球体的表面积小，因而保温层等其他附加费用也相对减少，所以许多大型的储存容器一般都采用球形容器。但是球形容器在制造方面比圆筒形容器要复杂，而且要求高，故当容器直径小于 3m 时，一般仍采用圆筒形容器。

【例 3-2】 有一内压容器，已知设计压力 $p=0.4$MPa，设计温度 $t=70$℃，圆筒内径 $D_i=1000$mm，总高为 3000mm，内装液体介质，液体静压力为 0.03MPa，圆筒材料为 Q345R，腐蚀裕量 C_2 取 1.5mm，焊缝系数 $\varphi=0.85$，试求该容器的筒体厚度。

解 ① 计算压力 p_c 的确定　由于设计压力为 $p=0.4$MPa，而液柱静压力为 0.03MPa，已大于设计压力的 5%，故计算压力为

$$p_c=p+p_{液}=0.4+0.03=0.43\text{（MPa）}$$

② 求计算厚度　假设筒体所需钢板厚度为 6～16mm，查附录一得设计温度 70℃时的许用应力 $[\sigma]^t=189$MPa，代入式（3-9）得筒体的计算厚度为

$$\delta=\frac{p_cD_i}{2[\sigma]^t\varphi-p_c}=\frac{0.43\times1000}{2\times189\times0.85-0.43}=1.34\text{（mm）}$$

对于低合金钢制容器，按标准规定 $\delta_{min}=3$mm，因此为了保证筒体具有足够的刚度，取 $\delta=3$mm。

③ 求设计厚度 δ_d

$$\delta_d=\delta+C_2=3.0+1.5=4.5\text{（mm）}$$

④ 求名义厚度 δ_n　由于 Q345R 为低合金钢，因而其钢板负偏差 $C_1=0.3$mm，因而可取名义厚度 δ_n 至少为 5mm。根据钢板常用系列表 3-12 可以看出，厚度为 5.0mm 的钢板较少采用，因而取名义厚度 $\delta_n=6.0$mm。

⑤ 检查　从附录一中看出 $\delta_n=6.0$mm 时 $[\sigma]^t$ 没有变化，故取名义厚度 δ_n 为 6mm 合适。

【例 3-3】 对一储罐的筒体进行设计计算。已知：设计压力 $p=2.5$MPa，操作温度在 −5～44℃，用 Q345R 钢板制造，储罐内径 $D_i=1200$mm，腐蚀裕量为 $C_2=1$mm，焊接接头系数 $\varphi=0.85$，试确定筒体厚度。

解　Q345R 钢板在 −5～44℃ 范围的许用应力由附录一查取，估计壁厚在 6～16mm 之间，查得许用应力 $[\sigma]^t=189$MPa，取计算压力 $p_c=p=2.5$MPa，将已知参数代入式（3-9）得到储罐筒体计算厚度为

$$\delta=\frac{p_cD_i}{2[\sigma]^t\varphi-p_c}=\frac{2.5\times1200}{2\times189\times0.85-2.5}=9.41\text{（mm）}$$

设计厚度　$\delta_d=\delta+C_2=9.41+1=10.41\text{（mm）}$

Q345R 钢板厚度负偏差 $C_1=0.3$mm，则名义厚度取不低于 $10.41+0.3=10.71$mm，按照表 3-12 钢板常用厚度系列查得 $\delta_n=12$mm，因而筒体厚度为 12mm。

五、压力试验

为了检查容器的强度、密封结构和焊缝的密封性等,因此制造完毕后需要在试验压力下进行耐压试验(压力试验),耐压试验包括液压试验、气压试验、气液组合试验;对密封性要求高的重要容器在强度试验合格后还需要进行泄漏检验的泄漏试验,泄漏试验包括气密性试验、氨检漏试验、卤素检漏试验、氦检漏试验。

压力试验有液压试验和气压试验两种。压力试验的种类、要求和试验压力值一般需要在图样中注明。通常情况下采用水压试验,对于不适合进行液压试验的容器,例如,容器内不允许有微量残留液体,或由于结构原因不能充满液体的塔类容器,或液压试验时液体重力可能超过承受能力等,则采用气压试验。

1. 液压试验

液压试验时,在被试验的压力容器中注满液体,排尽空气后再用泵逐步增加试验压力以检验容器的整体强度和致密性。液压试验所用的介质要求价格低廉、来源广并对设备的影响小,满足此条件的多为洁净水,故常称为水压试验。

(1) 液压试验压力 p_T　试验压力是进行液压试验时规定容器应达到的压力,该值反映在容器顶部的压力表上。试验压力按照下面的方法确定

$$p_T = 1.25 p \frac{[\sigma]}{[\sigma]^t} \quad (3-18)$$

式中　p_T——试验压力,MPa;
　　　p——设计压力,MPa;
　　　$[\sigma]$——容器元件材料在试验温度下的许用应力,MPa;
　　　$[\sigma]^t$——容器元件材料在设计温度下的许用应力,MPa。

确定试验压力时应注意:容器铭牌上规定有最大允许工作压力时,式(3-18)中应以最大允许工作压力替代设计压力 p;容器各受压元件,如筒体、封头、接管、法兰及其他紧固件等所用材料不同时,式(3-18)中应取各元件材料的 $[\sigma]/[\sigma]^t$ 比值中最小者;直立容器液压试验充满水时,其试验压力应按式(3-18)计算确定值的基础上加上直立容器内所承受最大的液体静压力。试验过程按照 GB 150—2011 的规定进行。

(2) 试验强度校核　压力试验前应对压力容器进行强度校核,强度校核按下式进行

$$\sigma_T = \frac{p_T(D_i + \delta_e)}{2\delta_e} \quad (3-19)$$

式中　σ_T——试验压力下圆筒的应力,MPa;
　　　δ_e——圆筒的有效厚度,mm;
　　　D_i——圆筒内直径,mm。

校核满足如下要求

$$\sigma_T \leqslant 0.9 \varphi \sigma_s 或 (\sigma_{0.2}) \quad (3-20)$$

式中　$\sigma_s(\sigma_{0.2})$——圆筒材料在试验温度下的屈服点(或 0.2%的屈服强度),MPa;
　　　φ——圆筒的焊缝接头系数。

2. 气压试验

由于气体存在可压缩的特点,因此盛装气体的容器一旦发生事故,造成的危害较大,所以在进行气压试验以前必须对容器的主要焊缝进行 100%的无损探伤,并应增加试验现场的

安全设施。气压试验时所用气体多为干燥洁净的空气、氮气或其他惰性气体。

气压试验时的试验温度：碳素钢和低合金钢不得低于15℃，其他钢种容器的气压试验温度按图样规定。

气压试验压力为

$$p_T = 1.1 p \frac{[\sigma]}{[\sigma]^t} \tag{3-21}$$

气压试验校核条件为

$$\sigma_T \leqslant 0.8 \varphi \sigma_s (\sigma_{0.2}) \tag{3-22}$$

式中符号意义同前。

按照 GB 150—2011 规定，气压试验压力首先应缓慢上升至规定试验压力的10%，且不得超过 0.05MPa，保压5min后，对焊缝和连接部位进行初次泄漏检查，如发现泄漏，修补后应重新进行试验。初次泄漏检查合格后，再继续缓慢增加压力至规定值的50%，进行观察检验，合格后再按规定试验压力的10%级差逐级增至规定的试验压力。保压10min后将压力降至规定试验压力的87%，并保持足够长的时间后再次进行泄漏检查。如有泄漏，修补后再按上述规定重新进行试验。

3. 气密性试验

盛装危险程度较大（易燃或毒性程度为极度、高度危害或设计上不允许有微量泄漏）的压力容器，需要进行气密性试验。气密性试验应在液压试验合格后进行，在进行气密性试验前，应将容器上的安全附件装配齐全。

气密性试验压力和试验过程按照 GB 150—2011 进行。

第二节　外压容器

一、外压容器的失稳与失稳形式

1. 失稳现象

在生产中除了内压容器外，还有不少承受外压的容器，如真空储罐、蒸发器、真空冷凝器等。外压容器是指容器壳体外部的压力大于内部压力的容器。内压容器在压力作用下将产生应力和变形，当此应力超过材料的屈服点时，壳体将产生显著变形直至断裂；但外压容器失效的形式

与一般的内压容器不同，它的主要失效形式是失稳。

当外载荷增大到某一值时，壳体会突然失去原来的形状，被压扁或出现波纹，这种现象称为失稳，如图3-13所示。

对于壳体壁厚与直径比很小的薄壁回转体，失稳时器壁的压缩应力低于材料的屈服极限，载荷卸去后，壳体能恢复原来的形状，这种失稳称为弹性失稳；当回转壳体厚度增大时，壳壁中的压应力超过材料的屈服点才发生失稳，载荷卸去后，壳体又不能恢复原来的形状，这种失稳称为非弹性失稳或弹塑性失稳。除周向出现失稳现象外，轴向也存在类似失稳现象。

2. 失稳形式

图 3-13　筒体失稳时出现的现象

薄壁压力容器在外压作用下的失稳形式主要有侧向失稳、

轴向失稳、局部失稳三种。容器由均匀侧向外压引起的失稳称为侧向失稳，侧向失稳时壳体截面由原来的圆形被压扁而呈现波形，其波数可以有两个、三个、四个等，如图 3-14 所示。轴向失稳是薄壁圆筒承受轴向外压时，当载荷达到某一数值时，也会丧失其稳定性，破坏母线的直线性，使母线产生波形，即圆筒发生了褶皱，如图 3-15 所示。除了侧向失稳和轴向失稳两种整体失稳外，还有局部失稳，如容器在支座或其他支承处以及在安装运输中由于过大的局部外压引起的失稳。

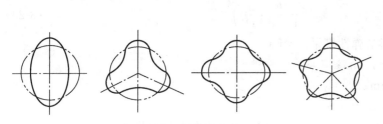
图 3-14　外压圆筒失稳后的形状

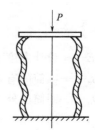
图 3-15　轴向失稳后的形状

二、临界压力及其计算方法

1. 概念

压力容器在承受外压时在失稳前只有环向和轴向应力，失稳时伴随突然的变形，在筒壁内产生了以弯曲应力为主的复杂的附加应力，这种变形与附加应力一直迅速发展到筒体被压瘪为止。当筒壁所受外压未达到某一临界值前，在压应力作用下筒壁处于一种稳定的平衡状态，这时增加外压力并不引起筒体形状的改变，在这一阶段的圆筒仍处于相对静止的平衡状态；但随着外压增加，当压力超过某一临界值后，筒体形状和应力状态发生了突变，原来的平衡遭到了破坏，圆形的筒体横截面即出现了波形。因此，这一压力的临界值称为筒体的临界压力，用 p_{cr} 表示。

2. 影响临界压力的因素

通过实验发现，影响临界压力的因素有筒体的几何尺寸、筒体材料性能、筒体的制造精度等方面。

实验发现，当筒体长度 L 与筒体直径 D 之比（L/D）相同时，δ_e/D 大者临界压力高；当 δ_e/D 相同时，L/D 小者临界压力高。也就是说，壁厚较大、筒体直径较小、计算长度较小时，临界压力就高；反之，临界压力低。

筒体失稳时，绝大多数情况下，筒壁内的压应力并未达到材料的屈服点，这说明筒体几何形状的突变并不是由于材料的强度不够而引起的。筒体材料的临界压力与材料的屈服点没有直接的关系，但是，材料的弹性模量 E 和泊松比 μ 值越大，其抵消变形的能力就越强，因而其临界压力就越高。但是由于各种钢材的 E 和 μ 相差不大，所以选用高强度钢代替一般碳素钢制造外压容器，并不能提高筒体的临界压力。

筒体的制造精度主要指圆度误差（椭圆度）和筒壁的均匀性。应该强调的是，外压容器稳定性的破坏并不是由壳体存在圆度误差和壁厚不均匀而引起的，因为即使壳体的形状很精确并且壁厚也很均匀，当外压力达到一定值时仍然会失稳，但壳体存在圆度误差和壁厚不均匀，将导致丧失稳定性的临界压力降低。

除以上原因外，还有载荷的不对称性、边界条件等因素也对临界压力有一定影响。

3. 临界压力的计算

按照破坏的情况，受外压的圆筒形壳体可分为长圆筒、短圆筒和刚性圆筒三种。区分长圆筒、短圆筒和刚性圆筒的长度均指与直径 D、壁厚 δ 等有关的相对长度，而非绝对长度。

（1）长圆筒的临界压力　当筒体长度较长，L/D 值较大，两端刚性较高的封头对筒体中部变形不能起到支撑作用，筒体容易失稳而被压瘪，失稳时的波数 $n=2$。长圆筒的临界压力 p_{cr} 仅与圆筒的相对厚度 δ_e/D 有关，与圆筒的相对长度 L/D 无关，其临界压力计算公式为

$$p_{cr} = \frac{2E}{1-\mu^2}\left(\frac{\delta_e}{D_o}\right)^3 \tag{3-23}$$

式中　E——设计温度下材料的弹性模量，MPa；
　　　δ_e——圆筒的有效厚度，mm；
　　　D_o——圆筒的外径，mm；
　　　μ——泊松比，对钢材取为 0.3。

对于钢制圆筒而言，可以将 $\mu=0.3$ 代入上式，得到钢制圆筒的临界压力为

$$p_{cr} = 2.2E\left(\frac{\delta_e}{D_o}\right)^3 \tag{3-24}$$

（2）短圆筒的临界压力　若圆筒的封头对筒体起到支撑作用，约束筒体变形，失稳时波形 $n=3$。短圆筒临界压力不仅与相对厚度 δ_e/D 有关，而且与相对长度 L/D 有关。L/D 值越大，封头对筒体的支撑作用越弱，临界压力越小。短圆筒的临界压力计算公式为

$$p_{cr} = \frac{2.59E\delta_e^2}{LD_o\sqrt{D_o/\delta_e}} \tag{3-25}$$

式中　L——圆筒长度，mm。

长圆筒与短圆筒的临界压力计算公式，都是认为圆筒横截面呈规则的圆形的前提下推演出来的，事实上筒体不可能都是绝对的圆，所以，筒体的实际临界压力将低于用上面公式计算出来的理论值，且式（3-23）~式（3-25）仅限于在材料的弹性范围内使用，即

$$\sigma_{cr} = \frac{p_{cr}D_o}{2\delta_e} \leqslant \sigma_s^t$$

同时，圆筒体的圆度，即同一截面的最大最小直径之差还应符合有关制造规定。

（3）刚性圆筒的临界压力　若圆筒体长度较短、筒壁较厚，容器刚度较好，不存在失稳压扁而丧失工作能力问题，这种圆筒称为刚性圆筒。其丧失工作能力的原因不是刚度不够，而是器壁内的应力超过了材料的屈服强度或抗压强度所致，在计算时，只要满足强度要求即可。刚性圆筒强度校核公式与内压圆筒相同，刚性圆筒所能承受的最大外压为

$$p_{max} = \frac{2\delta_e\sigma_s^t}{D_i} \tag{3-26}$$

式中　δ_e——圆筒的有效厚度，mm；
　　　σ_s^t——材料在设计温度下的屈服极限，MPa；
　　　D_i——圆筒的内径，mm。

4. 临界长度与计算长度

前面介绍了长圆筒、短圆筒、刚性圆筒所能承受的最大外压力的计算方法，但是，实际计算中一个外压圆筒究竟是长圆筒、短圆筒、还是刚性圆筒，这需要借助一个判断式，这个判断式就是临界长度。

(1) 临界长度　相同直径相同壁厚条件下，长圆筒的临界压力低于短圆筒的临界压力。随着圆筒长度的增加，端部的支撑作用逐渐减弱，临界压力值也逐渐减少。当短圆筒的长度增加到某一临界值时，端部的支撑作用完全消失，此时，短圆筒的临界压力降低到与长圆筒的临界压力相等。由式（3-24）和式（3-25）得

$$p_{cr}=2.2E\left(\frac{\delta_e}{D_o}\right)^3=\frac{2.59E\delta_e^2}{L_{cr}D_o\sqrt{D_o/\delta_e}}$$

由此得到区分长、短圆筒的临界长度为

$$L_{cr}=1.17D_o\sqrt{D_o/\delta_e} \tag{3-27}$$

同理，当短圆筒与刚性圆筒的临界压力相等时，由式（3-25）和式（3-26）得到短圆筒与刚性圆筒的临界长度为

$$p_{cr}=\frac{2.59E\delta_e^2}{L_{cr}D_o\sqrt{D_o/\delta_e}}=\frac{2\delta_e\sigma_s^t}{D_i}$$

计算中将内径取为外径，得到区分短圆筒和刚性圆筒的临界长度为

$$L'_{cr}=\frac{1.3E\delta_e}{\sigma_s^t\sqrt{D_o/\delta_e}} \tag{3-28}$$

因此，当圆筒的计算长度 $L\geqslant L_{cr}$ 时为长圆筒；当 $L_{cr}>L>L'_{cr}$，筒壁可以得到端部或加强构件的支撑应用，此类圆筒属于短圆筒；当 $L<L'_{cr}$ 时的圆筒属于刚性圆筒。

根据上式判断圆筒的类型后，即可利用对应的临界压力公式对圆筒进行有关计算。通过上面的过程发现，判断圆筒的类型还要知道圆筒的计算长度。

(2) 圆筒的计算长度　通过上面的计算公式发现，若不改变圆筒几何尺寸而提高它的临界压力值，可通过减少圆筒的计算长度来达到。对于生产能力和几何尺寸已经确定的圆筒来说，减少计算长度的方法是在圆筒内、外壁设置若干个加强圈，只要加强圈刚度足够大，就可以起到加强支撑作用。筒体焊上加强圈后，增强了筒体抵抗变形的能力，其所承受的临界压力也随之增大。

设置加强圈后，筒体的几何长度在计算临界压力时已失去了直接意义，此时需要的是筒体的计算长度。计算长度即是筒体上任意两个相邻刚性构件（封头、法兰、支座、加强圈等）之间的最大距离，计算时可以根据以下结构确定。

① 当圆筒部分没有加强圈，并且没有可作为加强的构件时，取圆筒总长度加上每个凸形封头曲面深度的 1/3，如图 3-16（a）、(b) 所示。

② 当圆筒部分有加强圈或可作为加强的构件时，则取相临两加强圈中心线之间的最大距离，如图 3-16（c）、(d) 所示。

③ 取圆筒第一个加强圈中心线与封头连接线间的距离加凸形封头曲面深度的 1/3，如图 3-16（e）所示。

④ 当圆筒与锥壳相连时，若连接处可以作为支撑，则取此连接处与相临支撑之间的最大距离，如图 3-16（f）～(h) 所示。

⑤ 对于与封头相连的那段筒体，计算长度应计入封头的直边高度及凸形封头 1/3 曲面高度。

三、外压圆筒及外压球壳的图算法

由外压圆筒失稳分析可知，计算圆筒的临界压力首先要确定圆筒包括壁厚在内的几何参数，但在设计计算之前壁厚并不知道，因此需要一个反复试算的过程，所以用理论计算显然

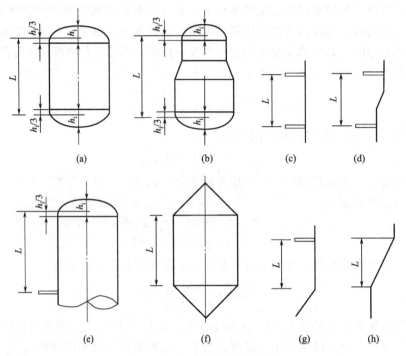

图 3-16 外压圆筒的计算长度

比较繁杂，我国 GB 150—2011《压力容器》推荐采用图算法确定外压容器壁厚。这种方法简单，无论是长圆筒，还是短圆筒，也不管是在弹性范围还是非弹性范围都可适用。

1. 图算法的符号说明

为了便于利用图算法进行计算，首先要知道图中各符号的含义。

A——系数，查图 3-17；

B——系数，查图 3-18～图 3-25；

C——壁厚附加量，$C=C_1+C_2$，mm；

C_1——钢板负偏差，mm；

C_2——腐蚀裕度，mm；

D_i——圆筒直径，mm；

D_o——圆筒外径，$D_o=D_i+2\delta_n$，mm；

E——设计温度下材料的弹性模量，MPa；

h_i——封头曲面深度，mm；

L——圆筒的计算长度，mm；

$[p]$——许用压力，MPa；

$[\sigma]^t$——设计温度下材料的许用压力，MPa；

σ^t——设计温度下材料的屈服极限，mm；

$\sigma_{0.2}^t$——设计温度下材料的 0.2% 屈服强度，MPa；

δ_n——圆筒或球壳的名义厚度，mm；

δ_e——圆筒或球壳的有效厚度，mm；

R_o——球壳外半径，mm；

p_c——计算外压力，MPa。

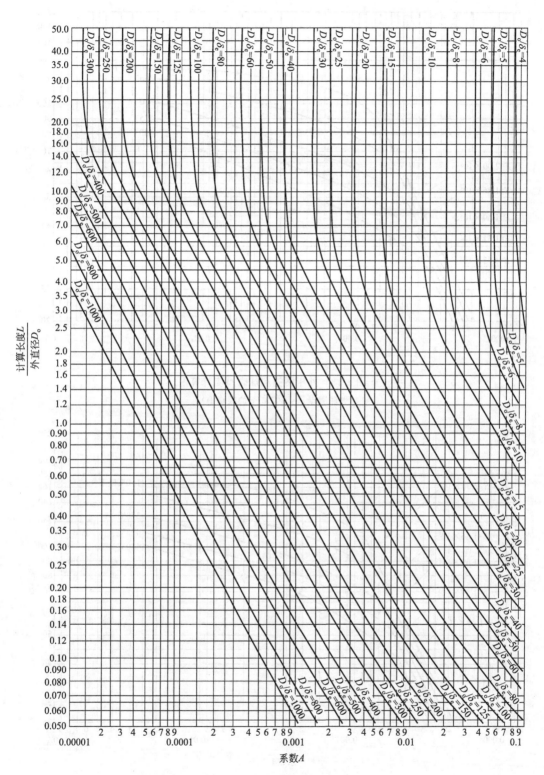

图 3-17 外压或轴向受压圆筒几何参数计算图
（用于所有材料）

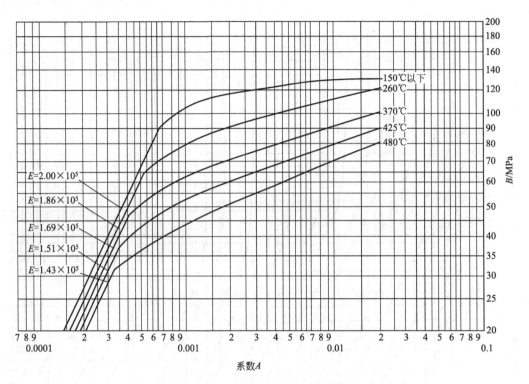

图 3-18 外压圆筒和球壳厚度计算图

（屈服点 σ_s＜207MPa 的碳素钢）

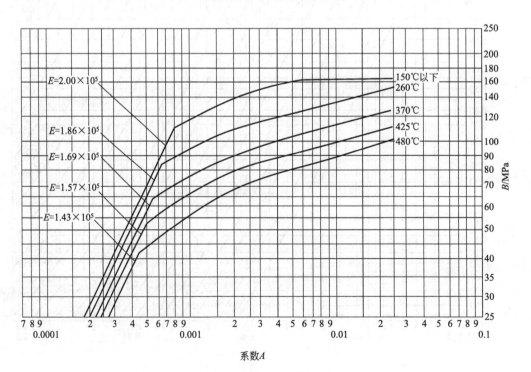

图 3-19 外压圆筒和球壳厚度计算图

（屈服点 σ_s＞207MPa 的碳素钢和 0Cr13，1Cr13）

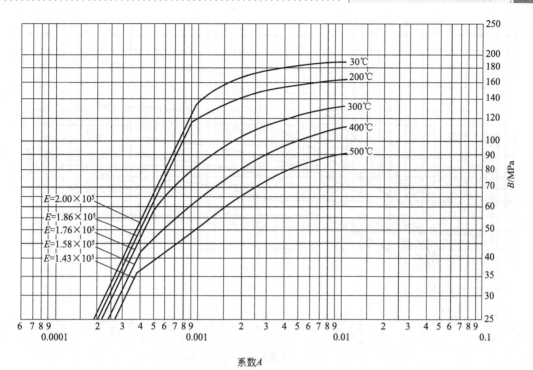

图 3-20 外压圆筒和球壳厚度计算图
（Q345R 钢，15CrMo 钢）

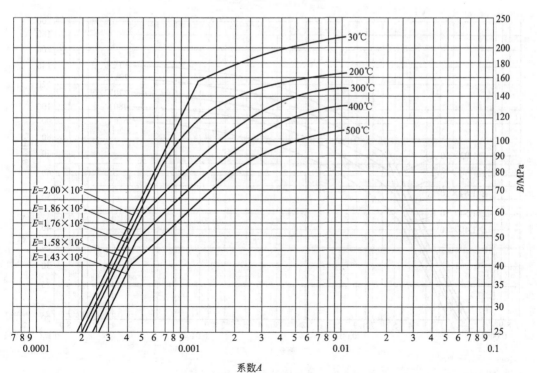

图 3-21 外压圆筒和球壳厚度计算图
（15MnVR 钢）

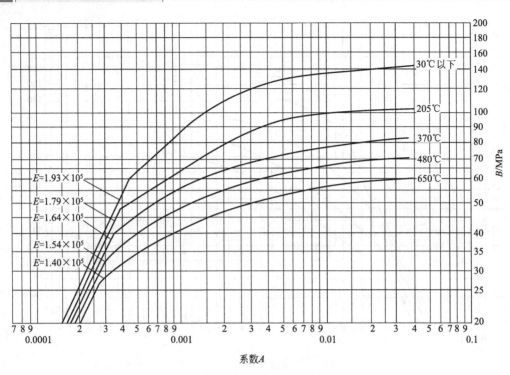

图 3-22 外压圆筒和球壳厚度计算图
(0Cr19Ni9)

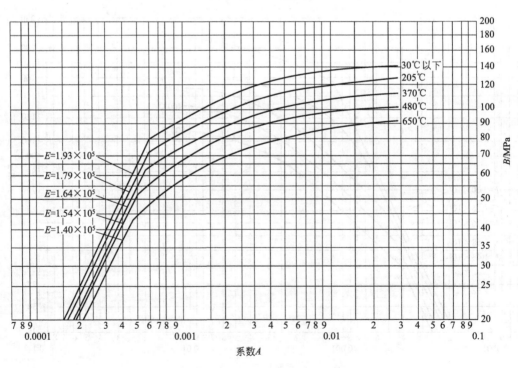

图 3-23 外压圆筒和球壳厚度计算图
(0Cr18Ni10Ti、0Cr17Ni12Mo2、0Cr19Ni13Mo3 钢)

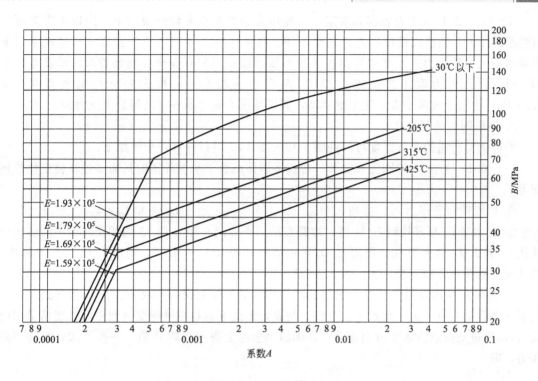

图 3-24 外压圆筒和球壳厚度计算图（00Cr19Ni10 钢）

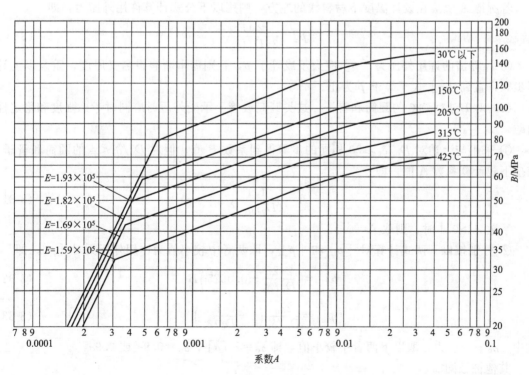

图 3-25 外压圆筒和球壳厚度计算图
（00Cr17Ni14Mo2、00Cr19Ni13Mo3 钢）

GB 150—2011《压力容器》规定，计算压力是在相应的设计温度下，用以确定外压圆筒壁厚的压力，其值以设计压力为主要条件。而设计压力 p 取不小于正常工作情况下可能出现的最大内外压力差。真空容器按承受外压考虑；当装有安全控制装置时（如真空泄放阀）时，设计压力取 $1.25p$ 或 $0.1MPa$ 两者中的较小值；按无安全控制装置时，取 $0.1MPa$，由两个或两个以上压力室容器，其设计压力赢考虑各室之间最大压力差。

2. 外压圆筒的图算法

外压圆筒所需的有效厚度可借助图 3-18～图 3-25 进行计算，步骤如下：

(1) 对 $D_o/\delta_e \geqslant 20$ 的圆筒和管子 对这类圆筒或管子承受外压时只需要进行稳定性校核即可。

① 假设圆筒壁厚为 δ_n，并按 $\delta_e = \delta_n - C$ 计算得 δ_e，定出 L/D_o 和 D_o/δ_e。

② 在图 3-17 左方找到 L/D_o 值，过此点沿水平方向右移与 D_o/δ_e 线相交（遇中间值用内插法），若 L/D_o 值大于 50，则用 $L/D_o=50$ 查图，若 $L/D_o<0.05$，则用 $L/D_o=0.05$ 查图。过此交点沿垂直方向下移，在图的下方查到 A。

③ 按所用材料选用图 3-18～图 3-25，在图的横坐标上找到系数 A。若 A 值落到设计温度下材料线的右方，则过此点垂直上移，与设计温度下的材料线相交（遇中间温度值采用内插法），再过此交点沿水平方向移动，在图的纵坐标上查得系数 B 值，并按下式计算许用外压力，即

$$[p] = \frac{B}{D_o/\delta_e} \tag{3-29}$$

若所得 A 值落在设计温度下材料线的左方，则用以下公式计算许用外压力，即

$$[p] = \frac{2AE}{3(D_o/\delta_e)} \tag{3-30}$$

④ 计算出的许用外压力 $[p]$ 应大于或等于 p，否则需重新假设名义厚度，重复以上计算步骤，直到 $[p]$ 大于等于 p 为止。

(2) 对 $D_o/\delta_e<20$ 的圆筒和管子 这类圆筒或管子承受外压时应同时考虑强度和稳定性问题。

① 采用与上述对 $D_o/\delta_e \geqslant 20$ 相同的步骤得到系数 B 值；但对 $D_o/\delta_e<4$ 的圆筒和管子，应按下式计算系数 A 值，即

$$A = \frac{1.1}{(D_o/\delta_e)^2} \tag{3-31}$$

系数 $A>0.1$ 时，则取 $A=0.1$。

② 分别按以下两式计算对 $[p]_1$ 和 $[p]_2$，取两者中较小值为许用外压力对 $[p]$，即

$$[p]_1 = \left(\frac{2.25}{D_o/\delta_e} - 0.0625\right)B \tag{3-32}$$

$$[p]_2 = \frac{2\sigma_o}{D_o/\delta_e}\left(1 - \frac{1}{D_o/\delta_e}\right) \tag{3-33}$$

式中 σ_o ——应力，取以下两者中较小值，即 $\sigma_o = 2[\sigma]^t$，$\sigma_o = 0.9\sigma_s^t$ 或 $0.9\sigma_{0.2}^t$。

其他符号同前。

③ $[p] \geqslant [p]_c$，否则须在假设名义厚度 δ_n，重复上述步骤，直到 $[p] \geqslant [p]_c$ 为止。

3. 外压球壳的图算法

(1) 球壳的临界压力 实验表明，对于钢制受均匀外压球壳的临界压力为

$$p_{cr} = 0.25E\left(\frac{\delta_e}{R_o}\right)^2 \quad (3-34)$$

式中 R_o——球壳外半径,mm;

δ_e——球壳的有效厚度,mm。

(2) 许用压力 $[p]$ 取 $m=3$,则许用外压力 $[p]$ 为

$$[p] = \frac{p_{cr}}{m} = \frac{0.0833E}{(R_o/\delta_e)^2} \quad (3-35)$$

式(3-35)可用于球壳在弹性范围的失稳计算,但失稳计算扩大到非弹性范围需借助外压圆筒壁厚计算图进行计算。

(3) 外压球壳图算法设计步骤

① 假设球壳壁厚 δ_n,按 $\delta_e = \delta_n - C$ 计算得 δ_e,计算得 R_o/δ_e。

② 按下式计算系数 A 值,即

$$A = \frac{0.125}{R_o/\delta_e} \quad (3-36)$$

③ 根据所用球壳材料选用图 3-18～图 3-25。在图的下方横坐标上找出系数 A,若 A 值落在设计温度材料线的右方,则过此点垂直上移,与设计温度下的材料线相交(遇中间温度值采用内插法),再过此交点沿水平方向移动,在图的纵坐标上查得系数 B 值,并按下式计算许用外压力,即

$$[p] = \frac{B}{R_o/\delta_e} \quad (3-37)$$

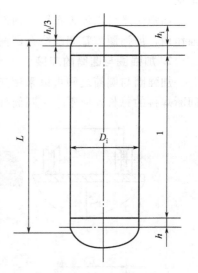

图 3-26 外压圆筒体

若 A 值落在设计温度下材料线左方,则用式(3-35)计算许用外压力。

④ $[p] \geqslant p_c$,若不满足此条件,则需要重新假设名义厚度,并重复上述步骤,直到满足条件为止。

【例 3-4】 如图 3-26 所示某一外压容器圆筒形塔体,工作温度为 135℃,材料为普通碳素钢 Q235B,内径 D_i 为 1000mm,筒体总长 l 为 6500(不包含封头高),椭圆形封头直边高度 h 为 25mm,曲面深度 h_i 为 250mm,设计压力为 0.1MPa,C_2 取 1.2mm,无安全控制装置,试计算塔体的壁厚 δ_n。

解 用图算法进行计算

① 假设塔体名义厚度 $\delta_n = 10$mm,则

$\delta_e = \delta_n - C = \delta_n - (C_1 + C_2) = 10 - (0.8 + 1.2) = 8$ (mm)

$D_o = D_i + 2\delta_n = 1000 + 2 \times 10 = 1020$ (mm)

$L = l + 2 \times (1/3)h_i + 2h = 6500 + 2(1/3) \times 250 + 2 \times 25 = 6716.7$ (mm)

$L/D_o = 6716.7/1020 = 6.6$,$D_o/\delta_e = 1020/8 = 127.5 > 20$

② 用内插法查图。根据图 3-17,L/D_o 与 D_o/δ_e,在图中交点处对应的 A 值为 0.00013。

③ 因所用材料为 Q235B 钢,故选图 3-18,系数 A 落在设计温度下材料左方,因此用式(3-30)计算许用外压力,即

$$[p] = \frac{3AE}{3(D_o/\delta_e)} = \frac{3 \times 0.00013 \times 2 \times 10^5}{3 \times (1020/8)} = 0.14 \text{ (MPa)}$$

④ 因 $[p] > p_c$，且接近 p_c，故假定壁厚符合设计要求，确定壁厚为 10mm。

四、外压容器的加强圈

设计外压圆筒时，在试算过程中如果出现许用外压力 $[p]$ 小于计算外压力 p_c 时，说明筒体刚度不够，此时，可以通过增加筒体壁厚或者减小筒体的计算长度来达到提高临界压力从而提高许用操作压力的目的。从经济观点看，用增加筒体壁厚的方法来提高圆筒的许用应力是不合适的，适宜的方法是在外压圆筒的外部或内部装几个加强圈，以减小圆筒的计算长度，增加圆筒的刚性。当外压圆筒采用不锈钢或贵重金属制造时，在圆筒内部或外部采用碳素钢的加强圈可以减少贵重金属的消耗量，很有经济意义。采用加强圈结构来提高外压容器的刚性已经得到广泛应用。

1. 加强圈的结构及要求

加强圈应具有足够的刚度，通常采用扁钢、角钢、工字钢或其他型钢，如图 3-27 所示。它不仅对筒体有较好的加强效果，而且自身成型也比较方便，所用材料多采用价格低廉的碳素钢。

加强圈既可以设置在筒体内部，也可以设置在筒体的外部，为了确保加强圈对筒体的加强作用，加强圈应整圈围绕在圆筒的圆周上。外压容器加强圈的各种布置如图 3-27 所示。

2. 加强圈与圆筒的连接

加强圈与圆筒之间可以采用连续焊或间断焊。当加强圈设置在容器外面时，加强圈每侧间断焊接的总长，应不小于圆筒外周长的 1/2；当设置在圆筒内部时，应不小于圆筒内周长

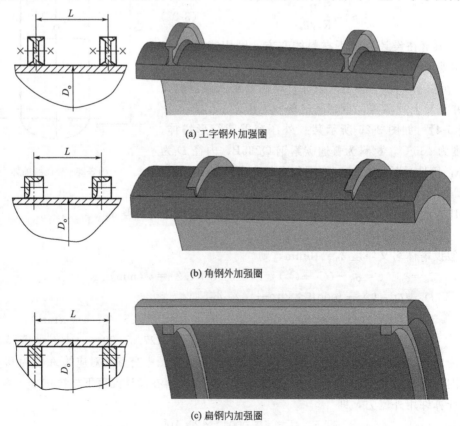

(a) 工字钢外加强圈

(b) 角钢外加强圈

(c) 扁钢内加强圈

图 3-27 加强圈的结构

的 1/3。间断焊的布置如图 3-28 所示，间断焊缝可以错开或并排布置。无论错开还是并排，其最大间隙 t，对外加强圈时为 $8\delta_n$，对内加强圈时为 $12\delta_n$。为了保证壳体的稳定性，加强圈不得任意削弱或割断。

对外加强圈而言是比较容易做到的，但是对内加强圈而言，有时就不能满足这一要求，如卧式容器中的加强圈，往往需要开设排液孔，如图 3-29 所示。加强圈允许割开或削弱而不需补强的最大弧长间断值，可由图 3-30 查取。

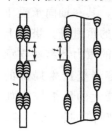

图 3-28 加强圈与筒体的连接

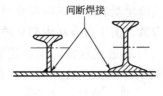

图 3-29 经削弱的加强圈

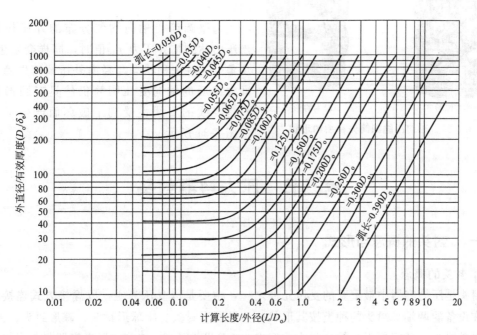

图 3-30 圆筒上加强圈允许的弧长间断值

3. 加强圈的间距

加强圈的间距可以通过图算法或计算法来确定。图算法涉及的内容较多，因此这里仅介绍计算法，需要时查阅有关参考书。

通常计算压力已由工艺条件确定，如果筒体的厚度 D_o，δ_e 已经确定，使该筒体安全承受所规定的外压 p_c 所需要的最大间距，可以通过下式计算求得

$$L_s = 2.59 E^t D \frac{(\delta_e/D_o)^{2.5}}{m p_c} = 0.86 \frac{D_o}{p_c} \left(\frac{\delta_e}{D_o}\right)^{2.5} \tag{3-38}$$

式中 L_s——加强圈的间距，mm；

D_o——筒体的外径，mm；

p_c——筒体的计算压力，MPa；

δ_e——筒体的有效厚度，mm。

加强圈的实际间距如果不大于上式的计算值，则表示该圆筒能够安全承受计算外压 p_c，需要加强圈的个数等于不设加强圈的计算长度 L 除以所需加强圈间距 L_s 再减去 1，即加强圈个数 $n=(L/L_s)-1$。如果加强圈的实际间距大于计算间距，则需要多设加强圈个数，直到使 $L_{实际} \leqslant L_s$ 为止。

五、轴向受压圆筒

有些压力容器除受到内部介质的压力外，往往还会受到其他载荷作用，其在轴向承受压应力。如高大直立设备的风载荷、地震载荷、裙座承受容器及其内部介质的重量等，塔壁上会产生很大的局部压缩应力；又如大型的卧式容器，由于自身和内部介质的重力和鞍座支承反力可能造成弯曲，也会使容器壁产生局部的轴向压缩应力。这些薄壁容器上的压缩应力如果达到某一数值，将会引起圆筒的轴向失稳，因此，对于轴向受压的圆筒也须考虑其稳定性问题。

薄壁圆筒受轴向均匀分布的外压作用时，当压力达到临界压力 p_{cr} 值时，同样会发生失稳现象。这种失稳状态与径向外压圆筒失稳不同，即失稳后的轴向受压圆筒仍然具有圆形截面，只是经线的直线性受到了破坏而产生了波形，如图3-31所示。

(a) 非对称形式　　(b) 对称形式

图3-31　轴向压缩圆筒失稳后的形状

第三节　压力容器封头

一、封头的概念与形式

1. 封头的概念

封头是压力容器中最重要的受压元件之一，主要是以受压为主，以焊接方式连接筒体，大多在设备的两端。封头的种类按其形状分为椭圆形封头、半球形封头、碟形封头、锥形封头、平盖封头、球冠形封头等。封头的标准为 GB/T 25198—2010《压力容器封头》。

2. 封头的形式参数及标记

封头的形式与参数常用字母和阿拉伯数字表示，其标记如下。

①②×③（④）-⑤⑥

①——封头的形式，用字母表示：半球形封头形式"HHA"、椭圆形封头"EHA"、碟形封头"THA"、球冠形封头"SDH"、平底封头"FHA"、锥形封头"CHA"。以"A"结尾代表以内径为基准，以字母"B"结尾表示外径为基准则。

②——封头的公称直径，用阿拉伯数字表示，单位为 mm。

③——封头的厚度，用阿拉伯数字表示，单位为 mm。

④——封头成品的最小成型厚度，用阿拉伯数字表示，单位为 mm。

⑤——封头的材料牌号。

⑥——标准号 GB/T 25198。

【例 3-5】 公称直径 2400mm，封头名义厚度 20mm，封头最小成型厚度 18.2mm，$R_1=1.0$ 的，$r_1=0.10D_1$，材质为 Q345R，以内径为基准碟形封头标记如下。

THA 2400×20 (18.2)-Q345R GB/T 25198

二、椭圆形封头

封头是压力容器的重要组成部分，按其结构形状可分为椭圆形封头、半球形封头、碟形封头、锥形封头、平盖五种。实际工程中究竟采用哪种封头需要根据工艺条件、制造难易程度以及材料的消耗等情况综合进行考虑。

椭圆形封头由半个椭球面和高度为 h 的短圆筒（亦称直边段）组成，如图 3-32 所示。设置直边的目的是避免筒体与封头连接处的焊接应力与边缘应力的叠加。为了改善焊接受力状况，直边需要一定的长度，其值可按照标准进行选取，若封头内径小于 2000mm，则直边 25mm；若内径大于等于 2000mm，则直边 40mm。

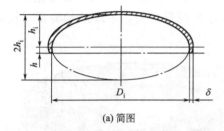
(a) 简图

(b) 形状图

图 3-32 椭圆形封头

由于封头的椭球部分经线曲率变化平缓而连续，故应力分布比较均匀；此外，与球形封头比较，椭圆形封头的深度小，易于冲压成型，目前，在中、低压容器中采用比较广泛。椭圆形封头厚度的计算按照下式进行。

$$\delta = \frac{Kp_c D_i}{2[\sigma]^t \varphi - 0.5 p_c} \tag{3-39}$$

式中 K——椭圆形封头的形状系数，其值按照下式进行计算。

$$K = \frac{1}{6}\left[2 + \left(\frac{D_i}{2h_i}\right)^2\right] \tag{3-40}$$

K 值也可以根据 a（长半轴）/b（短半轴）$\approx D_i/2h_i$ 按照表 3-15 进行查取。

表 3-15 椭圆形封头形状系数

$D_i/2h_i$	2.6	2.5	2.4	2.3	2.2	2.1	2.0	1.9	1.8
K	1.46	1.37	1.29	1.21	1.14	1.07	1.00	0.93	0.87
$D_i/2h_i$	1.7	1.6	1.5	1.4	1.3	1.2	1.1	1.0	
K	0.81	0.76	0.71	0.66	0.61	0.57	0.53	0.50	

理论分析表明，当 $D_i/2h_i=2$ 时，椭圆形封头的应力分布较好，所以规定为标准椭圆形封头，此时，$K=1$。标准椭圆形封头的计算公式为

$$\delta = \frac{p_c D_i}{2[\sigma]^t \varphi - 0.5 p_c} \tag{3-41}$$

从上式可以看出，标准椭圆形封头的厚度与其连接的圆筒厚度大致相等，因此筒体与封

头可采用等厚度钢板进行制造，这不仅给选择材料带来方便，而且也便于筒体与封头的焊接加工，所以工程中多选用标准的椭圆形封头作为圆筒形容器的端盖。

我国标准中对椭圆形封头厚度进行了一定的限制，即标准椭圆形封头的有效厚度应不小于封头内直径的 0.15%，其他椭圆形封头的有效厚度应不小于封头内直径的 0.3%。

通过式（3-39）可以得到椭圆封头的最大允许工作压力，其值为

$$[p_w] = \frac{2[\sigma]^t \varphi \delta_e}{KD_i + 0.5\delta_e} \tag{3-42}$$

式中符号同前。

三、半球形封头

半球形封头的结构如图 3-33 所示，它与球形壳体具有相同的优点，即在相同的条件下，它所需要的圆筒厚度最薄，相同容积的表面积最小，因此可以节约钢材，仅从这个方面看来它是最理想的结构形式。但与其他凸形封头比较，其深度较大，在直径较小时，整体冲压困难；而直径较大、采用分瓣冲压拼焊时，焊缝多，焊接工作量大，出现焊接缺陷的可能性也增加。因此，对于一般中、小直径的容器很少采用半球形封头，半球形封头常用在高压容器上。

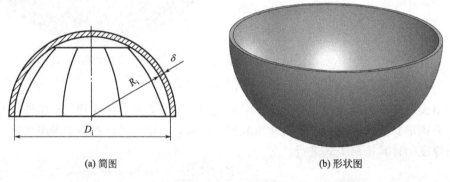

(a) 简图　　　　　　　　　　(b) 形状图

图 3-33　半球形封头

半球形封头与半球形壳体受力状况完全相同，因此，在内压作用下，其应力状态与球壳完全相同，即

$$\sigma = \frac{pD}{4\delta}$$

其厚度计算公式与球壳厚度计算公式也完全相同，即

$$\delta = \frac{p_c D_i}{4[\sigma]^t \varphi - p_c} \tag{3-43}$$

四、碟形封头

碟形封头亦称带折边的球形封头，它由半径为 R_i 球面部分，高度为 h 短圆筒（直边）部分和半径为 r 过渡环壳部分组成，如图 3-34 所示。直边段高度 h 的取法与椭圆形封头直边段的取法一样。从几何形状看，碟形封头三个部分的交界处存在不连续，故应力分布不够均匀，在工程使用中不够理想。但过渡环壳的存在降低了封头的深度，方便了成型加工，且压制碟形封头的钢模加工简单，因此，在某些场合仍可以代替椭圆形封头使用。

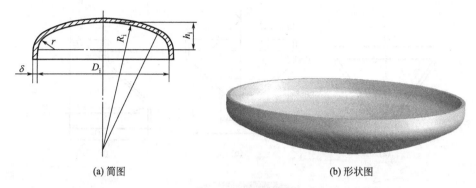

(a) 简图　　　　　　　　　(b) 形状图

图 3-34　碟形封头

标准中对标准碟形封头作了如下的限制，即碟形封头球面部分内半径 R_i 应不大于封头内直径（即 $R_i \leqslant D_i$），封头过渡环壳内半径 r 应不小于 10% D_i，且不小于 3δ（即 $r \geqslant 10\% D_i$，$r \geqslant 3\delta$）。碟形封头的形状与椭圆形封头比较接近，因此，在建立其计算公式时，采用类似的方法，引入形状系数 M（应力增强系数），得到碟形封头厚度计算公式，即

$$\delta = \frac{M p_c R_i}{2[\sigma]^t \varphi - 0.5 p_c} \tag{3-44}$$

$$M = \frac{1}{4}\left(3 + \sqrt{\frac{R_i}{r}}\right) \tag{3-45}$$

式中　M——碟形封头形状系数，其值见表 3-16；
　　　R_i——碟形封头球面部分的内半径，mm。
其他符号与意义同前。

表 3-16　碟形封头形状系数 M

R_i/r	1.0	1.25	1.50	1.75	2.0	2.25	2.50	2.75	3.0	3.25	3.50	4.0
M	1.00	1.03	1.06	1.08	1.10	1.13	1.15	1.17	1.18	1.20	1.22	1.25
R_i/r	4.5	5.0	5.5	6.0	6.5	7.0	7.5	8.0	8.5	9.0	9.5	10.0
M	1.28	1.31	1.34	1.36	1.39	1.41	1.44	1.46	1.48	1.50	1.52	1.54

与椭圆封头相似，碟形封头在内压作用下也存在屈服问题，因此规定，对于标准碟形封头（$R_i = 0.9 D_i$，$r = 0.17 D_i$，$M = 1.33$），其有效厚度应不小于内直径的 0.15%，其他碟形封头的有效厚度应不小于封头内直径的 0.30%。如果在确定封头厚度时已经考虑了内压作用下的弹性失稳问题，可不受此限制。

通过式（3-44）可得碟形封头的最大允许工作压力为

$$[p_w] = \frac{2[\sigma]^t \varphi \delta_e}{M R_i + 0.5 \delta_e} \tag{3-46}$$

与标准椭圆封头比较，碟形封头的厚度增加了 33%，所以碟形封头比较笨重，不够经济。

五、锥形封头

为了从底部卸出固体物料，工程中的蒸发器、喷雾干燥器、结晶器及沉降器等常在容器下部设置锥形封头，如图 3-35 所示。锥形封头分为无折边和有折边两种结构，当半锥角

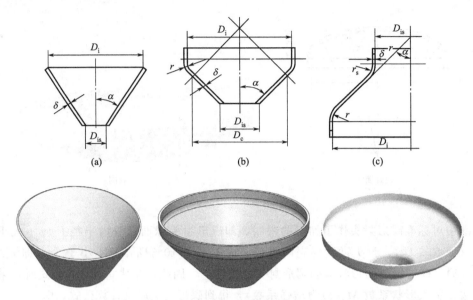

图 3-35 锥形封头

$\alpha \leqslant 30°$，可选用无折边结构，如图 3-35(a) 所示；当半锥角 $\alpha > 30°$ 时，则采用带有过渡段的折边结构，如图 3-35(b)、(c) 所示，否则，需要按应力设计。

根据标准要求，大端折边锥形封头的过渡段的转角半径 r 应不小于封头大端内径 D_i 的 10%，且不小于该过渡段厚度的 3 倍，即 $r > 10\% D_i$，$r \geqslant 3\delta$。对于小端，当半锥角 $\alpha \leqslant 45°$ 时，可以采用无折边结构；而当 $\alpha > 45°$ 时，则应采用带折边结构。小端折边封头的过渡段半径 r_s 应不小于封头小端内直径 D_{is} 的 5%，且不小于该过渡段厚度的 3 倍，即 $r_s > 5\% D_{is}$，$r \geqslant 3\delta$。当半锥角 $\alpha \geqslant 60°$ 时，其封头厚度按平盖计算。

根据应力分析可知，锥形封头的环向应力 σ_2 是经向应力 σ_1 的 2 倍。为保证强度，根据第一强度理论，锥形封头应满足

$$\sigma_2 = \frac{pr}{\delta \cos\alpha} \leqslant [\sigma]^t \tag{3-47}$$

采用计算压力 p_c 及计算直径 D_c，并考虑焊缝系数 φ 和腐蚀裕量 C_2，得设计温度下锥形封头厚度为

$$\delta_{dc} = \frac{p_c D_c}{2[\sigma]^t \varphi - p_c} \times \frac{1}{\cos\alpha} + C_2 \tag{3-48}$$

式中　D_c——锥形封头的计算直径，mm；

　　　p_c——锥形封头的计算压力，MPa；

　　　α——锥形封头的半锥角，(°)；

　　　δ——锥形封头的计算厚度，mm；

　　　δ_{dc}——锥形封头的设计厚度，mm。

其他各参数的意义同前。

最后考虑钢板厚度的负偏差，并按锥形封头的名义厚度 $\delta_{nc} \geqslant \delta_{dc}$ 原则，圆整至相应的钢板标准厚度。

当锥形封头由同一半顶角的几个不同厚度的锥壳段组成时，式中计算厚度 D_c 为各锥壳段大端内直径。

六、平盖

平盖是压力容器中结构最简单的一种封头，它的几何形状有圆形、椭圆形、长圆形、矩形和方形等，最常用的是圆形平盖。

根据薄板理论，在内压作用下，受均布载荷的平板，壁内产生两向弯曲应力，一是径向弯曲应力 σ_r，另一个是周向弯曲应力 σ_t。平板产生的最大弯曲应力可能在板心，也可能在板的边缘，这要视压力作用面积和边缘支撑情况而定。当周边刚性固定时，最大应力出现在板边缘，其值为 $\sigma_{\max}=0.188 p_c (D/\delta)^2$；当板周边简支时，最大应力出现在板中心，其值为 $\sigma_{\max}=0.31 p_c (D/\delta)^2$。但在实际工程中，因平盖与筒体连接结构形式和尺寸参数的不同，平盖与筒体的连接多是介于固定与简支之间，因此在计算时，一般采用平板理论经验公式，并引入结构特征系数 K 来体现平盖周边支撑情况不同时对强度的影响。由此，平盖最大弯曲应力可以表示为

$$\sigma_{\max}=K p \left(\frac{D}{\delta}\right)^2 \tag{3-49}$$

根据强度理论，并考虑焊接接头系数等因素，可得圆形平盖厚度计算公式为

$$\delta_p = D_c \sqrt{\frac{K p_c}{[\sigma]^t \varphi}} \tag{3-50}$$

式中　$\sigma_{\max}$——平盖受力时的最大应力，MPa；

　　　K——结构特征系数，查阅 GB 150—2011 手册得到；

　　　δ_p——平盖计算厚度，mm；

　　　D_c——平盖计算直径，mm，查阅化工机械工程手册得到。

其他符号的意义同前。

第四节　压力容器附件

一、密封装置

压力容器可拆密封装置有螺纹连接、承插连接、螺栓法兰连接等数种，其中以装拆比较方便的螺栓法兰连接最为普遍。

法兰连接结构是一个组合件，一般由连接件、被连接件、密封元件组成。工程中的法兰连接由一对法兰、数个螺栓、与螺栓配对的螺母和一个密封垫圈组成，如图 3-36 所示。

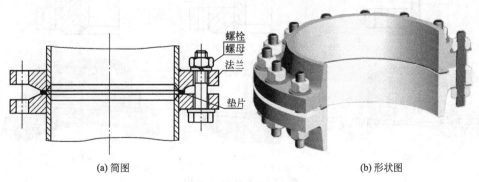

(a) 简图　　　　　　　　　　　　　(b) 形状图

图 3-36　法兰连接结构

1. 法兰密封机理

流体在密封处的泄漏有两条路径：一种是通过垫片材料本体的毛细管渗透，即"渗透泄漏"，它受介质的压力、温度、黏度、分子结构等流体状态性质的影响，其密封效果与垫片的结构、材料性质直接相关；另一种是"界面泄漏"，即沿着垫片与压紧面之间的泄漏，泄漏量的大小与界面形状相关。因此，法兰与垫片压紧面上凹凸不平的间隙和压紧力不足是造成"界面泄漏"的直接原因，而且也是法兰连接最主要的泄漏形式。法兰连接的密封就是通过螺栓压紧力的作用，使垫片产生弹性变形以填满法兰密封面上凹凸不平的间隙，以阻止流体沿界面的泄漏，从而实现密封的目的。法兰连接的密封过程可分为预紧与工作两个阶段。法兰在螺栓预紧力的作用下，把压紧面之间的垫片压紧，当垫片单位面积上所受的压紧力达到某一数值时，垫片变形，填满法兰密封面上的凹凸不平，为阻止介质泄漏形成了初始密封条件，这时在垫片单位面积上的压紧力称为垫片的预紧密封比压。当压力容器或者管道内压力升高后，螺栓受到拉伸，法兰密封面与垫片之间的密封压紧力下降，当密封比压下降到临界时，介质将发生泄漏，这一临界比压值称为工作密封比压。要保证法兰密封，就必须使密封面上实际存在的比压，不低于预紧时垫片的预紧密封比压。工作时垫片单位面积上的压力不得低于介质压力。

影响密封性能的主要因素有：螺栓预紧力、垫片性能、密封面质量、法兰刚度、操作条件等几个方面。

2. 法兰结构类型

法兰有多种分类方法，按密封面分为窄面法兰和宽面法兰；按应用场合分为容器法兰和管法兰；按组成法兰的圆筒、法兰环及锥颈三个部分的整体性程度可分为松式法兰、整体式法兰和任意式法兰三种。

(1) 松式法兰　法兰不直接固定在壳体或虽然固定但不能保证与壳体作为一个整体承受螺栓载荷的结构，如活套法兰、螺纹法兰、搭接法兰等，这些法兰可以带颈或者不带颈，如图 3-37 所示。这种法兰对设备或管道不产生附加弯曲应力，法兰力矩完全由法兰环自身来承担，因而适用于有色金属和不锈钢制设备或管道上。法兰可以用碳素结构钢制成，这样能节省贵重金属；但该种法兰也存在刚度小、厚度尺寸大的缺点，因而只适用于压力较低的场合。

(2) 整体式法兰　将法兰与压力容器壳体锻或铸成一个整体或者采用全熔透焊的平焊法兰，如图 3-38 所示。采用这种结构的目的是保证壳体与法兰同时受力，从而可以适当减薄

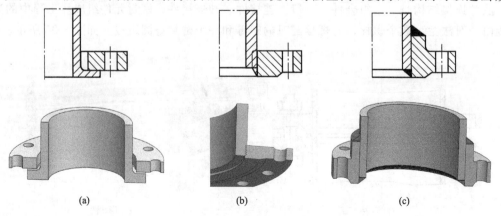

图 3-37　松式法兰结构

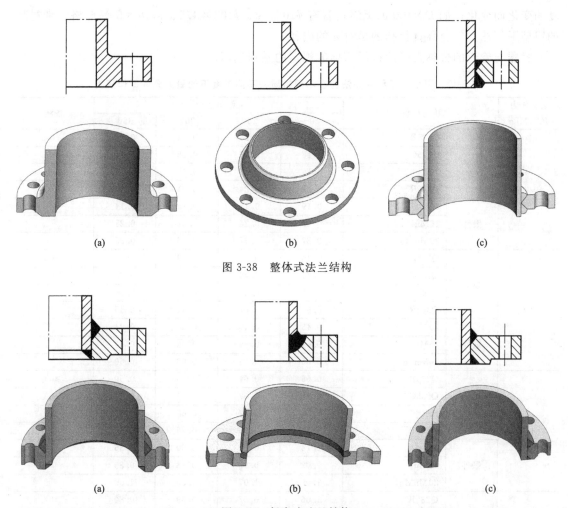

图 3-38　整体式法兰结构

图 3-39　任意式法兰结构

法兰厚度；但是这种法兰也会对壳体产生较大的应力。其中带颈法兰可以提高法兰与壳体的连接刚度，适用于压力、温度较高的重要场合。

(3) 任意式法兰　这种法兰介于整体式法兰和松式法兰之间，从结构上看，法兰与壳体连接成一个整体，如图 3-39 所示。这类法兰结构简单，加工方便，在中低压容器和管道中得到广泛应用。

3. 法兰标准

为了简化计算、降低成本、增加互换性，世界各国根据需要相应的制订了一系列的法兰标准，在使用时尽量采用标准法兰。只有当直径大或者有特殊要求时才采用非标准（自行设计）法兰。

根据用途法兰标准分为管法兰和压力容器法兰两套标准，相同公称直径、公称压力的管法兰和容器法兰的连接尺寸是不相同的，二者不能混淆。

选择法兰的主要参数是公称直径和公称压力。

(1) 公称直径　公称直径是容器和管道标准化后的系列尺寸，以 DN 表示。对卷制容器而言指的是容器内径；对于管子和管件而言，公称直径是一个名义尺寸，它既不是内径，也不是外径，而是与内径相近的某一数值，公称直径相同的钢管其外径是相同的，内径随厚度的变化而变化；如 $DN100$ 的无缝钢管有 $\phi 108 \times 4$、$\phi 108 \times 4.5$、$\phi 108 \times 5$ 等规格。带衬环的甲型平焊法兰的公称直径指的是衬环的内径。

容器与管道的公称直径应按国家标准规定的系列选用。

表 3-17 甲型、乙型平焊法兰在不同材质和不同温度下的最大允许工作压力

公称压力 PN/MPa	法兰材料		工作温度/℃				备注
			>-20~200	250	300	350	
0.25	板材	Q235B	0.16	0.15	0.14	0.13	$t \geqslant 0$℃
		Q235C	0.18	0.17	0.15	0.14	$t \geqslant 0$℃
		20R	0.19	0.17	0.15	0.14	
		Q345R	0.25	0.24	0.21	0.20	
	锻件	20	0.19	0.17	0.15	0.14	
		16Mn	0.26	0.24	0.22	0.21	
		20MnMo	0.27	0.27	0.26	0.25	
0.6	板材	Q235B	0.40	0.36	0.33	0.30	$t \geqslant 0$℃
		Q235C	0.44	0.40	0.37	0.33	$t \geqslant 0$℃
		20R	0.45	0.40	0.36	0.34	
		Q345R	0.60	0.57	0.51	0.49	
	锻件	20	0.45	0.40	0.36	0.34	
		16Mn	0.61	0.59	0.53	0.50	
		20MnMo	0.65	0.64	0.63	0.60	
1.0	板材	Q235B	0.66	0.61	0.55	0.50	$t \geqslant 0$℃
		Q235C	0.73	0.67	0.61	0.55	$t \geqslant 0$℃
		20R	0.74	0.67	0.60	0.56	
		Q345R	1.00	0.95	0.86	0.82	
	锻件	20	0.74	0.67	0.60	0.56	
		16Mn	1.02	0.98	0.88	0.83	
		20MnMo	1.09	1.07	1.05	1.00	
1.6	板材	Q235B	1.06	0.97	0.89	0.80	$t \geqslant 0$℃
		Q235C	1.17	1.08	0.98	0.89	$t \geqslant 0$℃
		20R	1.19	1.08	0.96	0.90	
		Q345R	1.60	1.53	1.37	1.31	
	锻件	20	1.19	1.08	0.96	0.90	
		16Mn	1.64	1.56	1.41	1.33	
		20MnMo	1.74	1.72	1.68	1.60	
2.5	板材	Q235C	1.83	1.68	1.53	1.38	$t \geqslant 0$℃
		20R	1.86	1.69	1.50	1.40	
		Q345R	2.50	2.39	2.14	2.05	
	锻件	20	1.86	1.69	1.50	1.40	
		16Mn	2.56	2.44	2.20	2.08	
		20MnMo	2.92	2.86	2.82	2.73	$DN<1400$
			2.67	2.63	2.59	2.50	$DN \geqslant 1400$
4.0	板材	20R	2.97	2.70	2.39	2.24	
		Q345R	4.00	3.82	3.42	3.27	
	锻件	20	2.97	2.70	2.39	2.24	
		16Mn	4.09	3.91	3.52	3.33	
		20MnMo	4.64	4.56	4.51	4.36	$DN<1500$
			4.27	4.20	4.14	4.00	$DN \geqslant 1500$

（2）公称压力　压力容器法兰和管法兰的公称压力是指在规定的设计条件下，在确定法兰尺寸时所采用的设计压力，即一定材料和温度下的最大工作压力。公称压力是压力容器和管道的标准压力等级，标准化规定了压力容器法兰的公称压力为七个等级：0.25、0.6、1.0、1.6、2.5、4、6.4（单位均为 MPa）；管法兰的公称压力分为十个等级：0.25、0.6、1.0、1.6、2.5、4、6.4、10、16、25（单位均为 MPa）。法兰标准中的尺寸系列即是按法兰的公称压力与公称直径来编排的。压力容器法兰和管法兰对不同材料和不同温度下的许用压力见表 3-17 和表 3-18，使用时可以查阅该表和有关手册。

表 3-18　管法兰在不同温度下的最大允许工作压力

公称压力 /MPa	法兰材质	工作温度/℃									
		≤20	100	150	200	250	300	350	400	425	450
		最大允许工作压力/MPa									
0.25	Q235A	0.25	0.25	0.225	0.2	0.175	0.15				
0.6		0.6	0.60	0.54	0.48	0.42	0.36				
1.0		1.0	1.0	0.9	0.8	0.7	0.6				
1.6		1.6	1.6	1.44	1.28	1.12	0.96				
0.25	20	0.25	0.25	0.225	0.2	0.175	0.15	0.125	0.088		
0.6		0.6	0.6	0.54	0.48	0.42	0.36	0.3	0.21		
1.0		1.0	1.0	0.9	0.8	0.7	0.6	0.5	0.35		
1.6		1.6	1.6	1.44	1.28	1.12	0.96	0.8	0.56		
2.5		2.5	2.5	2.25	2.0	1.75	1.5	1.25	0.88		
4.0		4.0	4.0	3.6	3.2	2.8	2.4	2.0	1.4		
0.25	16Mn 15MnV	0.25	0.25	0.245	0.238	0.225	0.2	0.175	0.138	0.113	
0.6		0.6	0.6	0.59	0.57	0.54	0.48	0.42	0.33	0.27	
1.0		1.0	1.0	0.98	0.95	0.9	0.8	0.7	0.55	0.45	
1.6		1.6	1.6	1.57	1.52	1.44	1.28	1.12	0.88	0.72	
2.5		2.5	2.5	2.45	2.38	2.25	2.0	1.75	1.38	1.13	
4.0		4.0	4.0	3.92	3.8	3.6	3.2	2.8	2.2	1.8	
0.25	15CrMo 12CrMo	0.25	0.25	0.25	0.25	0.25	0.25	0.238/0.25	0.228	0.223	0.218
0.6		0.6	0.6	0.6	0.6	0.6	0.6	0.57/0.6	0.546	0.534	0.522
1.0		1.0	1.0	1.0	1.0	1.0	1.0	0.95/1.0	0.91	0.89	0.87
1.6		1.6	1.6	1.6	1.6	1.6	1.6	1.52/1.6	1.456	1.424	1.392
2.5		2.5	2.5	2.5	2.5	2.5	2.5	2.38/2.5	2.28	2.23	2.18
4.0		4.0	4.0	4.0	4.0	4.0	4.0	3.8/4.0	3.64	3.56	3.48
0.25	1Co5Mo	0.25	0.25	0.25	0.25	0.25	0.25	0.25	0.25		
0.6		0.6	0.6	0.6	0.6	0.6	0.6	0.6	0.6		
1.0		1.0	1.0	1.0	1.0	1.0	1.0	1.0	1.0		
1.6		1.6	1.6	1.6	1.6	1.6	1.6	1.6	1.6		
2.5		2.5	2.5	2.5	2.5	2.5	2.5	2.5	2.5		
4.0		4.0	4.0	4.0	4.0	4.0	4.0	4.0	4.0		

注：表中分数的分子、分母分别为 15CrMo、12CrMo 在 350℃ 时各公称压力等级的最大允许工作压力。

国际上通用的管法兰标准有两大体系，即以美国为代表的美洲体系和以德国为代表的欧洲体系，我国的管法兰标准广泛采用也有两个：一个是国家标准 GB/T 9112—2000～GB/T 9124—2000，另一个是原化学工业部颁发的行业标准 HG 20592—2009～HG 20635—2009；其中 HG 标准包含了美洲和欧洲两大体系，内容完整、体系清晰，适用中国国情。

压力容器法兰分为甲型平焊法兰、乙型平焊法兰和长颈对焊法兰，它们的尺寸分别见标准 NB/T 47021—2012、NB/T 47022—2012、NB/T 47023—2012。

4. 法兰密封面形式

压力容器法兰密封面的形式有平面型、凹凸型及榫槽型三类，它们的结构如图 3-40 所示。

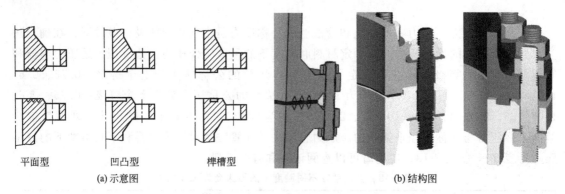

图 3-40 法兰密封面形式

为了增加密封性，平面型密封在突出的密封面上加工出几道环槽浅沟，其结构简单，加工方便，但垫圈没有定位处，拧紧螺栓时容易往两侧伸展，不易压紧，因此，它适用于压力及温度较低的设备。凹凸型密封面由一个凹面和一个凸面组成，在凹面上放置垫圈，上紧螺栓时垫圈不会被挤往外侧，密封性能较平面型有所改进。榫槽型密封面由一个榫和一个槽组成，垫圈放置进入凹槽内，密封效果较好。一般情况下温度较低、密封要求不严时采用平面密封，而温度高、压力也较高、密封要求严时采用榫槽型密封，凹凸型介于两者之间。甲型平焊法兰有平面密封与凹凸型密封面，乙型平焊法兰与长颈对焊法兰则三种密封面形式均有。

5. 法兰标记

法兰选定后，应在图样上进行标记；管法兰和压力容器的法兰标记的内容是不相同的。压力容器法兰的标记如下。

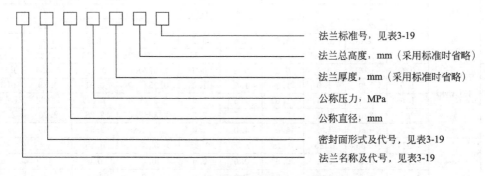

表 3-19 压力容器法兰标准、密封面形式及代号

	法兰类别			标准号
法兰标准	甲型平焊法兰			NB/T 47021—2012
	乙型平焊法兰			NB/T 47022—2012
	长颈对焊法兰			NB/T 47023—2012
	密封面形式			代号
	平面密封面			RF
法兰密封面形式及代号	凹凸密封面	凹密封面		FM
		凸密封面		M
	榫槽密封面	榫密封面		T
		槽密封面		G
	法兰类型			名称及代号
法兰名称及代号	一般法兰			法兰
	衬环法兰			法兰 C

例如标记：法兰-MFM   600   2.5   NB/T 47022—2012

它的意义是容器法兰密封面形式是凹凸面，公称直径是600mm，公称压力是2.5MPa，属于乙型平焊法兰。

管法兰密封面形式有突面、凹凸面、全平面、榫槽面和环连接面五种形式，其结构如图3-41所示。突面与全平面的垫圈没有定位挡台，密封效果差；凹凸型和榫槽型的垫圈放在凹面或槽内，垫圈不易被挤出，密封效果好。

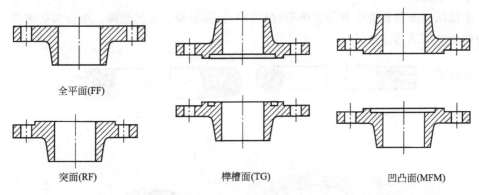

图 3-41 管法兰密封面形式

为了使管法兰具有互换性，常采用标准法兰。对管法兰的标记采用如下形式。管法兰的标记如下。

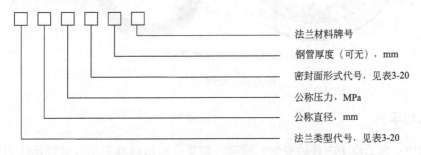

表 3-20 常用管法兰的密封面形式、标准代号

法兰类型	代号	标准号	密封面形式	代号
板式平焊法兰	PL	HG 20593—2009	突面	RF
			全平面	FF
带颈平焊法兰	SO	HG 20594—2009	突面	RF
			凹凸面	MFM
			榫槽面	TG
			全平面	FF
带颈对焊法兰	WN	HG 20595—2009	突面	RF
			凹凸面	MFM
			榫槽面	TG
			全平面	FF

例如，标记为 HG 20593—2009 法兰 PL100-1.0 RF S＝4mm 20

该法兰为：板式平焊法兰，公称直径为100mm，公称压力为1.0MPa，密封面为突面法兰，管子壁厚为4mm，法兰材料牌号为20钢。

6. 法兰垫圈

法兰垫圈与容器内的介质直接接触，是法兰连接的核心，所以垫圈的性能和尺寸对法兰密封的效果影响很大。垫圈在选择时需要考虑工作温度、工作压力、介质的腐蚀性、制造、更换及成本等因素。使用时要求垫圈的材料能耐介质的腐蚀，不污染介质，具有一定的弹性和力学性能，在工作温度下不易硬化和软化。

垫圈的变形能力和回弹能力是形成密封的必要条件，反映垫圈材料性能的基本参数是比压力和垫片系数。

在中低压容器和管道中常用的垫圈材料有非金属垫圈、金属垫圈、组合式垫圈等。它们的结构如图 3-42 所示。

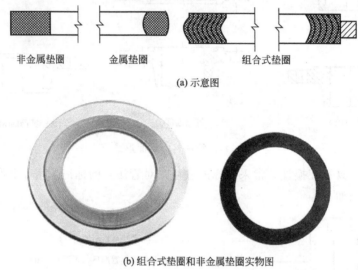

图 3-42 垫圈

二、人孔与手孔

在生产过程中，为了便于内件的安装、清理、检修、取出以及工作人员进出压力容器，一般需要设置人孔、手孔等检查孔。人孔、手孔的组成一般由短节、法兰、盖板、垫片及螺栓、螺母组成。

1. 人孔

人孔按照压力分为常压人孔和带压人孔；按照开启方式及开启后人孔盖的位置分为回转盖快开人孔、垂直吊盖快开人孔，水平吊盖快开人孔。它们的结构如图 3-43 所示。

人孔的结构形式常常与操作压力、介质特性以及开启的频繁程度有关，为了实现较好的工作效果，人孔的结构形式常是几种功能的组合。

2. 手孔

手孔与人孔的结构有许多相似的地方，只是直径小一些而已。从承压方式分，它与人孔一样分为常压人孔和带压人孔；从开启方式分仍有回转盖手孔、常压快开手孔、回转盖快开手孔。

最简单的手孔就是在接管上安装一块盲板，其结构与常压人孔结构一致。这种结构采用比较广泛，多用于常压或低压以及不经常打开的设备上。

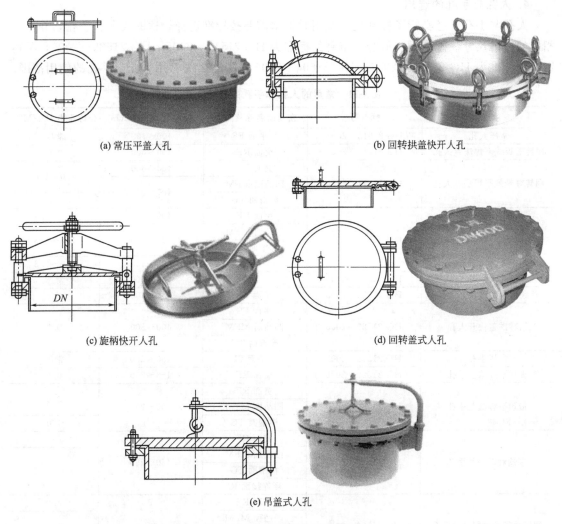

图 3-43 各种人孔的结构形式

3. 人孔和手孔的设置原则

① 设备内径为 450~900mm，一般不考虑设置人孔，可根据需要设置 1~2 个手孔；设备内径 900mm 以上，至少应开设一个人孔；设备内径大于 2500mm，顶盖与筒体上至少应各开一个人孔。

② 直径较小、压力较高的室内设备，一般选用公称直径 $DN=450$mm 的人孔；室外露天设备，考虑检修与清洗的需要，可选用公称直径为 $DN=500$mm 的人孔；寒冷地区应选用公称直径 $DN=500$mm 或 $DN=600$mm 的人孔。如果受到设备直径限制，也可选用 400mm×300mm 的椭圆形人孔。手孔的直径一般为 150~250mm，标准手孔的公称直径有 $DN=150$mm 和 $DN=250$mm 两种。

③ 压力容器在使用过程中，需要经常开启的人孔，应选择快开式人孔。受压设备的人孔盖较重，一般选用吊盖式或回转盖式人孔。

④ 人孔、手孔的开设位置应便于操作人员检查、清洗、清理内件和进出设备。

⑤ 无腐蚀或轻微腐蚀的压力容器，制冷用的压力容器和换热器可以不开设检查孔。

4. 人孔与手孔的选用

人孔与手孔已经实行了标准化，使用时根据需要按标准选择合适的人孔、手孔，并查找相应的标准尺寸。碳素钢、低合金钢制的标准为 HG 21514—2005～HG 21535—2005，不锈钢制的标准为 HG 21594—2005～HG 21604—2005，表 3-21 为常用人孔与手孔的使用范围。

表 3-21 常用的人孔和手孔的使用范围

类型	标准号	密封面名称及代号	公称直径 DN/mm	公称压力 PN/MPa
常压人孔	HG 21515—2005	全平面 FF	400～600	常压
回转盖板式平焊法兰人孔	HG 21516—2005	突面 RF	400～600	0.6
回转盖带颈平焊法兰人孔	HG 21517—2009	突面 RF	400～600	1.0～1.6
		凹凸面 MFM	400～500	
		榫槽面 TG		1.6
回转盖带颈对焊法兰人孔	HG 21518—2005	突面 RF	400～600	2.5～4.0
		凹凸面 MFM	400～500	2.5～6.3
		榫槽面 TG		
		环连接面 RJ	400～450	2.5～6.3
常压旋柄快开人孔	HG 21525—2005		400～500	常压
椭圆形回转盖快开人孔	HG 21526—2005	平面 FS	350～450	0.6
回转拱盖快开人孔	HG 21527—2005	平面 FS	400～500	0.6
		凹凸面 MFM		
		榫槽面 TG		
常压手孔	HG 21528—2005	全平面 FF	150～250	常压
板式平焊法兰手孔	HG 21529—2005	突面 RF	150～250	0.6
带颈平焊法兰手孔	HG 21530—2005	突面 RF	150～250	0.6
		凹凸面 MFM		
		榫槽面 TG		1.0
带颈对焊法兰手孔	HG 21531—2005	突面 RF	150～250	2.5～4.0
		凹凸面 MFM		2.5～6.3
		榫槽面 TG		
		环连接面 RJ		
回转盖带颈对焊法兰手孔	HG 21532—2005	突面 RF	250	4.0
		凹凸面 MFM		
		榫槽面 TG		4.0～6.3
		环连接面 RJ		
常压快开手孔	HG 21533—2005	—	150～250	常压
回转盖快开手孔	HG 21535—2005	平面 FS	150～250	0.25

注：1. 人、手孔的公称压力等级分为八级：常压、0.25MPa、0.6MPa、1.0MPa、1.6MPa、2.5MPa、4.0MPa、6.3MPa。
2. 人、手孔的公称直径指筒节的公称直径，由于筒节由无缝或焊接钢管制作，所以，人、手孔的公称直径也就是制作筒节的钢管的公称直径。

人孔和手孔的选用可以根据下面的步骤进行。

① 根据设备内径尺寸初步选定人孔或手孔的类型及数量。

② 选择人孔或手孔筒节及法兰的材质，一般它们的材质与设备主体材质相同或相近。

③ 确定人孔或手孔的公称直径及公称压力。人孔的公称直径和公称压力系列与管道元件相同，可查阅标准 GB/T 1047—2005《管道元件的公称直径》及 GB/T 1048—2005《管道元件公称压力》。人孔与手孔的公称压力级别取决于其中的法兰，所以它的确定方法与管法兰相同。

④ 校核筒节强度。按强度条件计算得到的厚度 δ 与标准厚度 S 相比较，如果 $S \geqslant \delta$，即可满足要求。标准人孔及手孔的筒节厚度一般都满足强度要求，如果设备的操作条件不特

殊，可直接在标准中选择厚度而忽略强度校核计算。

⑤ 根据公称直径和公称压力查表 3-21 选择合适的人孔和手孔。

三、支座

支座是用来支承压力容器及其附件以及内部介质重量的一个装置，在某些场合还可能受到风载荷、地震载荷等动载荷的作用。

压力容器支座的结构形式很多，根据压力容器自身的结构、尺寸和安装形式等，将支座分为立式容器支座、卧式容器支座和球形容器支座。

1. 立式容器支座

根据压力容器的结构尺寸及其重量，立式容器支座分为耳式支座、支承式支座、腿式支座和裙式支座。中、小型容器一般采用前三种支座，大型容器才采用裙式支座，如图 3-44 所示。

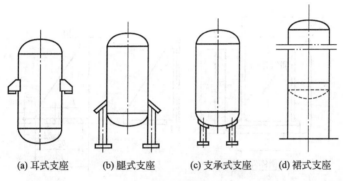

(a) 耳式支座　　(b) 腿式支座　　(c) 支承式支座　　(d) 裙式支座

图 3-44　立式容器支座

(1) 耳式支座　又称为悬挂式支座，它由筋板和支脚板组成，如图 3-45 所示。广泛用于反应釜和立式换热器等直立设备上。它的优点是结构简单、轻便，但对会容器壁面产生较大的局部应力，因此，当容器重量较大或壁较薄时，应在器壁与支座之间加一块垫板，以增大局部受力面积。垫板的材料与压力容器壁相同，当不锈钢容器采用碳素钢支座时，为了防止器壁与支座在焊接过程中合金元素的损失，应在支座与器壁之间加一不锈钢垫板。

耳式支座推荐标准为 JB/T 4725—2007《耳式支座》，耳式支座有 A 型（短臂）和 B 型（长臂）两种，B 型具有较大的安装尺寸，当容器外部有保温层或者将压力容器直接放置在楼板上时，宜选用 B 型。每种又分为有垫板和无垫板两种类型，不带有垫板时分别用 AN 和 BN 表示，如图 3-45(b) 所示。

耳式支座采用如下标记方法。

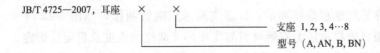

支座及垫板材料采用"支座材料/垫板材料"表示。

例如：A 型，带垫板，4 号耳式支座，支座材料为 Q235A·F，垫板材料为 16Mn，垫板厚度为 10mm，其标记为

JB/T 4725—2007，耳座　A4

材料 Q235A·F/16Mn

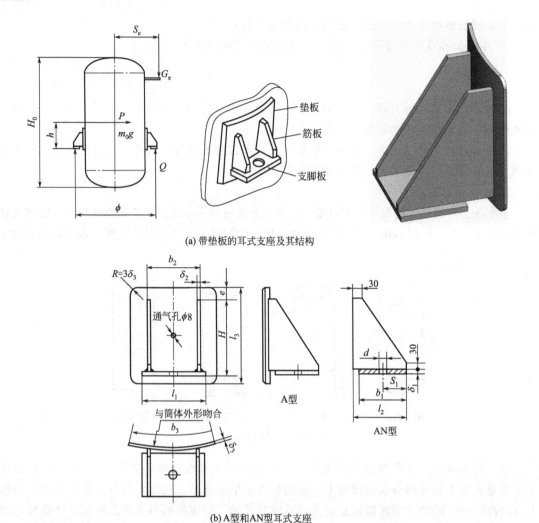

图 3-45 耳式支座

（2）支承式支座　支承式支座主要用于总高小于 10m，高度与直径之比小于 5、安装位置距基础面较近且具有凸形封头的小型直立设备上。它是在压力容器底部封头上焊上数根支柱，直接支承在基础地面上；它的结构简单，制造容易，但支座对封头会产生较大局部应力，因此当容器直径较大或重量较重、壁厚较薄时，必须在封头与支座之间加一垫板，以增加局部受力面积，改善壳体局部受力条件。

支承式支座推荐标准为 JB/T 4724—2007《支承式支座》。它将支承式支座分为 A 和 B 两种类型，A 型支座采用钢板焊制而成，B 型支座采用钢管制作，如图 3-46 所示。支座与封头之间是否加垫板，应根据压力容器材料与支座焊接部位的强度及稳定性确定。

A 型支承式支座筋板和底板材料采用 Q235A·F；B 型支承式支座钢管材料为 10 钢；底板为 Q235A·F；垫板材料与容器壳体材料相同或相近。

支承式支座采用以下标记

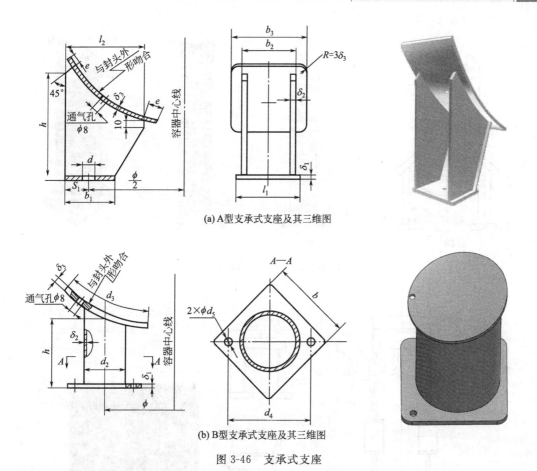

(a) A型支承式支座及其三维图

(b) B型支承式支座及其三维图

图 3-46 支承式支座

支座及垫板材料采用"支座材料/垫板材料"表示。

标记示例：钢板焊制的 3 号支承式支座，支座与垫板材料均为 Q235A·F，其标记为
JB/T 4724—2007，支座 A3
材料 Q235A·F/Q235A·F

(3) 腿式支座　亦称支腿，多用于公称直径 400～1600mm、高度与直径之比小于 5、总高小于 5m 的小型直立设备，且不得与具有脉动载荷的管线和机器设备的刚性连接之中。腿式支座与支承式的最大区别在于：腿式支座是支承在压力容器的圆筒部分，而支承式支座是支承在容器的封头上，如图 3-47 所示。腿式支座具有结构简单、轻巧、安装方便、操作维护的空间大等优点，但不宜用于具有脉动载荷的刚性连接中。

腿式支座推荐标准为 JB/T4712.2—2007，在结构上有 A 型（角钢支柱）、B 型（钢管支柱）、C 型（工字钢）三种支柱形式。如图 3-47(b)～(d) 所示，其中图 3-47(c)、图 3-47(d) 为 BN、CN 无垫板型，支柱与圆筒是否设置垫板与耳式支座的规定相同。

腿式支座在选用时，先根据容器的公称直径 DN 和可能承受的最大载荷选取相应的支座号和支座数量，然后计算支座承受的实际载荷，使其不超过支座的允许值。

(4) 裙式支座　裙式支座主要用于总高大于 10m、高度与直径之比大于 5 的高大直立塔设备中，根据工作中所承受载荷的不同，裙式支座分为圆筒形和圆锥形两类，如图 3-48 和图 3-49 所示。不管是圆筒形还是圆锥形裙座，均有裙座筒体、基础环、地脚螺栓、人孔、排气孔、引出管通道、保温支承圈等部分组成。圆筒形裙座结构简单、制造方便、经济合

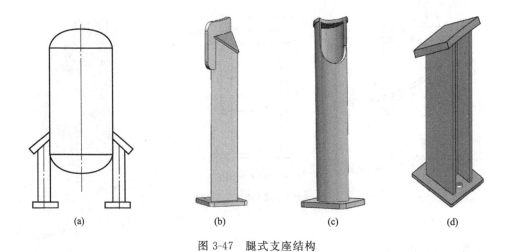

图 3-47 腿式支座结构

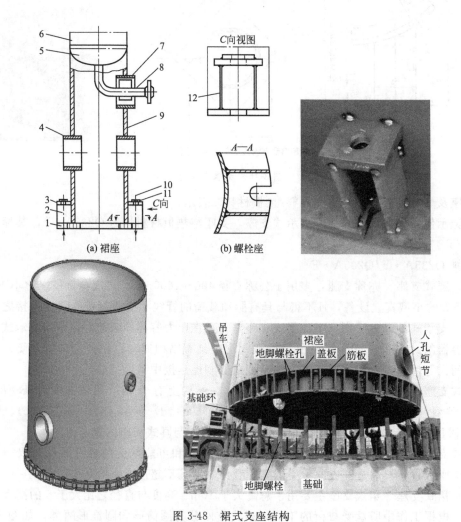

图 3-48 裙式支座结构
1—基础环；2—地脚螺栓；3—盖板；4—人孔短节；5—下封头；6—筒体；
7—出料管短节；8—出料管；9—裙式支座；10—螺母；11—垫圈；12—筋板

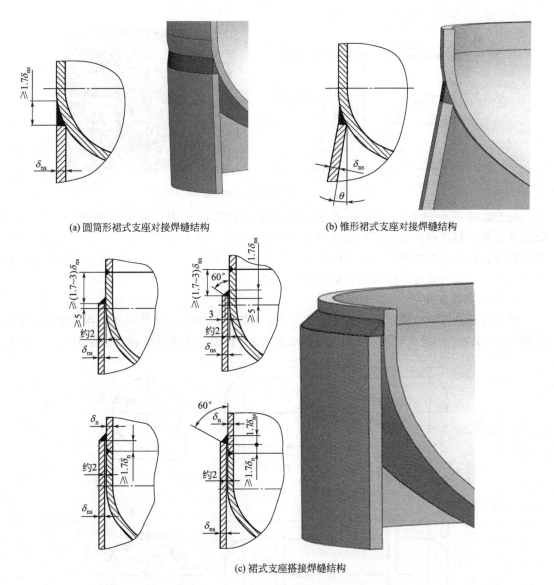

图 3-49 裙座壳与塔壳的焊接形式

理,因而得到广泛应用,但对于直径小而高的塔(如 $DN<1m$,且 $H/DN>25$ 或 $DN>1m$,$H/DN>30$),为了防止风载荷和地震载荷引起的弯曲而造成翻倒,则需要配置较多的地脚螺栓以及具有较大承载面积的基础环,此时,圆筒形裙座满足不了如此多的地脚螺栓布置需要,往往采用圆锥形裙座。

裙座与塔设备的连接有对接和搭接两种形式。采用对接接头时,裙座筒体外径与封头外径相等,焊缝必须采用全熔透的连续焊,焊接结构及尺寸如图 3-50 所示。

采用搭接接头时,接头可以设置在下封头上,也可以设置在筒体上。裙座与下封头搭接时,为了不影响封头的受力状况,接头必须设置在封头的直边处,如图 3-49(a) 所示。搭接焊缝与下封头的环焊缝距离应在 (1.7~3)δ_s 范围内(δ_s 为裙座筒体厚度)。如果封头上有拼接焊缝,裙座圈的上边缘可以留缺口以避免出现十字交叉焊缝,缺口形式为半圆形,如图 3-50 所示。

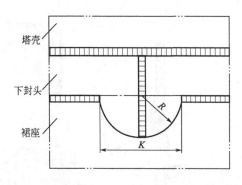
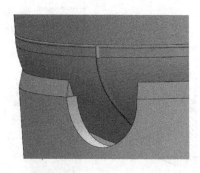

图 3-50 裙座壳开缺口形式

由于裙座不与设备内的介质接触，也不承受介质的压力，因而裙座材料一般采用 Q235B 制作，但这两种材料不适用于温度过低的场合，当温度低于 -20℃时，应选择 16Mn 作为裙座材料。如果容器下封头采用低合金或者高合金钢时，裙座上部应设置与封头材质相同的短节，短节的长度一般为保温层厚度的 4 倍。

2. 卧式容器支座

卧式容器支座有鞍式、圈式和支腿式三类，如图 3-51 所示，在实际工程中应用最多的是前两者。常见的大型卧式储罐、换热器等多采用鞍座，但对于大型薄壁容器或者外压真空容器，

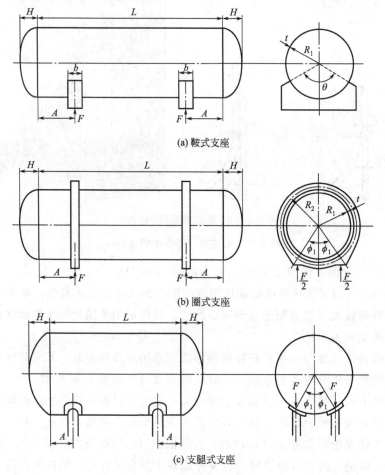

图 3-51 卧式容器支座

为了增加筒体支座处的局部刚度常采用圈式支座。重量轻、直径小的容器则采用支腿式支座。

（1）鞍式支座　鞍式支座有焊制和弯制两种。焊制鞍座一般由底板、腹板、筋板和垫板组成，如图3-52(a)所示；当容器公称直径 $DN \leqslant 900mm$ 时应采用弯制鞍座，弯制鞍座的腹板与底板是同一块钢板弯制而成的，两板之间没有焊缝，如图3-52(b)所示。

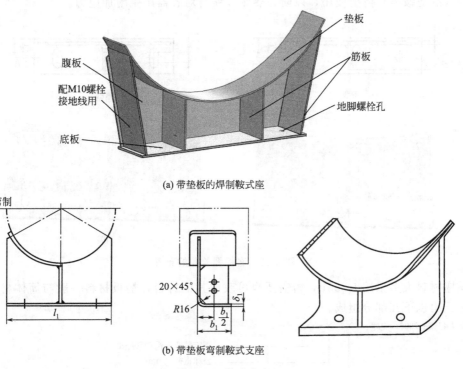

(a) 带垫板的焊制鞍式座

(b) 带垫板弯制鞍式支座

图 3-52　鞍式支座

按承受载荷的大小，鞍座又分为轻型（A型）和重型（B型）两类。在鞍座与容器之间大多设置有垫板，但 $DN \leqslant 900mm$ 的容器也有不带垫板的。按标准 JB/T 4712—2007 的规定鞍座与容器的包角有120°和150°两种。

鞍座类型及结构特征见表3-22所示；表3-23列出了包角为120°鞍座能承受的载荷的部分直径，未列出部分请查阅有关手册。

表 3-22　鞍座类型

类型	代号	适用公称直径 DN/mm	结 构 特 征
轻型	A	1000～4000	焊制,120°包角,带垫板,4～6筋
重型	BⅠ	159～4000	焊制,120°包角,带垫板,4～6筋
	BⅡ	1500～4000	焊制,150°包角,带垫板,4～6筋
	BⅢ	159～900	焊制,120°包角,不带垫板,单、双筋
	BⅣ	159～900	弯制,120°包角,带垫板,单、双筋
	BⅤ	159～900	弯制,150°包角,不带垫板,单、双筋

表 3-23　轻、重型120°包角鞍座的允许载荷

直径/mm	1000	1100	1200	1300	1400	1500	1600	1700	1800	1900	2000
轻型允许载荷/kN	143	145	147	158	160	272	275	278	295	298	300
重型允许载荷/kN	307	312	562	571	579	786	796	809	856	867	875

为了固定压力容器常在鞍座底板开螺栓孔，螺栓孔有两种形式，一种是圆形螺栓孔（代号为F），另一种是椭圆形螺栓孔（代号为S），如图 3-53(a) 所示。安装时，F 型鞍座固定在基础上，S 型鞍座使用两个螺母，先拧上去的螺母较松，用第二个螺母锁紧，当容器的温度发生变化时，鞍座可以与容器一起沿着轴向自由移动。双鞍座必须是 F 型（固定鞍座）和 S 型（滑动鞍座）搭配使用，以防止热胀冷缩时对容器产生附加应力。

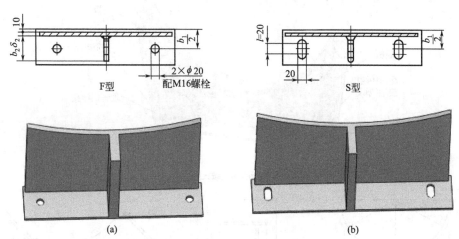

图 3-53 底板螺栓孔的布置

鞍座材料大多采用 Q235B，若需要也可改成其他材料，垫板材料一般与筒体材料相同。鞍座标记由以下几部分组成。

标记示例：容器的公称直径为 1000mm，支座包角 120°，重型、带垫板、标准高度的固定焊制支座，其标记为

JB/T 4712—2007，鞍座　BⅠ　1000-F

为了充分利用压力容器封头对筒体的加强作用，尽可能将鞍式支座设置在靠近封头处，鞍座中心截面至凸形封头切线的直线距离 $A \leqslant 0.5R_m$（R_m 为筒体的平均半径），当筒体的长径比（L/D）较小，壁厚与直径之比（δ/D）较大时，或在鞍座所在平面内装有加强圈时，可取 $A \leqslant 0.2L$。

一般一台卧式容器采用双支座，如果采用三个或三个以上支座，可能会出现支座基础不均匀沉陷，引起局部应力过高。

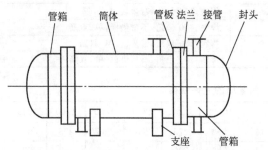

图 3-54 带鞍式支座的管壳式换热器

（2）圈式支座　因自身重量而可能造成严重挠曲的薄壁容器常采用圈式支座。圈式支座在设置时，除常温常压外，至少应有一个圈座是滑动结构。当采用两个圈座支承时，圆筒所受的支座反力、轴向弯矩及其相应的轴向应力的计算和校核均与鞍式支座相同。

【例 3-6】　有一管壳式换热器，如图 3-54 所示，已知换热器壳体总质量为 4500kg，内径为 1200mm，壳体厚 10mm，封头为半球形封头,换热管长 $L_1=10m$,规格为 $25mm×2.5mm$,根数为 396,其左右两管箱短节长度分别为 $120mm$,$400mm$,管板厚度 $\delta=32mm$,管程物料为乙二醇,壳程物料为甲苯,试对该容器选择一对鞍式支座。

解 查物料物性手册得乙二醇密度为 $1042kg/m^3$,甲苯密度为 $842kg/m^3$,两者重量之和比水压试验时小,所以换热器在做水压试验时的重量是设备的最大重量。

① 计算设备的总重量

封头的容积 V_1
$$V_1=\frac{1}{2}\frac{4\pi R^3}{3}=\frac{2\times\pi\times 0.6^3}{3}0.452\ (m^3)$$

中间筒节的长度
$$L=L_1-2\delta=10-2\times 0.032=9.94\ (mm)$$

筒体的容积
$$V_2=\frac{0.12+0.4+9.94}{4}\pi D_i^2=11.83\ (m^3)$$

换热管金属的容积
$$V_3=\frac{Ln\pi(d_0^2-d_i^2)}{4}=\frac{9.94\times 396\times 3.14\times(0.025^2-0.02^2)}{4}=0.696\ (m^3)$$

换热器储存液体总容积
$$V=2V_1+V_2-V_3=2\times 0.452+11.83-0.696=12.04\ (m^3)$$

② 计算设备最大质量

水压试验时,水的质量
$$m_1=V\rho=12.04\times 1000=12040\ (kg)$$

鞍座承受的最大质量
$$m=4500+12040=16540\ (kg)$$

③ 鞍座的选择
$$每个鞍座承受的最大重量=\frac{mg}{2}=\frac{16540\times 10}{2}\approx 82.7\ (kN)$$

查表 3-22 和表 3-23 可选择 A 型支座。焊制,120°包角,带垫板,4~6 筋。其允许的最大重量为 147kN,可以使用。

两个鞍座的标记分别为

JB/T 4712—2007,鞍座　A1200-F

JB/T 4712—2007,鞍座　A1200-S

四、补强方法与结构

1. 开孔补强的原因

为了正常生产和便于检修,在压力容器上需要开设各种形式的孔,如进、出物料孔、检测仪表孔、人孔、手孔等。压力容器开设孔后,不仅连续性受到破坏而造成应力集中,同时器壁受到削弱,因此需要采取适当的补强措施,以改善边缘的受力情况,减轻其应力集中程度,保证有足够的强度。

2. 补强方法与补强结构

目前压力容器开孔补强的方法主要有整体补强和局部两种。整体补强即是增加容器的整体厚度,这种方法主要适用于容器上开设的孔较多且分布比较集中的场合;局部补强是在开孔边缘的局部区域增加筒体厚度的一种补强方法。显然,局部补强方法是合理而经济的方法,因此广泛应用于容器开孔补强中。

局部补强的结构形式有补强圈补强、厚壁接管补强和整体锻件补强三种,如图 3-55 所示。

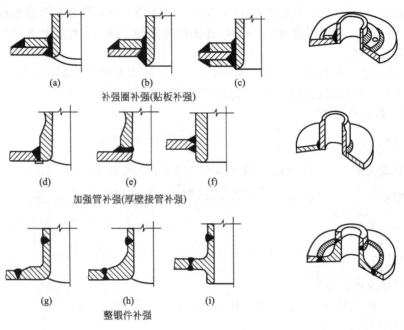

图 3-55　开孔补强常见结构

（1）补强圈补强　补强圈补强是在开孔周围焊上一块圆环状金属来增强边缘处金属强度的一种方法，也称贴板补强，所焊的圆环状金属称为补强圈。补强圈可设置在容器内壁、外壁或者同时在内、外壁上设置，但是考虑到施焊方便，一般设置在容器外壁上，如图 3-55（a）、（b）所示。补强圈的材料一般与容器壁的材料相同，厚度也和器壁厚度相等。补强圈与器壁要求很好地贴合，否则起不到补强作用。

（2）加强管补强　加强管补强也称厚壁接管补强，它是在开孔处焊上一个特意加厚的短管，如图 3-55(d)～(f) 所示，利用多余的壁厚作为补强金属。该种补强方法结构简单、焊缝少、焊接质量容易检验，效果好，已广泛使用在各种化工设备上。对于重要设备，焊接需要采用全焊透结构。

（3）整体锻件补强　它是在开孔处焊上一个特制的锻件，如图 3-55(g)～(i) 所示。它相当于把补强圈金属与开孔周围的壳体金属熔合在一起，且壁厚变化缓和，有圆弧过渡，全部焊缝都是对接焊缝并远离最大应力作用处，因而补强效果好。但该种方法存在机械加工量大、锻件来源困难等缺点，因此多用于有较高要求的压力容器和设备上。

3. 对容器开孔的限制

在压力容器上开设孔径应满足下列要求。

① 对于圆筒，当内径 $D_i \leqslant 1500$mm，开孔最大直径 $d \leqslant D_i/2$，且 $d \leqslant 520$mm；当 $D_i > 1500$mm 时，开孔最大直径 $d \leqslant D_i/3$，且 $d \leqslant 1000$mm。

② 凸形封头或球壳上开孔的最大尺寸满足 $d \leqslant D_i/2$。

③ 锥壳或锥形封头上开孔，开孔尺寸满足 $d \leqslant D_i/3$，D_i 为开孔处锥壳的内直径。

④ 在椭圆形封头或碟形封头过渡部分开孔时，开孔的孔边与封头边缘的投影距离不小于 $0.1D_o$，孔的中心线宜垂直于封头表面。

⑤ 开孔应避开焊缝处，开孔边缘与焊缝的距离应大于壳体厚度的 3 倍，且不小于 100mm。如果开孔不能避开焊缝，则在开孔焊缝两侧 1.5d 范围内进行 100% 无损探伤，并

在补强计算时考虑焊缝接头系数。

4. 允许不另行补强的最大开孔直径

根据工艺要求，容器上的开孔有大有小，并不是所有开孔都需要补强，当开孔直径比较小、削弱强度不大、孔边应力集中在允许数值范围内时，容器就可以不另行补强。符合下列条件者，可以不另行补强。

① 设计压力小于或等于 2.5MPa。
② 两相临开孔中心的间距（曲面以弧长计算）不小于两孔直径之和的 2 倍。
③ 接管公称外径小于或等于 89mm。
④ 接管最小壁厚满足表 3-24 要求。

表 3-24 不另行补强接管外径及其最小壁厚   mm

接管外径	25	32	38	45	48	57	65	76	89
最小壁厚	3.5	3.5	3.5	4.0	4.0	5.0	5.0	6.0	6.0

五、安全装置

为了保证压力容器的安全工作，常在压力容器上设置安全阀、爆破片等安全附件。

1. 安全阀

在生产过程中，由于介质压力的波动，可能会出现一些不可控制的因素使操作压力在极短的时间内超过设计压力。为了保证安全生产，消除和减少事故的发生，设置安全阀是一种行之有效的措施。

安全阀已广泛应用于各类压力容器上，是一种自动阀门，它利用介质本身的压力，通过阀芯的开启来排放额定数量的流体，以防容器内压力过载。当内部压力高于安全阀设定的压力时，内部压力将顶开安全阀的阀瓣，从而排出一定量的介质；随着内部介质的泄放，压力降低，当压力降低到调定压力而恢复正常时，安全阀的阀瓣将自动关闭，阻止介质继续排出，从而保证了生产的安全进行。但由于阀瓣与阀座接触面上的密封性能有时不好，会有不同程度的微量泄漏，而且压紧所用弹簧有滞后现象，因此对各种腐蚀介质的适应能力差。

安全阀的种类很多，其分类的方式有多种，按加载机构可分为重锤杠杆式和弹簧式；按阀瓣升起高度可分为微起式和全启式；按气体排放方式可分为全封闭式、半封闭式和开放式；按照作用原理可分为直接式和非直接式等。

图 3-56 为带上、下调节圈的弹簧全启式安全阀示意图。它的工作原理是利用弹簧压缩力来平衡作用在阀瓣上的力。调节螺旋弹簧的压缩量，可以对安全阀的开启压力进行调节。装在阀瓣外面的上调节圈和装在阀座上的下调节圈在密封面周围形成一个很窄的缝隙，当开启高度不大时，气流两次冲击阀瓣，使它继续升高，然而当阀瓣开启高度增大后，上调节圈有迫使气流弯转向下，反作用力时阀瓣进一步开启。因此，改变调节阀圈的位置，可以调节安全阀开启压力和回座压力。弹簧式安全阀的优点是结构简单、紧凑、灵敏度高、安装方位不受限制及对振动不敏感等。随着结构的不断改进和完善，其使用范围将会越来越广。

安全阀的选用，应综合考虑压力容器的操作条件、介质特性、载荷特点、容器的安全泄放量、安全阀的灵敏性、可靠性、密封性、生产运行特点以及安全技术要求等。一般按如下原则进行。

① 对于危险程度较大的易燃、毒性为中度以上的介质，必须选择封闭式安全阀，以防

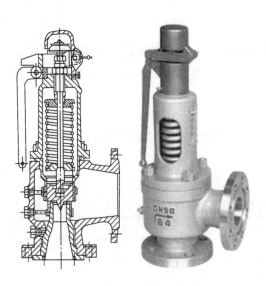
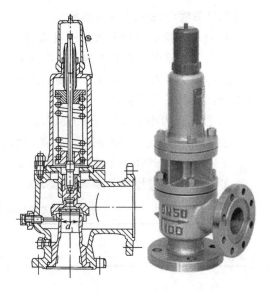

(a) 有提升把手及上下调节阀　　　　　　(b) 无提升把手，有反冲盘及下调节阀

图 3-56　弹簧全启式安全阀

介质泄放在大气中污染环境；如需要带手动提升机构的，须采用封闭式带扳手的安全阀；对空气或其他不会污染环境的非易燃气体，则可以选用敞开式安全阀。

② 高压容器、泄放量较大、容器壳体的强度裕量不大的压力容器，应选择全启式安全阀；而微启式安全阀仅适用于排量不大、要求不高的场合。

③ 高温容器宜选用重锤杠杆式安全阀或带散热器的安全阀，不宜选用弹簧式安全阀。

2. 爆破片

爆破片是一种断裂型的安全泄放装置，它是利用爆破片在标定爆破压力下爆破，即发生断裂来达到泄放目的的，泄压后爆破片不能继续使用，容器也只能停止运行。虽然爆破片是一种爆破后不重新闭合的泄放装置，但与安全阀相比它具有密封性好、泄压反应迅速的特点，因此，当安全阀不能起到有效保护作用时，必须使用爆破片或爆破片与安全阀的组合装置。

爆破片有很多种类，其分类方法较多，按破坏时受力形式分为拉伸型、压缩型、剪切型和弯曲型；按产品外观分为正拱型、反拱型和平板型；按破坏动作分爆破型、触破型及脱落型等。

爆破片装置是由爆破片或爆破片组件以及夹持器装配而成的压力泄放装置。普通的爆破片装置由爆破片和夹持器组成；组合式爆破片装置由爆破片、夹持器、背压托架、加强环、保护膜、密封膜等组合而成。爆破片在工作过程中如果超压将迅速动作，起控制泄放压力的作用，是核心泄放装置；背压托架是用来防止爆破片因出现背压差而发生意外的拱形托架；加强环放置在爆破片边缘，可以增强爆破片刚度；保护膜和密封膜可以增强爆破片的耐蚀能力和密封能力。

爆破片在夹持器中的动作过程如图 3-57 所示。爆破片在正常工作时是密封的，工作中设备一旦超压，膜片就发生破裂，超压介质被迅速泄放，直至与排放口所接触的环境压力相等为止，由此可以保护设备本身免遭损伤。一般爆破片的爆破压力应高于设备正常工作时的压力，但不得高于容器的设计压力。

爆破片所用的材料有纯铝、铜、镍、银等及其合金，奥氏体不锈钢、蒙乃尔合金等金属

 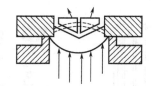 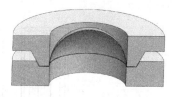

图 3-57　爆破片在夹持器中的动作示意图

材料，以及石墨、聚四氟乙烯等非金属材料。

目前，绝大多数压力容器都使用安全阀作为泄放装置，然而安全阀却存在"关不严、打不开"的潜在隐患，因而在某些场合应优先选用爆破片作为容器的安全泄放装置。由于爆破片有标定的爆破压力和爆破温度，有明确的安装方向要求，因此使用中要注意维持爆破压力的恒定，爆破片需要定期检查及更换。

选择爆破片时，其爆破压力和爆破温度必须满足以下条件：爆破压力不允许超过压力容器的设计压力，正拱形爆破片的标定爆破压力可以达到最高工作压力的 1.5 倍，反拱形爆破片的标定爆破压力为压力容器最高工作压力的 1.2 倍。爆破片的爆破温度与爆破片的材料有关，工业中常用的几种材料的最高温度为：工业纯铝，100℃；工业纯铜，200℃；工业纯钛，250℃；工业纯镍，400℃；蒙乃尔合金，430℃。

六、其他附件

1. 视镜

为了观察压力容器内部情况，有时在设备或封头上需要安装视镜。视镜的种类很多，已经进行了标准化，但常用的仅有凸缘视镜和带颈视镜，如图 3-58 所示。

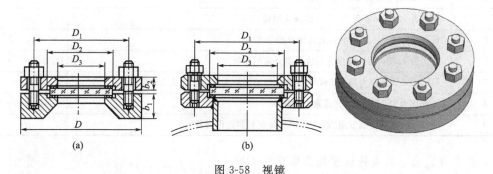

图 3-58　视镜

对安装在压力较高或有强腐蚀介质设备上的视镜，可以选择双层玻璃或带罩安全视镜，以免视镜玻璃在冲击振动或温度巨变时发生破裂伤人。

2. 液面计

为了显示压力容器内部液面高度，需要安装液面计。液面计种类很多，常用的有玻璃板式和玻璃管式两种。

对于公称压力超过 0.07MPa 的设备所用玻璃液面计，可直接在设备上开长条形孔，利用矩形凸缘或者法兰把玻璃固定在设备上，如图 3-59 所示。

对于设计压力低于 1.6MPa 的承压设备，常采用双层玻璃式或玻璃式液面计。它们与设备的连接多采用法兰、活接头或螺纹接头。板式和玻璃管式液面计已经标准化，设计时可以直接选用。

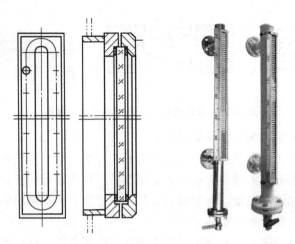

图 3-59 玻璃板式液面计

同步练习

一、填空题

1. 指出下列容器属于一、二、三类容器的哪一类。

序号	容器(设备)条件	类别
1	$\phi1500mm$,设计压力为 10MPa 的管壳式余热锅炉	
2	设计压力为 0.6MPa,容积为 $1m^3$ 的氟化氢气体储罐	
3	$\phi2000mm$,容积为 $20m^3$ 液氨储罐	
4	压力为 10MPa,容积为 800L 的液氨储罐	
5	设计压力为 2.5MPa 的搪瓷玻璃容器	
6	压力为 4MPa,毒性程度为极度危害介质的容器	
7	$\phi800mm$,设计压力为 0.6MPa,介质为非易燃和无毒的管壳式余热锅炉	
8	工作压力为 23.5MPa 的尿素合成塔	
9	用抗拉强度规定值下限为 $\sigma_b=620MPa$ 材料制造的容器	

2. 查手册找出下列无缝钢管的公称直径 DN。

规格	$\phi14\times3$	$\phi25\times3$	$\phi45\times3.5$	$\phi57\times3.5$	$\phi108\times4$
DN/mm					

3. 压力容器法兰和管法兰分别有哪些等级。

压力容器法兰 PN/MPa					
管法兰 PN/MPa					

4. 钢板卷制的筒体和成型封头的公称直径是指它们的（　　）径。无缝钢管作筒体时，其公称直径是指它们的（　　）径。

5. 有一容器，其最高气体工作压力为 1.6MPa，无液体静压作用，工作温度小于等于

150℃，且装有安全阀，试确定该容器的设计压力为（　　）MPa；计算压力为（　　）MPa；水压试验压力为（　　）MPa。

6. 有一立式容器，下部装有 10m 深、密度为 $\rho=1200$kg/m³ 的液体介质，上部气体压力最高达 0.5MPa，工作温度小于等于 100℃，试确定该容器的设计压力为（　　）MPa，计算压力（　　）MPa，水压试验压力为（　　）MPa。

7. 标准椭圆形封头的长、短半轴之比 $a/b=$（　　），此时的 $k=$（　　）；对于碳素钢和低合金钢制的容器，考虑刚性需要，其最小壁厚 $\delta_{min}=$（　　）mm，对于高合金钢制容器，$\delta_{min}=$（　　）mm。

8. 受外压的长圆筒，侧向失稳时波形数 $n=$（　　），短圆筒侧向失稳时波形数 $n>$（　　）的整数；外压容器的焊接接头系数均取为 $\varphi=$（　　）。

9. 直径与壁厚分别为 D、δ_n，薄壁圆筒壳体，承受均匀侧向外压 p 作用时，其环向应力 $\sigma_2=$（　　），经向应力 $\sigma_1=$（　　），它们均是（　　）应力，且与圆筒的长度 L（　　）关；外压圆筒设置加强圈后，其作用是将（　　）圆筒转化为（　　）圆筒，以提高临界失稳压力；对长度、直径完全相同的不锈钢、铝和钢制外压容器，它们的临界压力分别是 $p_{cr不锈钢}$，$p_{cr铝}$，$p_{cr钢}$，则它们的临界压力的关系是（　　）>（　　）>（　　）。

10. 法兰连接结构，一般由（　　）、（　　）、（　　）三部分组成？在法兰密封所需要的预紧力一定时，采用适当减少螺栓（　　）和增加螺栓（　　）的办法，对密封是有利的。

11. 法兰按结构形式分为（　　）、（　　）和（　　）三类；按密封面形式分为（　　）、（　　）和（　　）三类。

12. 现行标准中规定的圆形人孔的公称直径有 DN（　　）mm 和 DN（　　）mm 两种；椭圆形人孔尺寸为长轴×短轴=（　　）mm×（　　）mm 与（　　）mm×（　　）mm 两种；标准中规定的手孔公称直径有 DN（　　）mm 和 DN（　　）mm 两种。

13. 压力容器试验分为（　　）和（　　）两种，试验压力分别按（　　）和（　　）确定。

二、判断题

1. 容器所盛装的或在容器内参加反应的物质称为工作介质。（　　）
2. 压力容器的工作压力指容器顶部在正常操作时的压力。（　　）
3. 容器内的压力产生的应力是影响容器安全的最危险的一种应力。（　　）
4. 厚度为 60mm 和 6mm 的 Q345R 热轧钢板，其屈服点不同，且 60mm 厚钢板的 σ_s 大于 6mm 厚钢板的 σ_s。（　　）
5. 当焊接接头结构形式一定时，焊接接头系数随着检验比率的增加而减少。（　　）
6. 假定外压长圆筒和短圆筒的材质绝对理想，制造精度绝对保证，则在任何大的外压下也不会发生弹性失稳。（　　）
7. 设计某一钢制外压短圆筒时，发现采用 Q245R 钢板计算得的临界压力比设计要求低 10%，后改用屈服点比 Q245R 高 35% 的 Q345R 钢板，临界压力即可满足要求。（　　）
8. 法兰密封中，法兰刚度比强度更重要。（　　）
9. 金属垫片材料一般并不要求强度高，而是要求其软韧。金属垫片主要用于中、高温和中、高压的法兰连接中。（　　）
10. 安全阀调整完后至少应复跳一次确认校验无误后方可铅封。（　　）
11. 爆破片是比安全阀更安全的代用装置。（　　）

12. 爆破片应定期更换。（   ）
13. 液位计应在刻度表盘上用红色油漆画出最高最低液位的警告红线。（   ）
14. 使用中的温度计应定期进行经验。（   ）
15. 可燃气体、蒸汽或粉尘和空气构成的混合物在爆炸极限范围内都能发生爆炸。
（   ）

三、选择题

1. 压力表所指示的压力值为____。
   A 绝对压力　　　　　　B 相对压力　　　　　　C 大气压力
2. 压力容器的工作压力是指容器____在正常工艺操作时的压力。
   A 顶部　　　　　　　　B 底部　　　　　　　　C 内部
3. 压力容器顶部在正常工艺操作时的压力是____。
   A 工作压力　　　　　　B 最高工作压力　　　　C 设计压力
4. 容器的设计压力应____容器在使用过程中的最高工作压力。
   A 等于　　　　　　　　B 远高于　　　　　　　C 略高于
5. 容器的压力源可分为____。
   A 容器内　　　　　　　B 容器外　　　　　　　C A和B
6. 低温容器的温度范围设计是____。
   A $t \leqslant 0℃$　　　　　　B $t \leqslant 20℃$　　　　　　C $t \leqslant -20℃$
7. 常温容器的温度设计范围是____。
   A $0℃ < t < 450℃$　　B $-20℃ < t < 450℃$　　C $-20℃ \leqslant t \leqslant 450℃$
8. "容规"中将适用范围内的压力容器分为____。
   A 二类　　　　　　　　B 三类　　　　　　　　C 四类
9. 安全阀的排量应当____容器的安全泄放量。
   A 大于　　　　　　　　B 等于　　　　　　　　C 不小于
10. 安全阀安全的位置是____。
    A 气控空间　　　　　　B 液控空间　　　　　　C 筒体底部
11. 安全阀的调整压力一般为____。
    A 设计压力　　　　　　　　　　　　B 最高工作压力的1.05～1.10倍
    C 工作压力的1.05～1.10倍
12. 压力表达量程最好选用工作压力的____。
    A 1倍　　　　　　　　B 2倍　　　　　　　　C 3倍

四、工程应用

1. 试为一精馏塔配塔节与封头的连接法兰及出料口接管法兰。已知条件为：塔体内径800mm，接管公称直径100mm，操作温度300℃，操作压力0.25MPa，材质Q235B。
2. 选择设备法兰密封面形式。

介质	公称压力 PN/MPa	介质温度/℃	适宜密封面形式
丙烷	1.0	150	
蒸汽	1.6	200	
液氨	2.5	≤50	
氢气	4.0	200	

3. 试确定下列甲型平焊法兰的公称直径。

法兰材料	工作温度/℃	工作压力/MPa	公称压力 PN /MPa	法兰材料	工作温度/℃	工作压力/MPa	公称压力 PN /MPa
Q235B	300	0.12		Q235B	180	1.0	
Q345R	240	1.3		Q345R	50	1.5	

4. 公称直径为300mm，公称压力为2.5MPa，配用英制管的凸面板式带颈平焊钢制管法兰，材料为Q245R钢，请进行标记。

第四章 压力容器成型准备

● **知识目标**

了解压力容器制造工艺成型准备内容、方法；了解成型准备需要注意的事项；了解钢板净化、切割、边缘加工所用设备的结构、工作原理。

● **能力目标**

能够对压力容器钢板进行净化和矫形；能够对压力容器进行展开和号料；能够对材料进行下料。

● **观察与思考**

图 4-1 半自动氧气切割下料的图片，图 4-2 为气割加工坡口的示意图，请观察其特点，思考以下问题。

- 当钢板材料使用后，需要把购买时留出的余量切除，请问采用什么方法切割？为后续制造工艺留多少裕量？
- 坡口有哪些类型？坡口如何加工？

图 4-1 半自动氧气切割下料

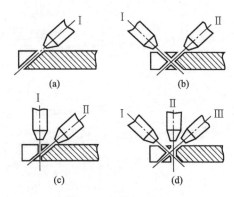

图 4-2 气割加工坡口

压力容器虽然种类繁多，形式多样，但其基本结构主要由筒体、封头、接管、法兰、密封元件、内件、容器支座等元器件连接成一个封闭的圆筒体，它们的制造都是从准备工序开始的，压力容器准备工序一般包括原材料的准备、号料、放样、划线、下料、边缘加工等部分。

第一节　原材料的准备

压力容器是由钢板经过一定加工工序后完成的，其制造过程与其他机械零件加工方法存在很大的差别，下面对原材料的准备工序进行介绍。

一、原材料的净化

原材料在运输及储存的过程中，由于各种原因出现铁锈和氧化皮、粘上泥土和油污，如图4-3所示，这些污物如果不清理掉，在经过划线、切割、成型、焊接等工序后，将会严重影响压力容器的制造质量。所以在钢板投入生产前需要进行净化，以消除钢板的黏附物，特别是焊缝两边缘的油污和锈蚀物，并为后续工序做准备。

图4-3　原材料表面污物

目前净化的方法主要有手工净化、机械净化、化学净化、火焰净化等。

1. 手工净化

指工人直接用钢丝刷、砂纸、手动砂轮打磨或者用锉刀、刮刀刮削的方法。这种方法具有灵活方便、不受条件限制等优点，但也存在工人劳动强度大、效率低、环境恶劣等缺点，因此一般用于焊口的局部净化。

2. 机械净化

机械净化有电动砂轮机、喷砂机、抛丸等方法。

手提电动砂轮机（亦称电动角膜机）利用砂轮的高速转动来消除钢板上的铁锈和其他黏附物，如图4-4所示。由于砂轮具有磨削作用，所以通常还用于磨光坡口、磨光焊缝、磨去边缘毛刺等。当用砂丝轮代替砂轮除锈时，其除锈效果更好，效率更高，可用于大面积除锈。

喷砂是利用高速喷出的压缩空气流带出的砂粒高速冲击工作表面而打落铁锈和氧化膜的一种净化方法，如图4-5所示，所用砂粒为均匀的石英砂，压缩空气的压力一般为0.5~0.7MPa。由于喷砂嘴受冲刷磨损较大，因此常用硬质合金或陶瓷等耐磨材料制成。它主要用于碳素钢和低合金钢大面积表面处理。这种方法效率虽高，但粉尘大，对人体健康有害，需要在封闭的喷砂室进行。

由于喷砂严重危害人体健康，污染环境，目前国外已普遍采用抛丸处理。其主要特点是

图 4-4　砂轮机打磨

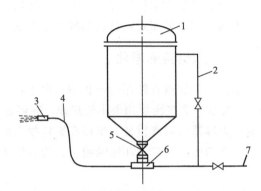

图 4-5　喷砂装置工作原理
1—砂斗；2—平衡管；3—喷砂；4—橡胶软管；
5—放砂旋塞；6—混砂管；7—导管

改善劳动条件，容易实现自动化，被处理材料表面质量控制方便。抛丸机抛头的叶轮一般为 $\phi 380 \sim 500mm$；抛丸量为 $200 \sim 600kg/min$，钢丸粒度 $\phi 0.8 \sim 1.2mm$。另外，还有一套钢丸回收除尘系统。

3. 化学净化

它是利用酸、碱或其他溶剂来溶解锈、油和氧化膜的一种高效方法。大面积净化时将所净化的钢板浸入酸池或碱池中，局部净化时则用特制的除锈剂或净化剂涂于净化处。经化学净化后必须用清水冲洗以除去黏附的酸碱等溶剂，不锈钢设备所用冲洗水的氯离子含量不超过 $25mg/kg$。化学清洗法多用于铝、不锈钢等材料大面积的除锈。化学除锈效果受到被除锈材料种类、锈蚀程度以及清洗剂种类、浓度、温度和时间的影响。

4. 火焰净化

火焰净化是利用高温燃烧来除去表面黏附的油污，但常在表面留下烧不尽的"炭灰"。火焰净化的基本原理是被净化的材料在加热及冷却的过程中，母材与铁锈等的线胀系数不同，彼此间产生滑移，从而使铁锈和母材分离，待金属冷却后再用钢丝刷来刷尽锈层。火焰净化主要用于碳素钢和低合金钢的表面除锈和除油。

二、矫形

由于钢材运输、吊装或存放不当，引起了弯曲、波浪变形或扭曲变形。如图 4-6 所示，这些变形如果不加以处理，不仅直接影响划线、切割、弯曲和装配等工序的尺寸精度，而且还影响容器的制造质量，甚至出现废品。所以，当材料的变形超过允许的范围时，必须进行

图 4-6　钢板弯曲变形示意

矫形处理。

矫形处理的实质是调整弯曲件"中性层"两侧的纤维长度，使所有纤维达到等长。调整的方法有两种，一种是以"中性层"为准，使长者缩短、短者伸长，达到等长的目的；另一种是以长者为准，把其余的纤维都拉长从而达到等长，但要注意延伸率。前者主要应用于钢板和型钢的矫形，后者主要用于管材和线材的矫形。

常用的矫形方法主要有机械矫形和火焰矫形。

1. 机械矫形

机械矫形主要用于冷矫，当变形较大、设备能力不足时，可采用热矫。机械矫形方法及适用范围见表4-1。

表 4-1 机械矫形方法及适用范围

矫形方法	矫形设备及示意图	适用范围
手工矫形	手锤、大锤、型锤（与被矫形型材外形相同的锤）或一些专用工具	操作过程简单灵活、劳动强度大、矫形质量不高，适用于无法用设备矫形的场合
拉伸机矫直	 拉伸机	适用于薄板瓢曲矫正、型材扭曲矫直及管材的矫直
压力机矫正	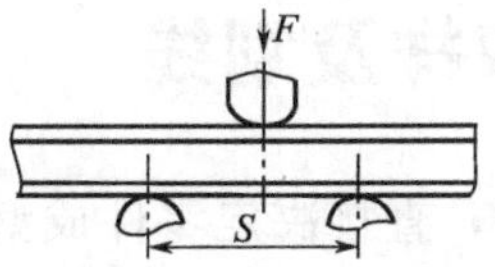 压力机	适用于板材、管材、型材的局部矫正。对型钢的校正精度一般为 1.0mm/m
辊式矫板机矫正	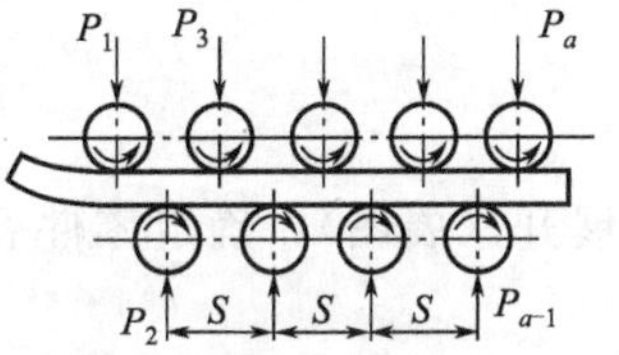 辊式矫板机	适用于钢板的矫正，不同厚度的钢板选择不同的辊子数目、不同直径的矫板机。矫正精度为 1.0～2.0mm/m
型钢矫正机矫正	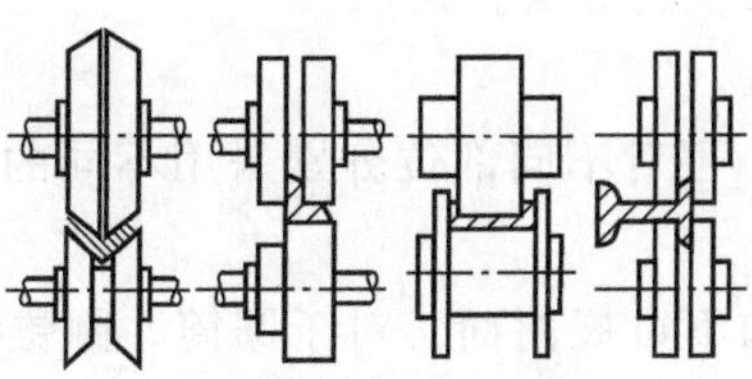 辊式型钢矫正机	适用于型钢的矫正。矫正辊的形状与被矫形钢截面形状相同，一般上、下列辊子对正排列，以防止矫正过程中生产扭曲变形

2. 火焰矫形

火焰矫形是利用可燃气体的火焰加热被矫形件的局部变形部位，经冷却后达到矫形的目的。如图4-7所示，当金属局部受热时，被加热部位受热膨胀，但又受到周围冷金属的阻碍而产生压缩应力，当压缩应力超过金属高温时的屈服极限时，被加热部位便产生塑性变形。当加热区冷却时，虽然该部位也受到周围冷金属的阻碍作用，但温度已经下降，屈服极限升高，因而只产生较小的塑性变形。所以，从加热到冷却过程中，被加热部位的金属纤维是缩

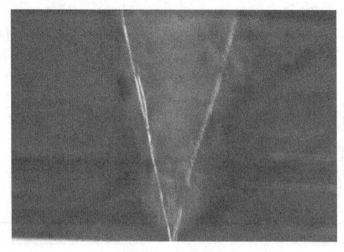

图 4-7　火焰矫形

短了，因而实现了矫正的目的。火焰矫正的加热温度，一般控制在 600～900℃。火焰矫正最适用于锅炉制造中因组装、焊接、运输等因素引起的变形，因为这些变形一般不可能再采用机械矫正方法进行矫正。

第二节　放样及划线

放样划线是压力容器制造过程的一道工序，直接决定零件成型后的尺寸和几何形状精度，对以后的组对和焊接工序都有很大的影响。放样划线包括展开、放样、划线、打标记等环节。

一、展图

将空间形状展开成平面图形的过程称为展开（展图），确定零件展开尺寸的方法通常有以下几种。

① 作图法：用几何制图法将零件展开成平面图形的方法。

② 计算法：按展开原理推导出计算公式的方法。

③ 试验法：通过试验公式确定的方法。

④ 综合法：对计算过于复杂的零件，可对不同部位分别采用不同的方法，甚至需要采用试验法予以验证。

压力容器受压壳体主要有可展曲面和不可展曲面。对于圆筒、圆锥形筒体属于可展曲面，而封头则属于不可展曲面。

1. 可展曲面

凡是由曲线构成的曲面（如椭圆面、球面）以及虽是直线构成曲面但两相邻素线不在同一平面内（如螺旋面）均属于不可展曲面，只有相邻两素线在同一平面（柱锥面）才是可展曲面。可展曲面可通过计算确定展开的图形和尺寸，不可展曲面只能通过近似方法展开。板材弯曲前后中性层尺寸不变，如图 4-8 所示，由此可计算出圆柱形

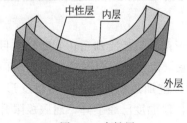

图 4-8　中性层

和圆锥形筒体展开尺寸。圆柱形筒体展开是一个矩形，如图 4-9 所示。圆锥形筒体展开则是一个扇形，如图 4-10 所示。这里 D_m 为中性层直径，D_n 为公称直径，卷焊压力容器公称直径即内径，α 为展开圆心角。

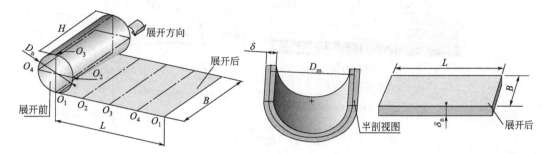

图 4-9　圆柱展开图

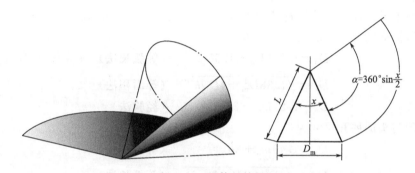

图 4-10　锥体的放样

圆柱形壳体的展开尺寸为

$$LB = \pi D_m H = \pi (D_n + \delta) H$$

圆锥形壳体的展开尺寸为

$$\alpha = \frac{D_m}{L} \times 180° = 360° \sin \frac{x}{2}$$

由于锥角测量不便而且不准确，在工程中实际上采用计算出扇形的弧长后，用盘尺在圆弧上量取该弧长而得到扇形，也可以采用计算并量取弦长的方法而得到。

2. 不可展曲面

不可展曲面不能用计算的方法直接方便地计算出所需材料的面积，所以通常采用近似的方法，如等弧长法、等面积法、经验展图法等。

(1) 等弧长法　等弧长法是在假设壳体成型前后"中性层"几何长度尺寸不变的前提下，确定所需要坯料尺寸的，主要用于封头坯料尺寸的确定。为了便于理解，这里以碟形封头为例说明其近似计算过程，如图 4-11 所示，设直边高度为 h，过渡圆弧半径为 r，圆弧半径为 R，KS、SN、NA 分别为三段弧长，α、β 如图 4-11 所示的夹角，则所需坯料的尺寸 D_a 为

$$D_a = 2(KS + SN + NA) = 2h + 2r\alpha + R\beta$$

(2) 等面积法　等面积法认为封头曲面中性层面积与变形前的坯料中性层面积相等。设直边高度为 h，中性层直径 D_m，则按等面积展开所得标准椭圆封头的坯料尺寸 D_a

$$D_a = \sqrt{1.38D_m^2 + 4D_m h}$$

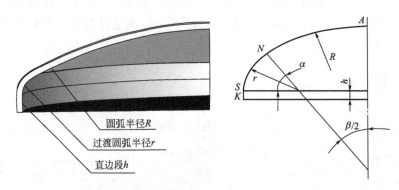

图 4-11　碟形封头

(3) 经验展图法　对于常用的封头的坯料尺寸，一些封头生产厂家根据自身生产设备提出了一些经验公式。设封头公称直径为 D_n，直边高度为 h，封头厚度为 δ。

典型模压标准椭圆封头的展开尺寸为

$$D_a = 1.223D_n + 1.5h \quad (\text{等弧长法})$$

$$D_a = \sqrt{1.38D_m^2 + 4D_m h} \quad (\text{等面积法})$$

$$D_a = 1.21D_m + 2h \quad (\text{经验法})$$

典型球形封头的展开尺寸为

$$D_a = 1.43D_n + 2h \quad (\text{等面积法})$$

$$D_a = \sqrt{2D_n^2 + 4D_n(h+\delta)} \quad (\text{等弧长法})$$

$$D_a = 1.41D_m + 2h \quad (\text{经验法})$$

典型旋压椭圆封头的展开尺寸为

$$D_a = 1.15(D_n + 2\delta) + 2h + 20$$

值得注意的是：旋压封头的展开尺寸与封头旋压机类型有关，不同旋压设备下料尺寸是不同的。

利用作图法确定展开尺寸的方法在工程制图中已经介绍，在此不再赘述。

二、号料（划线）

将展开图及其尺寸划在钢板上的作业称为号料。号料过程中应注意两个方面的问题：一是全面考虑各种加工余量，二是考虑划线的技术要求。

1. 号料尺寸

上面各种方法所得到的坯料尺寸仅是理论尺寸，在号料时还需要考虑各个工序中的加工余量，如成形变形量、机加工余量、切割余量、焊接余量等。所以号料时的实际坯料尺寸为

$$D_划 = D_展 - \Delta_变 + \Delta_割 + \Delta_加 + \Delta_焊$$

式中　$\Delta_变$——筒节卷制伸长量，冷卷时为 7～8mm，热卷时为 (0.13～0.22)$D_展$，封头成型时不考虑该项；

$\Delta_割$——切割余量，与切割方法有关，一般取为 2～3mm；

$\Delta_加$——坯料边缘加工余量，与加工方法有关，一般取为 5mm；

$\Delta_焊$——焊缝冷却时的收缩余量，与材料、焊接方法、工件长度、焊缝长度等有关。

$$实际用料尺寸 = D_划 - 焊缝坡口间隙$$
$$切割下料尺寸 = 实际用料尺寸 + 切割余量 + 划线公差$$

划线时要注意精度，划角度时尽量采用几何作图而避免使用量角器；划线时，最好在板边划出切割线、实际用料线和检查线，以便刨边（打磨）坡口时按检查线找正，如图4-12所示。

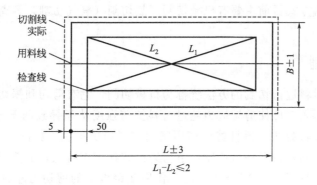

图4-12 划线公差要求

2. 号料过程

（1）直接划线与样板划线　对于形状简单的零件和单件零件，一般采用把展开图的号料尺寸直接划在钢板上，这种方法称为直接划线。形状较为复杂和重要的零件以及大批量的零件，一般是将号料尺寸划在薄铁皮、油毡或纸板上制成样板，然后再用样板在钢板上划线，这种方法称为样板划线。样板划线可以省工省料。

（2）排样　为了充分利用钢材，应利用样板在钢板上尽可能紧凑排列。在剪板机上剪板时应注意切割方便。随着计算机的广泛应用，可以利用计算机进行模拟排样，这样大大方便了排样工作，减少了工人的劳动强度，缩短了时间。

（3）划线方案　大型压力容器，由于筒节多，开孔接口也多，因此在进行组对焊接前需要事先做出划线方案，以确定筒体节数、每节的装配中心线和各接管的位置，如图4-13所示。这样可以保证各条焊缝的分布和布置满足压力容器焊接规范要求，不会出现在焊缝上开孔、十字交叉焊缝、焊缝距离过小等现象。

（4）标号　由于压力容器制造过程中工序多且错综复杂，很多工序需要在不同的车间完成，为了

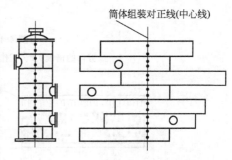

图4-13 筒体划线方案示意图

不致混淆，因此在划线时需要在坯料上标注一些符号（如工件号、产品号等）来表示加工顺序和内容。

划线完成后，为了保证加工尺寸精度及防止下料尺寸模糊不清，在切割线、刨边线、开孔中心线及装配中心线等处打上样冲眼，然后用油漆标明标号和产品工号。如果材料被分成几块，应于材料切割前完成标记移植工作，以指导切割、成型、组焊等后续工序，保证加工的准确性，且有利于材料的管理、待查和核准。

注意：不锈钢设备不允许在板料上打样冲眼，只能用油漆或标记笔做出标记，以防止钢板表面氧化膜被破坏而影响不锈钢的耐蚀性。

第三节 下料及边缘加工

划线的下一道工序就是按照所划的切割线从板材坯料上切割下来，切割力求尺寸准确、切口整齐光洁，切割后坯料无较大变形。在制定切割工艺时需要考虑板坯的规格和同一形状坯料的数量。切割的方式目前主要有机械切割、热切割（氧气切割、等离子切割）和其他切割方法。

一、机械切割

利用机械力对材料进行切割的方法统称为机械切割，它有剪切和锯切两种。

剪切是将剪刀压入工件使剪切应力超过材料抗剪强度从而导致两部分材料分离的方法，主要有板材剪切和型材剪切。板材剪切多用闸门式斜口剪板机，如图 4-14 所示，把被剪钢板放在上、下剪刀之间，用压夹具压紧，下剪刀固定在工作台上，上剪刀跟着刀架一起上下运动，向下运动切入钢板深度 1/4～1/3 时，作用在钢板上的剪切力超过其抗剪强度而被切断。剪切时在边缘切口上产生毛刺，且在切口边缘 2～3mm 内产生加工冷作硬化现象，使材质变脆，如图 4-15 所示，对于重要容器构件，这部分应设法去除。

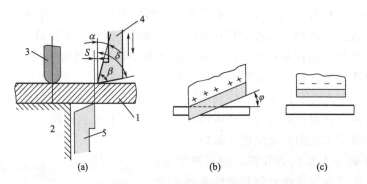

图 4-14 板材剪切示意
1—被剪切的钢板；2—工作台；3—压夹具；4—上剪刀；5—下剪刀

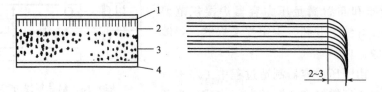

图 4-15 钢板切口断面及边缘形状
1—圆角层；2—剪切层；3—剪断层（粗糙）；4—挤压弯层

如果需要在板材上剪切曲线，则采用滚剪机和振动剪床来完成。滚剪机剪切面质量较差，因而只用于对剪切要求不高的薄板坯料。振动剪床用于剪切板厚小于 2mm 的内外曲线轮廓以及成型件的切边工作，切口比较粗糙，剪切后需要将边缘磨光。型材可以采用联合冲剪机来完成，这种剪床更换不同的剪刀后，可以切割圆钢、方钢、角钢、工字钢等。

锯切设备主要有弓锯、圆盘锯和摩擦锯，化工设备制造中主要采用圆盘锯、带锯床来锯切管料、棒料、细长条状材料。

二、热切割

1. 氧气切割

（1）氧气切割原理　氧气切割俗称气割，也称火焰切割。它是利用可燃气体燃烧放出的热量来预热被切割金属，使金属温度达到其燃点后在氧气中燃烧，金属燃烧生成的氧化物在熔融状态下被气流冲走而形成切口，如图 4-16 所示。切割主要有加热阶段、燃烧阶段、排除熔渣阶段和移动割炬四个过程。割炬结构如图 4-17 所示。

它适用于切割厚度比较大的工件，而且在钢板上可以实现任意位置的切割工作，几乎不受条件和场地的限制，可以割出形状复杂的零部件。因此，气割被广泛应用于钢板的下料、铸钢件切割、钢材表面清理、焊接坡口加工等。

（2）氧气切割条件　从切割原理看出，并不是所有金属都可用氧气切割，能进行氧气切割的材料必须满足以下条件。

① 金属材料的燃点应低于其熔点，以保证切割的顺利进行。例如，低碳钢的燃点为 1350℃，其熔点为 1500℃，因而满足这一条件的要求。

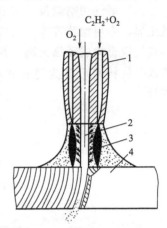

图 4-16　氧气切割示意图
1—割嘴；2—氧气流；
3—燃烧火焰；4—工件

② 燃烧后生成的氧化物熔点应低于金属的熔点，并且金属氧化物熔融状态时黏度小、流动性好，以保证氧化物能够方便地从割缝中被吹走。常用金属材料及其氧化物的熔点可由相关资料查取。

③ 金属燃烧时能放出大量的热量。在气割过程中这一条件是很重要的，因为燃烧过程放出的大量热将对下层金属起着预热的作用。

④ 金属应具有较低的热导率，以保证在割缝处能保持较高的温度。如果由于导热快，会使割缝处的温度低于金属燃点，使气割无法进行。铝、铜等金属具有较高的热导率，所以

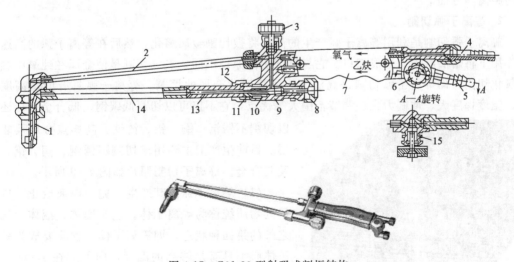

图 4-17　G01-30 型射吸式割炬结构
1—割嘴；2—切割氧气管；3—切割氧气调节阀；4—氧气管接头；5—乙炔管接头；
6—乙炔调节阀；7—手柄；8—预热氧调节阀；9—主体；10—氧气针阀；
11—喷嘴；12—射吸管螺母；13—射吸管；14—混合气管；15—乙炔针阀

它们无法进行气割。

⑤ 阻碍切割过程的进行和提高淬硬性的成分或杂质要少。

能够满足以上切割条件的金属主要有纯铁、含碳量低于 0.7% 的碳素钢以及绝大部分低合金钢。高碳钢、含有淬硬元素的中碳钢和高碳钢、铸铁、铝及其合金、铜及其合金、不锈钢等难于应用氧气切割，它们普遍采用等离子弧切割。

(3) 氧气切割设备　它主要包括氧气瓶、乙炔瓶、回火防止器等，使用工具包含割炬、减压器、专用橡胶管等。这些设备和割炬的连接如图 4-18 所示。割炬的作用是将可燃气体和氧气混合构成预热火焰，并在其中心孔道喷出高压氧气流，使金属燃烧而割断。割炬按预热部分的构造可分为射吸式和等压式两种；按用途分为普通割炬、重型割炬、焊割两用三种。

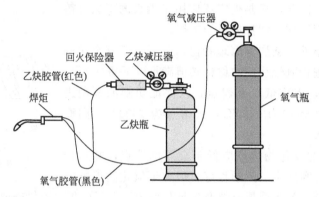

图 4-18　氧气切割设备和工具的连接

(4) 影响氧气切割的主要因素　优质、高产、低消耗是任何工艺过程必须考虑的技术经济指标。氧气切割过程中，主要保证割缝质量前提下，尽可能提高切割速度。影响切割的主要因素有：氧的纯度、压力、流量及其氧流形状；预热火焰；割炬后倾角；割炬与工件表面间的距离等方面。

2. 等离子弧切割

等离子弧切割是利用等离子弧产生的高温将被切割金属熔化，然后在等离子弧的高速冲刷作用下将熔渣吹走而形成切口。它与氧气切割原理不同，氧气切割是使金属在纯氧中燃烧的氧化切割，而等离子弧切割是高温等离子弧融化金属的熔割。等离子弧具有能量高度集中、温度梯度大、冲刷力强、调节范围大等优点，它不仅可以切割低碳钢、低合金钢，还可以切割不锈钢、铜、铝、铸铁、高熔点金属及非金属。目前生产上主要用于切割不锈钢、铜、铝、镍及其合金。等离子切割照片如图 4-19 所示。

(1) 等离子弧及其产生　完全电离成正、负离子的物质统称为等离子体。它是固体、液体、气体之外的第四种状态，即等离子体。物质要成为等离子体必须具有足够高的温度，即大约在 10000℃ 以上才可能全部电离，因此创造一个特别的高温是建立等离子体的主要方法。目前生产上建立等离子体的主要方法是压缩电弧，迫使电弧收缩，电流密度

图 4-19　等离子切割照片

增加，热量更加集中，因而温度显著升高，最后导致全部电离成等离子体。通过喷嘴燃烧的电弧受到三种压缩作用。

① 机械压缩 自由燃烧的电弧直径一般有数毫米，电流大时电弧直径更大，而等离子喷嘴孔径一般不超过 3mm，自由电弧通过喷嘴受到强制压缩使其界面直径减小，此压缩作用称为机械压缩效应。

② 热压缩 气流在电弧外周被冷却，使电弧表面温度降低，边缘层的电离程度降低，迫使电离子流向高温和电离程度高的弧柱中心集中，从而使弧柱直径变细，此压缩作用称为热压缩效应。

③ 磁压缩 带电离子流可以看成是无数根平行通电的导体，两根平行而且同向电流的导体之间，会在自身磁场作用下，产生相互吸引，使导体相互靠近，这种压缩效应称为磁效应。

由于以上三种压缩效应，使弧柱产生的能量高度集中在很细的一束之内，直到与电弧扩散等作用相平衡时，便形成了稳定的等离子弧。

(2) 等离子弧类型 按照等离子喷嘴上电源接法的不同把等离子分成三种，如图 4-20 所示。

① 电源的两极分别接钨棒和喷嘴，等离子弧产生在电极与喷嘴之间，这种电弧称为非转移型等离子弧。它依靠压缩气体将电弧喷出来融化工件，故又称为间接弧，如图 4-20(a) 所示。

② 电源两极分别接钨棒和工件，等离子弧产生在电极与工件之间，建立的等离子体不能离开工件独立存在，这种电弧称为转移型等离子弧，又称直接弧，如图 4-20(b) 所示。

③ 用一个电源分别于喷嘴和工件间，电流主要流过工件，或用两个电源共用钨棒分别向喷嘴和工件供电，这种电弧称为混合型，如图 4-20(c) 所示。

(3) 等离子弧设备 它包括电源、控制箱、水路系统、气路系统及割炬几部分，如图 4-21 所示。设备制造中应用最多的是空气等离子切割机。

① 电源 由于等离子体电流密度大，单位弧长上的电压降大，故要求电源的空载电压和工作电压较高。目前多用直流电流。

② 气源 是气体等离子切割机工作气体的来源地。工作气体可以是空气、氮气或氩气，也可以是混合气体，如氢气与氩气的混合气。氮气、氩气通常用气瓶储藏，压缩气体通常由空气压缩机直接产生。

③ 割炬 由喷嘴、电极、腔体等部分组成，是切割工作的主要实施部件。

④ 控制箱 主要是电气设备，用来控制电路、气路和冷却水。

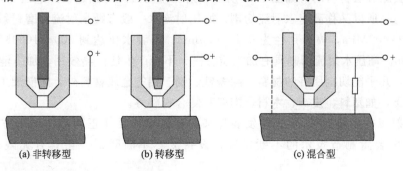

图 4-20 等离子弧类型

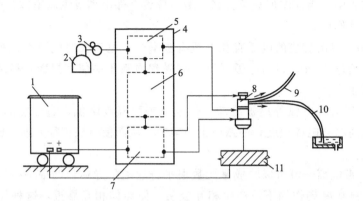

图 4-21 等离子弧切割设备

1—电源；2—气源；3—调压表；4—控制箱；5—气路控制；6—控制程序；
7—高频发生器；8—割炬；9—进水管；10—出水管；11—工件

3. 其他切割方法

除氧气切割和等离子弧切割外，还有碳弧气刨、高速水射流切割等。

碳弧气刨是利用炭棒作为电极来产生电弧，利用电弧的高温将金属局部熔化，同时利用压缩空气吹走熔融状态的金属而实现切割和"刨削"的加工方法，如图 4-22 所示。碳弧气刨虽然温度高，不受被切割金属种类的限制，但生产效率低，切口精度太差，因而只适用于制造条件较差的地方作为一种补充的切割手段。有时用它开坡口，特别是曲面上的坡口和平面上的曲线坡口。

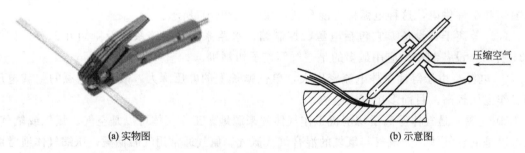

(a) 实物图　　　　　　　　　　　　　　(b) 示意图

图 4-22 碳弧气刨

高压水射流加工技术是用高压高速流动的水作为携带能量的载体，对各种材料进行切割、穿孔和去除表层材料的，如图 4-23 所示。射流水的流速可以达到声速的 2～3 倍，具有极大的冲击力，所以又称高速水射流切割。所用射流水一般有纯水射流和磨料射流两种。前者水压为 20～400MPa，喷嘴孔径为 0.1～0.5mm；后者水压达到 300～1000MPa，喷嘴孔径为 1～2mm。高压水射流切割具有加工质量高、不会产生任何热效用、加工清洁、准备工序短等优点，几乎能切割所有的材料，除铸铁、铜、铝等金属材料外，还能加工特别硬脆或柔软的非金属，如塑料、皮革、木材、陶瓷和复合材料等。

高压水射流技术是近 20 年迅速发展起来的新技术，目前正朝着精细的方向发展，随着高压水发生装置制造技术的不断发展，设备成本不断降低，它具有无限广阔的应用前景。

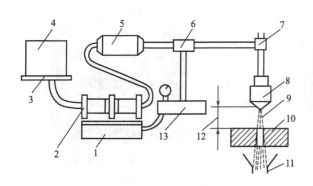

图 4-23 高压水射流加工示意图及加工图片

1—增压器；2—泵；3—混合过滤器；4—供水器；5—蓄能器；6—控制器；7—阀；8—喷嘴；9—射流；10—工件；11—排水道；12—喷口至工件表面的距离；13—液压装置

三、边缘加工

边缘加工的目的有两个方面：第一，消除切割时所产生的边缘缺陷，如加工硬化、裂纹、热影响区等；第二，根据图样规定，加工出各种形式、尺寸的坡口。目前边缘加工的方法主要有手工加工、机械加工、热切割加工等数种。

(1) 手工边缘加工　手工边缘加工是利用手提式砂轮机、扁铲等工具来进行的。该方法简单灵活，不受工件的位置和形状的限制，对工人的技术要求不高，但是工人的劳动强度大，效率和精度低。主要用于复杂工件的边缘加工或者边缘修正。

(2) 机械边缘加工　机械边缘加工是利用机械设备来进行的，该种方法的效率高，劳动强度低，加工表面质量好、精度高，无热影响区，是一种应用广泛，优先考虑的边缘加工方法。根据工件的形状和要求可以选择刨边、铣边和车削的方法。

① 刨铣边作业是在刨边机上完成的，主要是用于板坯周边进行的直线加工中。加工时，工件放在工作台上，用夹紧机构将板坯紧紧压住。刨边机侧边的刀架上装有刨刀，借助于传动结构的丝杠或传动齿条将装有刨刀的刀架沿导轨来回移动，进行加工切削。在刀架上的刨刀可做水平或垂直方向移动，也可装成一定倾斜角度，以便加工出不同角度的坡口。刨边机的重要技术规格是其刨边长度，一般为 3～5m，如图 4-24 所示。

② 铣边（图 4-25）是在铣边机上完成的。铣边机的结构类似于刨边机，不同的是采用圆盘铣刀来代替刨刀。铣刀的传动系统比较复杂，加工效率比刨边机低，但使用难度和刀具刃磨较刨床方便。

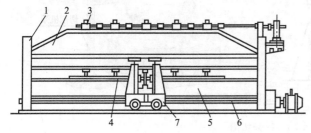

图 4-24 刨边机

1—立柱；2—横梁；3—夹紧机构；4—钢板；5—工作台；6—丝杠；7—刀架

图 4-25 铣边

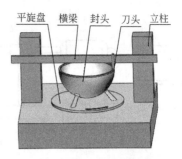

图 4-26 车封头坡口

③ 车边是在立式车床上完成,如图 4-26 所示,它常用于压力容器筒节、封头的环形焊缝坡口的加工,也可用于法兰的加工。这种方法加工时找正比较困难。

(3) 热切割边缘加工　热切割边缘加工包括氧气切割、等离子弧切割和碳弧气刨。由于氧气切割和等离子弧切割灵活方便,不受零件形状和切割条件的限制,因此,目前应用最为广泛。它们既可以进行手工操作,也易实现机械化和自动化。如果切割机装上 2~3 个割嘴,在一次行程中便可切出 V 形和 X 形坡口,如图 4-27 所示。等离子弧切割主要用于不锈钢、铜、铝、镍及其合金材料的边缘加工。

封头由于其结构的特殊性,其边缘加工常采用热切割方式来进行,图 4-28 是其装夹和切割过程。作业时将切割炬固定在机架上,对封头边缘进行开坡口或者齐边加工。如果机架

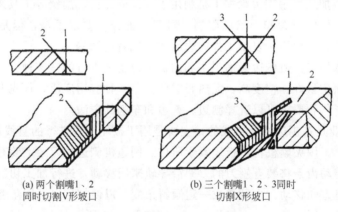

(a) 两个割嘴1、2同时切割V形坡口　　(b) 三个割嘴1、2、3同时切割X形坡口

图 4-27　气割 V 形或 X 形坡口

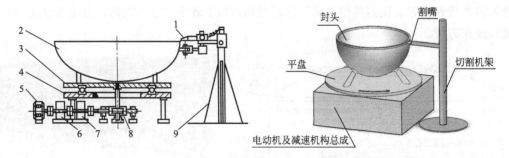

图 4-28　封头切割

1—割嘴；2—封头；3—转盘；4—平盘；5—电动机；6—减速器；
7—机架；8—蜗杆减速器；9—切割机架

上固定的是氧气割炬,则用于低碳钢、低合金钢封头的边缘加工;如果机架上固定的是等离子割炬则可以加工不锈钢、铝制封头。

同步练习

一、填空题

1. 钢板净化的方法主要有（   ）、（   ）、（   ）和火焰净化四种。
2. 矫形处理的实质是（   ）的纤维长度,使所有纤维达到（   ）。矫形方法有（   ）和（   ）两种。
3. 放样划线包括展开、（   ）、（   ）、打标记等环节；展开的方法有（   ）、（   ）、（   ）和综合法四种。
4. 压力容器壳体可展曲面有（   ）和（   ）,不可展曲面有（   ）、（   ）等。不可展曲面主要有（   ）、（   ）、（   ）三种。
5. 号料过程中应注意两个方面是全面考虑各种（   ）和考虑划线的（   ）。
6. 切割的方式目前主要有（   ）、（   ）和其他切割方法。
7. 等离子弧三种压缩效应分别是（   ）、（   ）、（   ）。
8. 等离子弧的三种类型是（   ）、（   ）、（   ）。

二、简答题

1. 有一块中凸的薄钢板,请说明用锤击法矫平的方法和依据。
2. 如图4-29所示,热切割薄的板条时常发生在平面内微弯的变形,问：可用什么方法进行矫形? 采取什么手段可以减少变形?
3. 如图4-30所示,请用硬纸板或薄铁皮等材料制作一个1∶1的模型。

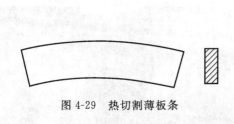

图4-29 热切割薄板条

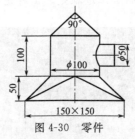

图4-30 零件

4. 分别利用等弧长法和等面积法求图4-30所示零件的展开尺寸。
5. 氧气切割的实质是什么? 实现氧气切割必须具备的条件有哪些?
6. 等离子弧切割的实质是什么? 如何提高等离子弧切割的精度和速度? 并解释等离子弧切割不受气割提出条件限制的原因。
7. 电弧气刨有哪些用途?
8. 边缘加工有哪些方法? 其加工精度对设备制造有何重要性? 通常采用哪些方法加工?

第五章

成　型

● 知识目标

掌握冲压成型原理、过程及要求；掌握卷制成型原理、成型工艺、成型过程中易出现的缺陷及其防止方法；掌握封头成型方法、成型原理及其注意的问题。

● 能力目标

能够对钢板进行卷制成型操作；能够进行冲压成型操作。

● 观察与思考

图 5-1 为半球形封头的冲压加工过程，图 5-2 为筒体的卷制过程，请观察其结构，并查阅相关资料思考以下问题。

- 加工过程用到了什么机器和模具？
- 封头的形式不同，怎么选择合适的加工方法？
- 筒体的加工过程是怎么样进行的？

图 5-1　半球形封头冲压加工过程

图 5-2　筒体卷制过程

压力容器最主要的受压元件是筒体和封头，在经过下料、边缘加工等成型准备工序后，就要将原材料成型了。封头往往由冲压、旋压等加工而成，而压力容器筒体是通过卷制而成的。压力容器的飞速发展使得作为压力容器的主要受压元件封头的标准日渐成熟，从板坯选择、拼接、成型要求、封头成型后热处理和无损检测等方面提出了新的要求。

第一节　冲压成型

一、坯料的准备及要求

如果压力容器直径较大，所需封头直径也大，因此导致制造封头的坯料直径也大。大直径坯料需要进行拼焊，且拼接焊缝的位置应满足相关标准要求，即拼缝距封头中心不得大于1/4公称直径，拼接焊缝可以预先经100%无损检测合格（对采用电渣焊拼接焊缝的坯料，则应先进行正火，超声波检测合格），这可避免在冲压过程中坯料从焊缝缺陷处撕裂。此外，封头各种不相交的拼接焊缝中心线间距离至少应为封头钢板厚度的3倍，且不小于100mm，如图5-3所示。封头由瓣片和顶圆板拼接而成时，焊接接头只允许环向和径向，径向拼接接头之间最小距离也不得小于上述规定。坯料拼接焊缝的余高如存在可能影响成型质量的情况，则应打磨平滑，必要时还应进行表面处理。

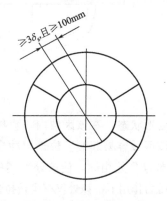

图5-3　封头拼接焊缝要求

封头冲压成型过程中，坯料的塑性变形较大，对于壁厚较大或冲压深度较深的封头，为了提高材料的变形能力，必须采用热冲压。实际上，为了保证封头质量，目前绝大多数封头均采用热冲压成型，钢板坯料可在火焰反射炉或室式炉中加热。一般碳素钢和低合金钢的加热温度在950～1150℃之间，这取决于坯料出炉装料过程的时间长短、压机的能力大小、温度对材料性能的影响等因素。冷冲压成型的封头通常须经过退火后才能用于压力容器上。不锈钢的加热温度可直接按固化温度选取，常用压力容器用钢的热成型加热温度由有关书籍和手册中查取。

钢板加热至高温时会发生氧化，并随加热温度的升高、加热时间的延长，氧化加剧，钢板表面将发生脱碳；对于不锈钢及低合金钢，应尽可能减少加热时间，操作时可采用大于等于850℃的装炉，均热保温1～2min/mm。此外，为减少表面氧化带来的不良影响，板坯可预先经表面清理后涂刷保护涂层。

值得注意的是，带拼接焊缝的不锈钢坯料加热的一次装料数量应予以严格控制，对于采用连续输送的链式炉加热，可进行单件装料，若采用室式炉加热，则不允许重叠装料，否则由于第二件在炉内停留时间过长，焊缝性能恶化，导致冲压时撕裂。

二、冲压成型原理

封头冲压过程属于拉延过程，冲压过程中材料产生了复杂的变形，而且在工件的不同部位存在不同的应力应变状态。采用压边圈、模具间隙大于封头毛坯钢板厚度的封头冲压如图5-4所示，其各部分材料的应力状态分析如下。

处于压边圈下部的材料A，主要受切向压缩应力和径向拉伸应力。其变形特点是在切向压缩变形，厚度方向增厚。处于下冲模圆角处的材料B，除受到径向拉伸和切向压缩外，还承受弯曲应力。在下冲环与上冲模间隙部分的材料C，受到径向拉伸应力和切向压缩应力，其变形在径向和切向有相应的拉伸和压缩变形。由于此处在厚度方向不受力，因而处于自由

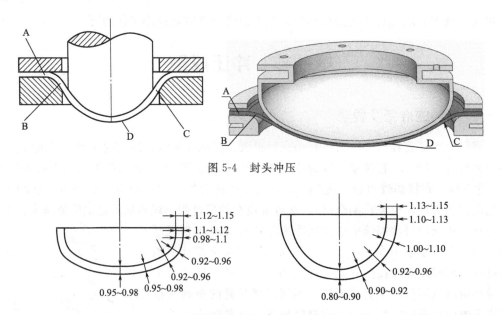

图 5-4　封头冲压

图 5-5　厚壁大型钢制封头冲压后壁厚的变化

变形状态，在该区域内，愈接近下冲环圆角部分，切向压缩应力愈大，所以对于薄壁封头在该区域容易起皱。位于上冲模底部的毛坯材料 D，在没有与上冲模贴合之前，其受力情况基本与 C 处相同，使该处毛坯材料被拉薄。当该处与上冲模接触贴合后，在压力摩擦力和冲压力作用下，该处仅有少量拉伸变形。图 5-5 为椭圆形封头和球形封头冲压后，材料各部分壁厚的变化情况。由图可知对于椭圆形封头，通常在接近大曲率部位减薄最大。碳钢封头减薄可达 4%～8%，铝封头可达 12%～15%，球形封头在接近底部 20°～30°范围内减薄严重，碳钢封头可达 12%～14%。针对这种封头冲压减薄的工艺特征，在坯料板厚的选择上应考虑适当加厚。

三、冲压成型过程及要求

封头的一般制造工艺包括：备料、划线、下料、开坡口、组对、检验、拼焊、磨平焊缝、探伤、冲压成型、整形、检验、齐边等。

加热后的封头坯料放置在下冲环上，并与下冲环对中，开启水压机，直至上冲模降到与钢板坯料接触，如图 5-6 中 Ⅰ 所示；然后加压，钢板便发生变形，如图 5-6 中 Ⅱ 所示。随着上冲模的下压，加热毛坯就包在上冲模的表面，并通过拉环，如图 5-6 中 Ⅲ 所示。此时，封头已冲压成型，但由于材料的冷却收缩，使之紧包在上冲模上，需用特殊的脱件装置使封头与上冲模脱离。封头内径小于等于 2000mm 时，常用的脱件装置是滑块，将滑块推入压住封头边缘，如图 5-6 中 Ⅳ 所示，待上冲模提升时，封头被滑块挡住，此时便从上冲模上脱离，完成冲压过程，如图 5-6 中 Ⅴ 所示。对于大直径封头的脱件装置较复杂，即上冲模为一组合件模具，由三瓣半椭球体及中心一锥形棒组成，当冲压结束，提起芯棒，瓣体就自动合拢，封头自动脱落。这种方法称为一次成型法。对于低碳钢和普通低合金钢制成的一定尺寸（$6S \leqslant D_o - d_i \leqslant 45S$）封头均可采用一次成型法。

冲压封头的典型缺陷分析：封头冲压时出现的主要缺陷有拉薄、皱褶和鼓包等。

① 拉薄　碳钢封头冲压后，其壁厚变化如图 5-5 所示。对于椭圆封头，直边部分的壁厚增加，其余部分壁厚减薄，最小厚度为 $(0.90 \sim 0.94)\delta$。球形封头由于深度大，底部拉

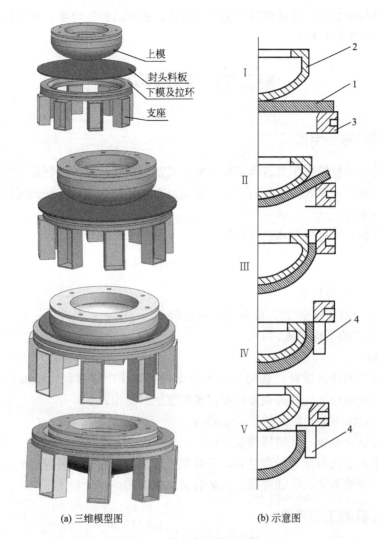

(a) 三维模型图　　　　　(b) 示意图

图 5-6　封头冲压成型过程
1—坯料；2—上模；3—下模及拉环；4—脱模装置

伸减薄最多。

② 皱褶　冲压时板坯周边的压缩量最大，其值为

$$\Delta L = \pi(D_p - D_m)$$

式中　D_p——坯料直径；

D_m——封头中径。

封头深度越深，坯料直径越大，周向缩短量也越大。周向缩短将产生两个结果，一个是工件周边区的厚度和径向长度均有所增加，另一个是过大的压应变使板料产生失稳而出现皱褶。若板料加热不均匀、夹持不当造成坯料不平，也会造成皱褶。有的制造厂总结出碳钢和低合金钢材料的封头不产生皱褶的条件是：$D_p - D_m \leqslant 20\delta$，肯定不皱褶，而 $D_p - D_m \geqslant 45\delta$ 必然有皱褶。

③ 鼓包　产生原因与皱褶类似，但主要影响因素是拼接焊缝余量的大小以及冲压工艺方面的原因，如加热不均匀、压边力太小或不均匀、冲模与下模圆角太大等。

防止封头冲压产生缺陷，可采取下列措施：板料加热均匀；保持适当而均匀的压边力；

选择合适的下模圆角半径；降低模具（包括压边圈）表面的粗糙程度；合理润滑以及在大批量冲压封头时应适当冷却模具。

第二节　卷制成型

一、钢板的弯卷半径

卷制成型是单层卷焊式压力容器制造的主要工艺，筒节的卷弯过程是钢板弯曲塑性变形过程。在卷制过程中，钢板产生的塑性变形沿板厚方向是变化的，其外圆周伸长、内圆周缩短、中性层保持不变。

其外圆周的伸长率可按下式进行计算

$$\varepsilon = \frac{C\delta}{R} \times 100\%$$

式中　ε——外圆周的伸长率；
　　　C——系数，对碳钢取 50，对高合金钢取 65；
　　　R——弯曲后的平均半径；
　　　δ——板厚。

为了保证筒节的制造质量，卷制过程不会出现拉裂或褶皱现象，根据长期生产实践经验，一般冷态卷制时最终的外圆周伸长率应控制在下列范围。

对碳素钢、Q345R，外圆周伸长率≤3%；

对于高强度低合金钢，外圆周伸长率≤2.5%。

板料经过多次小变形量的冷弯卷后，其各次伸长量的总和也不得超过上述允许值，否则应进行消除冷弯变形影响的热处理或采用热卷制成型工艺。

二、卷板机的工作原理

卷制成型是压力容器筒节制造的主要工艺手段，成型过程是将钢板放在卷板机上进行滚弯，形成筒节，其优点是成型连续，操作简便、快速、均匀。

弯卷时对钢板施以连续均匀的塑性弯曲变形即可获得圆柱面的筒节。这种变形是在卷板机上完成的，而卷板机根据结构又有三辊卷板机和四辊卷板机两种。钢板在对称的三辊卷板机弯曲时，可将钢板看成简支梁，改变上辊的下压量（上、下辊间距），即可卷出不同半径的筒节，如图 5-7 所示。

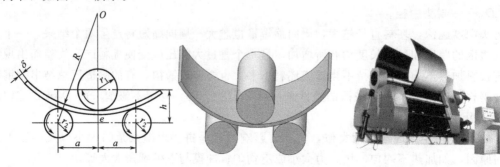

图 5-7　钢板弯曲的基本原理

(1) 对称三辊卷板机　对称三辊卷板机有两个下辊和一个上辊,上辊是从动辊,可以上下移动,对钢板产生压应力,从而获得需要的弯曲半径;下辊是主动辊,依靠它的转动,可使从侧面送入的钢板在上、下辊之间来回移动,产生塑性变形,使整块钢板卷成圆筒形。上辊的调节大多采用蜗杆蜗轮-螺母丝杠系统,钢板卷制成圆筒节后就套在了上辊上,此时只能从上辊的一端取出圆筒节,因而上辊的一端必须是快拆装结构。当拆去一端的轴承后,必须在另一端轴承的外伸端尾部施加一平衡力,以平衡上辊自身的重量,如图5-8所示。

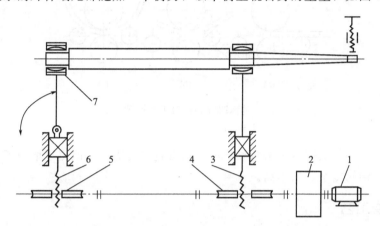

图 5-8　对称三辊卷板机上辊调节示意图
1—电动机；2—减速器；3—蜗杆；4—蜗轮；4—螺母；6—丝杠；7—快拆轴承

该种卷板机具有结构简单、紧凑、易于制造维修、价格低廉等优点；但所卷制的筒节纵向接缝处产生直边,使筒节截面呈桃形。为解决这一问题,卷板前先将板端预弯,或者预留直边卷制后割掉。

(2) 不对称三辊卷板机　不对称三辊卷板机上、下辊在同一垂直中心线上,工作时上、下辊将钢板夹紧,侧辊进行斜向移动,对钢板施加压应力完成预弯,然后侧辊回位,上、下辊转动调整钢板位置,预弯另一侧。两侧完成预弯后再反复来回旋转上、下辊并按需要提升侧辊直至卷圆,其弯卷过程如图5-9所示。

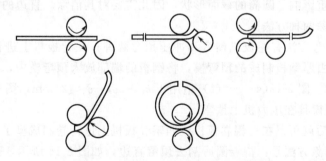

图 5-9　上、下辊在同一垂直中心线上的不对称三辊卷板机工作过程

这种卷板机省去了板端预弯的工序,故比对称三辊卷板机优越;但要使板料全部预弯,需要进行二次安装,因而操作复杂;由于采用了不对称辊子排列形式,所以不能卷太厚的钢板。

(3) 对称四辊卷板机　对称四辊卷板机的上辊是主动辊,下辊为从动辊。主动辊1由电动机-减速器动力系统驱动,从动辊2可以上下移动以夹紧不同厚度的钢板；侧辊3、4可沿斜向升降,以产生对板料施加塑性变形所需的力。工作时将从动辊2上升以夹紧钢板,再利用侧辊 3 的斜向移动来使钢板产生预弯，开启电动机卷板至另一端，然后利用侧辊 4 的斜向运动使另一端板边产生预弯。反复正、反转动主动辊，并逐渐上移侧辊，以达到需要的筒节曲率半径，其弯卷过程如图 5-10 所示。

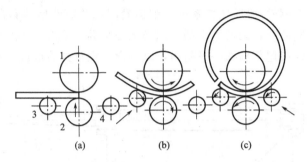

图 5-10　对称四辊卷板机工作原理示意图

1—主动辊；2—从动辊；3,4—侧辊

该种卷板机具有一次安装全部弯卷成型、没有直边的优点，但由于增加了一只侧辊使其重量加大，所以结构复杂、成本高。

三、弯卷工艺

1. 圆筒弯卷工艺

圆筒弯卷工艺主要包括预弯、成型、矫圆三个过程。对称三辊卷板机在卷制成型后将在板边产生一直边，直边长度约为两下辊间距的 1/2，如图 5-11 所示。

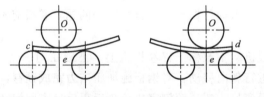

图 5-11　直边的产生

直边的存在严重影响了圆筒的截面形状，因此需要对其消除。直边的消除有采用成型前的预弯和成型后消除两种方法。

① 成型前的预弯方法有卷板机预弯和冲压预弯两种；在卷板机上进行预弯时，在两下辊的上面搁置一块由厚钢板制成的预弯模，将钢板的端部放入预弯模中，再依靠上辊压弯成型，如图 5-12 所示。图 5-12(a) ～ (c) 适用于 $\delta_0 \geqslant 2\delta_s$，$\delta_s \leqslant 24mm$，图 5-12(d) 适用于较薄板；图 5-13 为用模具在压力机上预弯。

预弯消除直边后就可以在三辊卷板机或四辊卷板机上进行卷制成型了。

② 成型后的消除方法是：待卷圆后割去预留直边，如图 5-14 所示，这种方法对材料的浪费严重。

筒节完成卷制成型后，进行纵焊缝的组对焊接，焊接时由于焊缝的收缩变形使得筒体截面出现了圆度误差，为了消除这种误差常采用矫圆来实现。矫圆是将已经焊完纵缝的筒节，再放入卷板机内，往返滚压 3～4 次，使筒节各部分尺寸均匀。

2. 锥形壳体成型

锥形封头或者压力容器的变径段采用的就是锥形壳体，从大端到小端的曲率半径是逐渐

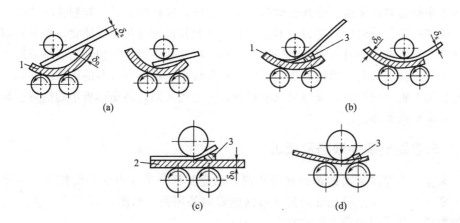

图 5-12 用模具在对称三辊卷板机上的预弯示意图
1—预弯模；2—垫板；3—楔块

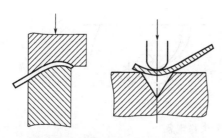

图 5-13 用模具在压力机上预弯

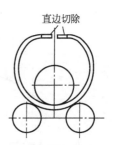

图 5-14 预留直边的切除

变化的，其展开面为一扇形面。卷制时要求卷板机辊子表面的线速度从小端到大端逐渐变大，其变化规律要适合各种锥角和直径锥体的速度变化要求，这在实际工程生产中很难办到，因此锥形壳体的制造通常采用压弯成型法和卷制法。

(1) 压弯成型法　在扇形坯料上均匀地划出若干条射线，如图 5-15 所示。然后在压力机或卷板机上按射线进行弯曲，待两边缘对合后进行点焊，再进行矫正，最后进行焊接。这种方法仅适合薄壁钢板的锥形壳体成型。对于厚壁锥形壳体，则将坯料分成几小块扇形板，再按射线压弯后再组合焊接成锥体；这种方法对不能卷制的小直径锥体尤其适用，但是它费时，工人的劳动强度大。

(2) 卷制法　将卷板机的活动轴承上装上阻力工具，或直接在轴承架上焊上两段耐磨块，如图 5-16 所示。卷制时将扇形板的小端紧压在耐磨块上，由于小端与摩擦块间的摩擦

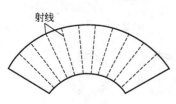

图 5-15 压弯成型示意图

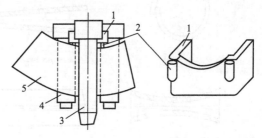

图 5-16 小端减速法卷制锥形壳体示意图
1—阻力工具；2—耐磨块；3—上辊；4—下辊；5—扇形坯料

作用减缓了小端的移动速度,使其运动速度比大端慢,这样就完成了卷制锥体的运动。但是扇形板大端和小端移动时的摩擦力并不能控制,因此其速度变化不可能完全满足卷制锥形壳体时的速度变化要求,而且其曲率半径也有差别,故在卷制过程中和卷制后都要矫正。

(3) 卷板机辊子倾斜　这种方法主要用于锥角较小、板材不太厚的锥体的卷制上。其方法是将卷板机上辊（对称式）或侧辊（不对称式）适当倾斜,使扇形板小端的弯曲半径比大端的小,从而形成锥体。

四、弯卷易出现的缺陷及预防

(1) 失稳　当卷制圆筒的厚径比较小时,已卷制部分呈弧形从辊间伸出,当伸出较长时,由于刚度不够而失去稳定性,使其向内或者向外倒去,如图 5-17 所示。为了防止卷制过程中的失稳,常采用加设支撑的方式。

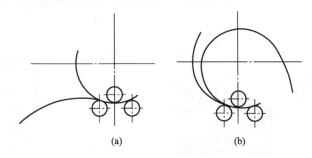

图 5-17　弯卷失稳现象

(2) 过弯　即是弯卷过度,指弯卷成型后的圆筒曲率半径小于规定的曲率半径值,如图 5-18(a) 所示,过弯是由于卷制过程调节不当而造成的。为了防止过弯,在弯卷时应注意每次调节上辊和侧辊的量,并随时用规定半径值的弧形样板检查圆筒的半径,如发现弯卷过度,则可用大锤击打筒体,使直径扩大达到规定值的要求。

(3) 锥形　由于上辊或侧辊两端的调节量不同,致使上、下辊或侧辊与上下辊的轴线之间出现了不平行,由此所卷制的圆筒将会出现锥形,如图 5-18(b) 所示。为了防止卷制过程中出现锥形,应在卷制前检查辊子之间轴线的平行度,并不断检查卷圆件两端的曲率半径,如果出现锥形,应限制曲率半径小的一端的进给量。

(4) 鼓形　由于辊子的刚度不够,在卷制过程中辊子出现弯曲变形,致使出现鼓形缺陷,如图 5-18(c) 所示。为了防止此缺陷,需要增加辊子的刚度以减少或降低弯曲变形,如

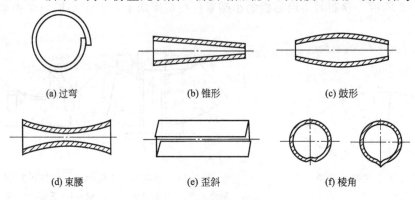

(a) 过弯　　(b) 锥形　　(c) 鼓形

(d) 束腰　　(e) 歪斜　　(f) 棱角

图 5-18　常见的外形缺陷

在辊子中间增设支承辊等方式来加以解决。

（5）束腰　所卷制的圆筒出现两端大中间小的形状，如图 5-18(d) 所示。它所造成的原因是上辊压力或下辊顶力太大，为了防止出现束腰现象，卷制时适当减少辊子的压力或顶力来加以解决。

（6）歪斜　所卷制的圆筒两端出现不平齐的现象，如图 5-18(e) 所示。它是由于板料放入卷板机时，板边与卷板机辊子轴线不平行所致。为了防止出现此缺陷，钢板放入卷板机时需要保证板边与上辊和下辊中心线平行。

（7）棱角　在钢板两板边对接处出现外凸或内凹现象，如图 5-18(f) 所示。板边预弯不足时将会造成外凸棱角，预弯过大时会引起内凹棱角。为了防止棱角的产生，板边预弯时保证预弯量准确；若弯卷成型后已经出现了棱角，则采用图 5-19 所示的方法来予以消除。

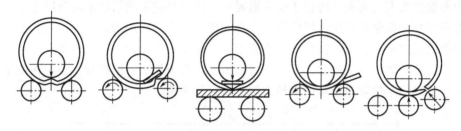

图 5-19　棱角的矫正

（8）外部拉裂　钢板卷制成圆筒的过程是一个塑性变形过程，沿钢板厚度方向上的变形程度是不同的，外侧伸长、内侧缩短、中性层不变。当钢板厚度较大或弯卷时圆筒的曲率过大，在外层的塑性变形也大，当达到某一临界时，外层出现裂缝，该缺陷称为拉裂。为了防止出现拉裂现象，需要控制塑性变形率，在实际生产中一般要求冷加工时塑性变形率 $\varepsilon \leqslant 2.5\% \sim 3\%$。为了防止筒体被拉裂，常采用控制弯曲半径的方法来解决，即根据筒体厚度有一个最小弯曲半径。碳素钢、Q345R 的最小弯曲半径为 $R_{\min}=16.7\delta$，其他低合金钢的最小弯曲半径为 $R_{\min}=20\delta$，奥氏体不锈钢的最小曲率半径为 $R_{\min}=3.3\delta$。

五、管子的弯卷

化工生产中，需要很多输送物料的工艺管线，因此需要很多弯管零件，弯管的几何参数如图 5-20 所示，图中 R 为管子的弯曲半径。

管子在弯曲时，外侧管壁受到拉伸而变薄，内侧管壁受压缩而增厚，管子截面由圆形变成椭圆形，如图 5-21 所示。管子截面变成椭圆后承载能力下降，因此，在弯管时应对管子变形进行限制。

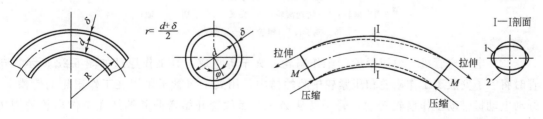

图 5-20　弯管的几何参数　　　　图 5-21　管子弯曲时的截面变化

1—弯曲后管子椭圆形截面；2—管子原来的圆形截面

实际生产过程中弯管方法按照操作方法分为手动弯管和机动弯管;按照是否加热分为冷弯和热弯;按照施力方向分为拉弯、压弯和冲弯。

1. 管子的冷弯

管子在室温下的弯曲称为冷弯。冷弯效率高,质量好,操作环境好,直径在 108mm 以下的管子多采用冷弯;对于直径大于 108mm 或者直径大于 57mm 的厚壁管子,由于冷弯阻力大,成型困难,多采用热弯。这里主要介绍冷弯成型。

管子冷弯常采用手动弯管器和电动弯管机弯管两种方式。

(1) 手动弯管器 手动弯管器的结构如图 5-22 所示,主要由固定扇轮、活动滚轮、夹叉等组成。这种弯管器主要用于弯制直径在 32mm 以下的无缝钢管和直径在 1in❶ 以下的焊接钢管。弯管时,将管子插入固定扇轮和活动滚轮的中间,使管子的起弯点在固定扇轮和活动滚轮中心的连线上,用夹具将管子插入端固定,推动手柄带动活动滚轮绕固定工作扇轮转动,把管子压贴在扇轮和滚轮之间的槽中,直到所需的弯曲角度为止。这种弯管器是利用一对不可调换的固定扇轮和活动滚轮来弯曲管子的,因此只能弯曲一种规格的管子,管子的弯曲半径由固定扇轮的半径来确定。为保证弯管质量,管子外壁不能出现拉裂,内侧不能出现褶皱,因此凭经验一般取最小弯曲半径为管子直径的 4 倍。

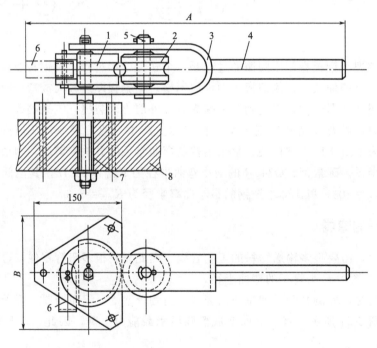

图 5-22 手动弯管器
1—固定扇轮;2—活动滚轮;3—夹叉;4—手柄;5—轴;
6—夹子;7—螺栓;8—工作台

(2) 电动弯管机 由压紧轮、工作扇轮、夹子等组成,其工作原理如图 5-23 所示。弯管时将管子安放于工作扇轮和压紧轮中间的槽中,用夹子将管子紧固在工作扇轮的轮槽上,开动电动机带动工作扇轮转动,管子就从 A—A 面位置开始弯曲并缠绕在工作扇轮的周边

---

❶ 1in=0.0254m。

上，从而获得所需的弯曲半径。工作扇轮和压紧轮上槽的半径与被弯管子的外半径一致，在 $A—A$ 面将管子外壁卡住，以减少弯管时的变形和避免出现皱褶。

当被弯管子直径大于 60mm 时，或者管壁较薄时，需在管子内部放置芯棒以防弯曲时变形，如图 5-24 所示。管子弯曲前应吹洗管孔，工作时管子的插入深度以芯棒的球面与圆柱体相连接的界线在管子起弯点的 $A—A$ 为宜，芯棒插入太深将会拉伤管子内壁，严重时将拉断芯棒的固定杆，插入太浅则会产生皱褶。为了便于取出芯棒，一般要求芯棒直径比管子内径小 1～1.5mm，并在管内壁涂上少许机油。

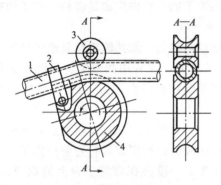 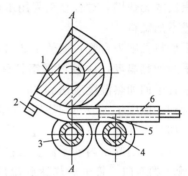

图 5-23 弯管机弯管原理
1—管子；2—夹子；3—压紧轮；4—工作扇轮

图 5-24 有芯弯管示意
1—工作扇轮；2—夹子；3—压紧轮；
4—导向轮；5—芯棒；6—管子

不同半径的工作扇轮，能够弯曲得到不同的弯管半径；不同管子外径需要不同圆槽半径的工作扇轮、压紧轮和导向轮，同一外径而壁厚不同的管子，需要不同直径的芯棒。弯管机需配多套工作扇轮、压紧轮、导向轮、芯棒供弯管时选用。

弯管机弯管速度快、质量好、效率高，可用于直径不大于 108mm 的管子，而对于管子直径大于 108mm 或者直径大于 57mm 厚壁管子则需要采用热弯。

2. 管子的热弯

管子在加热状态时进行的弯曲称为热弯，其加热的温度视管材而异。普通低合金钢管和碳素钢管加热温度为 800～1000℃；18-8 型不锈钢和高合金钢为 1000～1150℃。热弯分为无皱热弯和有皱热弯两种；按照加热方式有炉内加热、中频加热和火焰加热三种。

(1) 炉内加热弯管　这种加热弯管方式适用于公称直径大于 150mm 的管子弯曲。弯曲工艺包括划线、充砂、加热、弯曲、冷却、清砂和热处理等步骤。

① 管子的划线　管子弯曲部分长度可由弧长计算公式求得

$$L = \pi \alpha R / 180 = 0.0175 \alpha R$$

式中　L——管子弯曲部分中性层长度，mm；
　　　R——管子弯曲部分中性层半径，mm；
　　　α——管子弯曲的角度，(°)。

按计算的弯管长度进行划线，其方法如图 5-25 所示，从管子左端起，沿管子中心线方向量出一段长度 L_1，用记号笔画出管子的起弯点 K_1，L_1 的长度至少应在 300mm 以上，以便于弯管时夹紧固定。然后由 K_1 向右量出弯曲长度 $L = 0.0175 \times 90 \times 1000 = 1750$mm，再划出弯管

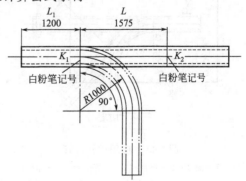

图 5-25 弯管划线示意图

的终点 K_2。

② 管子充砂　为了防止管子弯曲变形或产生皱褶，同时也为了储存热量、保证管子受热均匀以及延长管子出炉后的冷却时间，便于弯管操作，常在管内充砂。管子充砂前，先用管堵将管子一端堵死，充砂时要振动、压实，充满后将管口封堵。充砂用的砂子应清洁、干燥、颗粒均匀适度，不含泥土、煤屑及其他有机物，生产中常在砂中混入一些直径较大的钢球，以便冲入管内压实。

③ 管子加热　管子加热采用敞开的鼓风炉或地炉，使用的燃料按照管材选择。对碳钢管可用焦炭或无烟煤；对合金钢采用木屑。管子放入炉子前，炉内应加足燃料，管子加热过程中一般不加燃料。

管子加热长度为弯管长度的 1.2 倍左右，为保证加热均匀，加热时应反复滚动管子，并注意管子的加热温度，一般根据钢管种类凭经验进行目测，或者用测温笔、测温仪进行测量。碳钢管子的加热温度应达到 950～1000℃（管壁呈暗红或橙黄色）；低合金钢管的加热温度应达到 1050℃；18-8 型不锈钢的加热温度应达到 1100～1200℃。为使管内砂子达到同样温度，加热应保持一段时间，直至管壁开始发白为止，管壁上的氧化皮呈蛇皮状并从管壁开始脱落时，表明管子内砂子温度已接近或等于管壁温度。此时可以进行弯管操作了。

④ 管子的弯曲　管子加热达到温度要求时，将管子一段夹在弯管平台上的钢插销中，如图 5-26 所示。弯管过程中用水冷却已弯好部分以固形，并在管子下方垫两块扁钢来防止未弯部分被冷却；对有直焊缝的钢管而言，焊缝应置于变形最小的方位，以防止弯管时焊缝开裂。管子一端夹住后，另一端系上钢丝绳，对直径小于 100mm 的管子，通常直接用人力拉弯，对公称直径大于 100mm 的管子，可用卷扬机牵引拉弯。拉弯时的使力方向应与管中心线垂直，以防管外侧或内侧产生附加的伸长或缩短，造成减薄或起皱褶。

弯曲过程中使力应均匀，并不断用样板进行检查弯曲部位。由于管子冷却后常回弹3°～4°，因此，弯曲时需要过弯 3°～4°，钢管加热时最好一次完成，如果弯曲过程中管子温度下降到弯曲终止温度是，应停止弯曲，待重新加热后再进行弯管操作，但重新加热不能超过 2 次。碳素钢、低合金钢管弯曲终止温度分别为 650℃ 和 750℃。当管子直径、管子弯曲半径相同，弯曲数量较多时可用样板弯管，如图 5-27 所示。样板可用铸铁或厚钢板制成，用钢销固定在弯管平台上，即可对加热好的管子进行弯曲，弯管效率较高。

⑤ 管子的冷却和清砂　管子冷却后一般在空气中缓冷至室温，冷却后应及时清砂，倒空管内砂子后用钢丝刷清理内壁，最后用压缩空气吹扫，清除粘在管子内壁上的砂粒。清砂

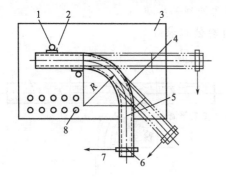

图 5-26　应用样杆弯管
1—插销；2—垫片；3—弯管平台；4—样杆；
5—管子；6—夹箍；7—钢丝绳；8—插销孔

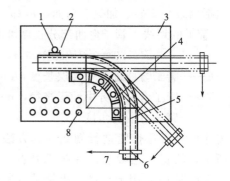

图 5-27　应用样板弯管
1—插销；2—垫片；3—弯管平台；4—样板；5—管子；
6—夹箍；7—钢丝绳；8—插销孔

后应检查弯管质量。

⑥ 管子的热处理　对于 15Mn、16Mn 钢管及碳钢管弯制后不用热处理，其他合金钢管一般采用正火加回火处理，以改善金相组织及消除弯管过程中产生的内应力；不锈钢管加热到 1050～1100℃淬火，使其组织完全变为奥氏体，防止晶间腐蚀倾向的发生。

（2）中频加热弯管　它是利用中频感应电流的热效应将管子弯曲部分迅速加热到所需温度，采用机械或者液压传动，使管子拉弯或推弯成型。图 5-28 为拉弯式中频弯管示意。

中频弯管具有弯曲质量好、弯曲半径小、不需模具、只需配置相应的感应圈和导向轮的优点，但也存在投资大的缺点。

（3）火焰加热钢管　它是利用氧-乙炔火焰对管子加热进行弯曲的方法，该方法操作灵活方便，效率高，常用于管子直径较小的弯曲。

（4）薄壁管的折皱弯曲　生产中常用大直径（$DN \geqslant 500\text{mm}$）、管壁很薄的弯头，这种弯头过去采用虾米腰管，但工序多，效率低，材料消耗大，近年来采用折皱弯管法，就可避免这些缺点，而且制作简单，使用可靠，在中低压管路系统中得到广泛应用。

如图 5-29 所示，管子在折皱前，先在管壁上画出全部所需折皱的大小和位置，画出每段折皱间距线 a，棱形对角线 b，具体尺寸查阅有关手册。然后直接用火焰加热第一个折皱至 950℃左右（桃红色），此时将管子拉弯形成第一个折皱，待冷却后再弯曲第二个折皱，如此反复进行直至全部折完为止。

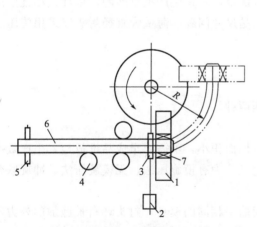

图 5-28　拉弯式中频弯管示意
1—转臂；2—变压器；3—感应器；4—导向轮；
5—支撑块；6—管子；7—夹头

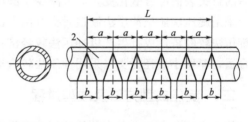

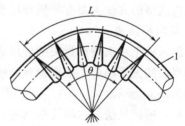

图 5-29　折皱弯管
1—中性层；2—不加热区

管子折皱弯曲的下料长度与其他弯管法不同，它是按弯头外侧在折皱过程中不伸长也不缩短的长度进行计算。管子预备折皱的尺寸，需根据管子弯曲半径 R 和折皱个数 n 来决定，一般 R 是根据需要预先规定（或测定）的，而折皱个数 n 则需参考弯曲半径和管子外径按实际经验确定。

这种方法加热折皱时一般不用在管内装砂子，只需在管内两端用木塞堵严，以避免冷空气流入而导致热量损失。当加热管径在 150mm 以上的大管子时，需要用几个喷嘴同时加热。当第一个折皱处加热到管壁呈桃红色（约 900℃）时，立即开动卷扬机把管子拉弯一个角度，其角度大小应等于弯头的弯曲角度除以折皱个数 n 所得的值。

第三节　旋压成型

一、旋压成型特点

随着生产规模不断扩大，大型压力容器使用不断增多，大型封头的制造问题迫切需要解决。如果采用常用的冲压成型，就需要大吨位、大工作台面的水压机，由此带来了制造成本的提高。采用分瓣冲压拼焊法则需要制作瓣片模具，组焊工作量大、工序多、工期长、成本高、质量不易保证、焊缝布置与封头接管孔位置有矛盾等。如果采用旋压成型则可以解决这一矛盾，并且采用旋压成型法制造大型封头已经成为一种趋势。旋压法与冲压法相比具有以下优点。

① 旋压机的模具等工艺装备尺寸小、成本低，更换工装时间短，仅为冲压时间的1/5左右，而且工装利用率高，同一模具可制造直径相同但壁厚不同的封头。

② 设备轻。

③ 可以制造大直径薄壁封头，解决了大直径薄壁封头的折皱问题，目前已能制造 $\phi5000mm$、$\phi7000mm$、$\phi8000mm$ 甚至 $\phi20000mm$ 的超大型封头。

④ 旋压法加工的封头尺寸精度高，制造质量好，不易皱褶、鼓包和减薄。

⑤ 旋压法因为不需要加热，因而加工不锈钢封头时，避免了加热造成的种种缺陷，加工后的封头表面没有氧化皮，大大减少了酸洗工作量。

采用旋压法还是冲压法制造封头有两个因素确定，一是生产批量问题，单件、小批生产以旋压法较经济，成批生产以冲压法较经济；二是尺寸问题，薄壁大直径封头以采用旋压法较合适，厚壁小直径封头以采用冲压法较合适。

二、旋压成型方法及成型过程

旋压成型的方法主要有单机旋压和联机旋压两种。

1. 单机旋压法

在旋压机上一次完成封头的旋压成型。它占地面积小，不需要半成品堆放地，生产效率高，为当前的发展趋势。根据模具的使用情况它又分为有模旋压法、无模旋压法、冲旋联合法，如图 5-30 所示。

（1）有模旋压法　这类旋压具有与封头内面曲率相同的模具，封头坯料被施加的外力碾压在模具上成型，如图 5-31（a）所示。这类旋压机一般由液压传动，所需施加的力由液压提供；它同时具有液压靠模仿形旋压装置，旋压过程可以实现自动化。因此，有模旋压效率高、速度快、时间短，可以一次完成封头成型，具有旋压和边缘加工的功能；封头的尺寸准确；不需要加热，因此避免了加热造成的种种缺陷。但是它必须具备旋压需要的不同尺寸的模具，因而工装的费用较大。

（2）无模旋压法　这类旋压机除用于夹紧毛坯的模具外，不需要其他成型模具。封头成型全靠外旋辊与内旋辊配合完成，如图 5-31（b）所示。下（或左）主轴一般是主动轴，由它带动毛坯旋转，外旋辊有两个，也可以只有一个，旋压过程由数控来完成。该方法主要适用于批量生产。

（3）冲旋联合法　该种制造方法是先以冲压法将毛坯压鼓成碟形，然后再以旋压法进行翻边使封头成型，如图 5-31（c）所示。制造时将坯料 2 加热并放置于旋压机下压模 3 压紧

图 5-30 单机旋压

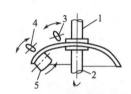 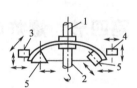

(a) 有模旋压法　　　　　　　　　　　　(b) 无模旋压法
1—上(右)主轴；2—下(左)主轴；　　　　1—上(右)主轴；2—下(左)主轴；
3—外旋辊Ⅰ；4—外旋辊Ⅱ；5—模具　　　3—外旋辊Ⅰ；4—外旋辊Ⅱ；5—内旋辊

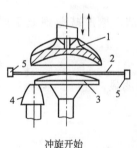 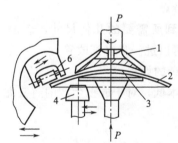 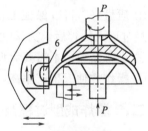

　　冲旋开始　　　　　　　冲压中心部分　　　　　　旋压翻边成型

(c) 立式冲旋联合法生产封头过程示意图
1—上压模；2—坯料；3—下压模；4—内旋辊；5—定位装置；6—外旋辊

图 5-31 封头单机旋压成型

装置的凸面上，用定位装置 5 进行定位，接着有凹面的上压模 1 从上向下将坯料压紧，继续模压使坯料变成碟形，然后上下压紧装置夹住坯料一起旋转，外旋辊 6 开始旋压并使封头成型达到要求，内旋辊 4 起靠模支撑作用，内、外辊相互配合，即可将旋转的毛坯旋压成需要的形状。这种成型方法需要模具，而且需要加热装置和装料设备，因此消耗的功率较大，较适用于大型、单件的厚壁封头的制造。

2. 联机旋压法

用压鼓机和旋压翻边机先后对封头毛坯进行旋压成型。成型时先用压鼓机将毛坯逐点压

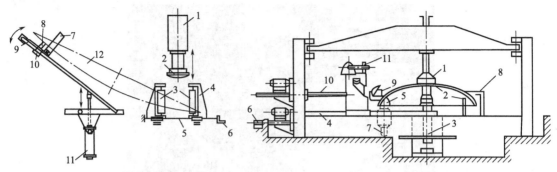

(a) 压鼓机工作原理
1—液压缸；2—上胎(下胎未画出)；3—导辊；4—导辊架；
5—丝杠；6—手轮；7—导辊(可做垂直板面运动)；
8—驱动辊；9—电动机；10—减速箱；
11—压力杆；12—毛坯

(b) 立式旋压翻边机
1—上转筒；2—下转筒；3—主轴；4—底座；
5—内旋辊；6—内辊水平轴；7—内辊垂直轴；
8—加热炉；9—外旋辊；10—外辊水平轴；
11—外辊垂直轴

图 5-32 联机旋压法

成凸鼓形，完成封头大曲率半径部分的成型，然后再用旋压翻边机将其边缘部分逐点旋压，完成小曲率半径部分的成型，如图 5-32 所示。

第四节 爆炸成型

一、爆炸成型特点

封头的爆炸成型是利用高能源炸药在极短的时间内（10^{-6} s）爆炸所产生的巨大冲击波，并通过水或砂子等介质均匀作用在封头毛坯上，迫使产生塑性变形而获得需要的形状和尺寸的封头。爆炸成型具有以下特点。

① 质量好 可以保证工件达到所需要的几何尺寸，表面光洁，壁厚减薄现象不严重。工件经过退火处理后，力学性能可以进一步得到改善。

② 设备简单 不需要大型复杂的设备。

③ 操作方便 生产率高，成本低，对于成批生产的封头尤为明显。

二、爆炸成型过程及要求

封头的爆炸成型有无模成型和有模成型两类。

(1) 无模爆炸成型 通过控制载荷的分布来达到控制封头成型的目的，如图 5-33 所示。

为了克服爆炸成型后封头边缘褶皱和无直边的缺陷，可在毛坯上加放压边圈，或在毛坯外侧焊上防皱圈。封头的直边由所加放于端口的成型环形成。

无模爆炸成型具有装置简单、成本低、表面光滑、成型质量好等优点，但若成型工艺处理不当也存在一定风险。由于爆炸产生的冲击波是呈球面传播的，故最适宜制造其他成型方法难以制造的球形封头。

(2) 有模爆炸成型 封头毛坯 6 被压板 3 与模具 5 夹持住，在毛坯上放置竹圈 2 及塑料布 1，并根据需要在其中盛水，水中放置炸药包。封头模具用支架 7 撑离地面一定高度，在支架中盛有一定的砂子，以缓冲成型封头落下时与地面的冲击，如图 5-34 所示。在接通电源炸药爆炸后，高压冲击波迫使封头板料通过模具落下，封头即可成型。这种爆炸成型方法

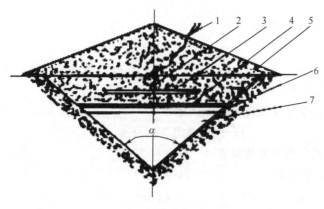

图 5-33 封头的无模爆炸成型
1—导线；2—雷管；3—平面药包；4—毛坯；5—砂堆；
6—防皱圈；7—砂坑

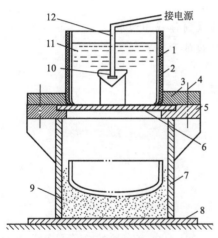
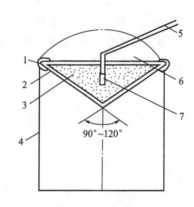

(a) 封头的爆炸成形装置
1—塑料布；2—竹圈；3—压板；4—螺栓；
5—模具；6—毛坯；7—支架；8—底板；
9—砂；10—炸药包；11—水；12—雷管导线

(b) 炸药包的结构
1—胶布、黄泥、黄油密封；
2—铁皮罩；3—炸药；4—药包架；
5—导线；6—黄泥；7—雷管

图 5-34 封头有模爆炸成型

成型质量好，可以达到形状、尺寸和表面质量的要求，壁厚减薄较小；制造设备简单、操作方便、效率高、成本低，利于成批生产。

同步练习

一、填空题

1. 封头成型的方法主要有（　　　　）、（　　　　）、（　　　　）等数种。
2. 封头冲压成型工艺包括的工序有（　　　　）、（　　　　）、（　　　　）、
（　　　　）、（　　　　）、（　　　　）、（　　　　）、
（　　　　）及探伤、冲压成型、整形、检验、齐边等。
3. 冲压封头出现的缺陷主要有（　　　　）、（　　　　）、（　　　　）；封头冲压

部褶皱的条件是（　　　　　　）。

4. 筒体成型过程中主要的缺陷有（　　　　）、（　　　　）、（　　　　）、（　　　　）、（　　　　）、（　　　　）、（　　　　）、（　　　　　　）。碳素钢、Q345R的最小弯曲半径为（　　　　　），其他低合金钢的最小弯曲半径为（　　　　），奥氏体不锈钢的最小曲率半径为（　　　　　）。

5. 生产过程中弯管方法按照操作方法分为（　　　　　）、（　　　　）；按照是否加热分为（　　　　）、（　　　　　）；按照施力方向分为（　　　　）、（　　　　）、（　　　　）。

6. 管子弯曲时可能出现的缺陷有（　　　　）、（　　　　　）和（　　　　）三个方面。管子热弯的工序主要有（　　　　）、（　　　　）、（　　　　）、（　　　　）、（　　　）和（　　　　）、（　　　　）。

7. 封头旋压成型方法有（　　　　）和（　　　　　），其中前者又有（　　　　　）、（　　　　）、（　　　　）。

二、简答题

1. 简述冲压封头成型原理和成型过程。
2. 常用卷板机有哪些类型？简述其工作原理及筒体成型过程。
3. 筒体成型时为什么产生直边？如何消除直边的影响？
4. 比较封头成型的几种方法中各有何特点。
5. 简述管子热弯的工艺过程及其注意的问题。

第六章

列管式换热器的组装

● 知识目标

了解换热器的结构、原理；掌握换热器的制造流程；掌握换热器组装方法、检验方法及检验技术要求；掌握焊接原理方法及焊接工艺、焊接施工；掌握压力容器常见的热处理方法；掌握压力容器耐压试验和泄漏试验的计算及操作流程。

● 能力目标

能够进行换热器的组装并提出检验技术要求；能够进行压力容器相关热处理操作；能够进行换热器的耐压试验及泄漏试验；能够进行换热器制造的整体组装。

● 观察与思考

图 6-1 是卧式列管式换热器的三维外形图，图 6-2 是某立式列管式换热器内部结构图，请仔细观察，并思考下列问题。

- 列管式换热器的结构及换热是怎样进行的？
- 举例说明日常生活中所看到的传热设备有哪些。

图 6-1　某卧式列管式换热器的三维外形图

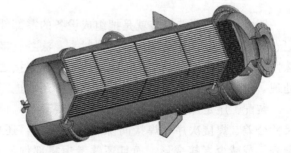

图 6-2　某立式列管式换热器的内部结构图

第一节　换热器的组装

换热器在化工生产中占有重要地位，其主要作用是保证物料达到工艺要求的温度。管壳式换热器因结构可靠，能够承受一定压力，被广泛使用。管壳式换热器内部腔体被管板和换热管等零部件将两种温度不同的流体隔开，两种流体一个在管内流动，另一个在管外流动，通过换热管发生了热量交换从而达到了换热的效果。在换热管以内、管箱和管板之间的流动空间称为管程，壳体以内、换热管以外的流动空间称为壳程。外壳是一个圆筒形压力容器，内部是进行热交换的管束。图 6-3 所示列管式换热器由主体部分的管箱、管板、折流板、换热器、壳体，附件部分的接管及法兰、支座、膨胀节等组成。换热器的制造对使用寿命等造成较大的影响。在零部件准备完毕后，开始进行组装。

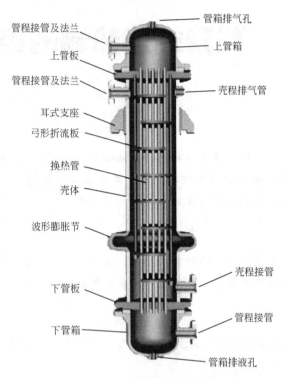

图 6-3 列管式换热器的结构示意图

一、组装工艺

压力容器的制造组装就是把组成设备的零部件按图纸要求组装成一台整体设备，也就是把卷好的筒节组焊成筒身，再组焊封头、法兰、接管、支座等附件。由于压力容器制造的特殊性，因此在组装过程中是边组对边焊接，焊接之后一般应进行无损检测，根据需要进行热处理，组装完成后为了确保设备可靠性，还需进行耐压试验和泄漏试验。

装配工序是压力容器制造的一个重要环节，该工序不仅需要确定各零部件的相对位置、尺寸公差、焊接次序、焊接间隙、焊接位置，还应尽量降低或减少焊接变形，而且还要考虑零部件的拼装方法、施工方便程度、检查和调整方便程度、充分利用组对工装夹具等。组装中最重要的是筒体的纵、环缝的组装焊接，图 6-4 为筒体的纵、环缝示意图。现以换热器为例介绍其组装工艺。

1. 筒节纵缝的组装

筒节在制造时至少有一条纵焊缝是在卷制完成后组焊的。由于纵焊缝组装没有积累误差，组装质量容

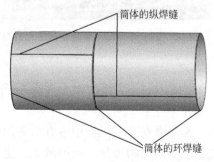

图 6-4 筒体的纵、环缝示意图

易控制，但对壁厚 $\delta=20\sim45\mathrm{mm}$、直径 $D=1000\sim6000\mathrm{mm}$ 的筒节，如果在弯卷时控制不好，就会产生间隙、错边、端部不平齐等制造误差，如图 6-5 所示，由此给组装带来一定的困难。手工装配时常利用一些专用工具来纠正卷制时出现的错边、间隙过大、端面不平齐、间隙等偏差。表 6-1 列出了一些组装工具及方法。

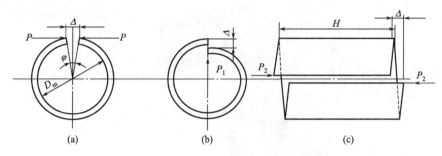

图 6-5 卷板误差

表 6-1 常用组装工具及方法

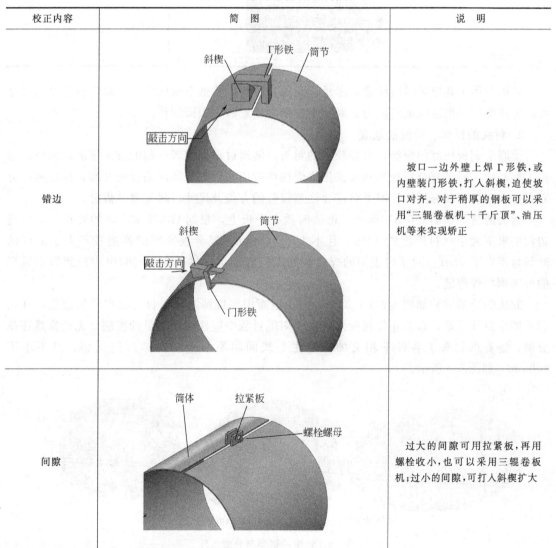

校正内容	简 图	说 明
错边		坡口一边外壁上焊 Γ 形铁，或内壁装门形铁，打入斜楔，迫使坡口对齐。对于稍厚的钢板可以采用"三辊卷板机＋千斤顶"、油压机等来实现矫正
间隙		过大的间隙可用拉紧板，再用螺栓收小，也可以采用三辊卷板机；过小的间隙，可打入斜楔扩大

续表

校正内容	简 图	说 明
端面不平齐	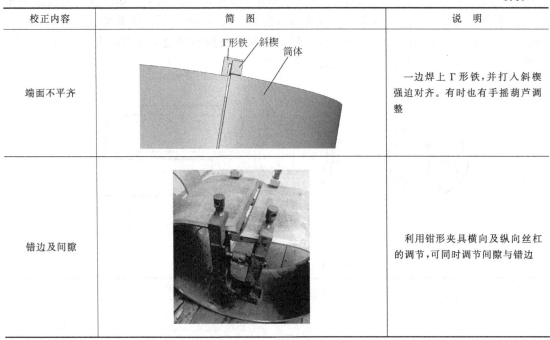	一边焊上Γ形铁,并打入斜楔强迫对齐。有时也有手摇葫芦调整
错边及间隙		利用钳形夹具横向及纵向丝杠的调节,可同时调节间隙与错边

利用专用工具组装时应注意,尽量避免强力组装,降低系统内应力,对于特别厚的钢材可能还需要加热组装以削弱应力。对于不锈钢要注意防止表面划伤。

2. 封头的拼焊、分瓣的组装

受制于钢板板宽的限制,直径较大的封头只能通过拼焊或者分瓣的方式解决,同时,根据工程经验,对于复合板球形封头采用拼焊往往造成基层和复层间贴合处开裂,所以采用分瓣焊接。在拼焊和分瓣设计时常常需要注意接管的方位及尺寸,尽量避开焊缝。

封头的拼焊如图6-6(a)所示,组装时放在平板上,根据GB/T 25198的要求,对口错边量要求不大于材料厚度的10%,且不大于1.5mm。复合板复层的错边量不大于复层的30%且不大于1mm。对于内表面的焊缝余高应打磨至与母材平齐,同时也应打磨影响成型的外表面拼焊焊缝。

封头的分瓣组装如图6-6(b)所示,应在地面用地规画好球形封头成型后的边线,并用铁片固定封片下端,以防止焊接变形,在组对的过程中应注意错边量的控制,无论拼焊还是分瓣,都要求封头上各种不相交的焊缝中心线间距不小于材料厚度的3倍,且不小于100mm,如图6-7所示。

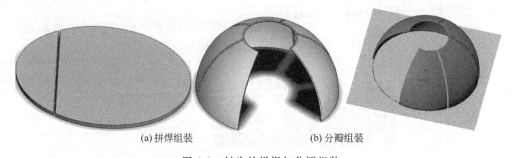

(a) 拼焊组装　　　　　　(b) 分瓣组装

图6-6　封头的拼焊与分瓣组装

3. 壳体环缝的组对

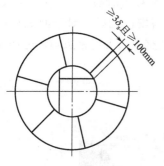

图 6-7 拼焊封头焊缝间距的要求

组装时，筒体环缝比纵缝更难保证。一方面由于制造误差，每个筒节的圆周长度并不完全相同，即直径大小存在一定偏差；另一方面由于筒节组装截面存在圆度偏差，即不能完全对齐，此外组装时还必须控制环缝的间隙，以满足压力容器最终的总体尺寸要求。由于环缝组对的复杂性和大工作量，使得对机械化组装的需要显得更加迫切。组对中可用柱形撑圆器、环形撑圆器、间隙调节器、筒式万能夹具、单缸液压顶圆器等辅助工具和其他有关工具来矫正、对中和对齐，如图 6-8、图 6-9 所示，图 6-10 是我国目前常用的筒节环焊缝的组装工具，小车式滚轮座可以上下前后活动，可调节到合适的位置，以便于与固定滚轮上的筒节组对。

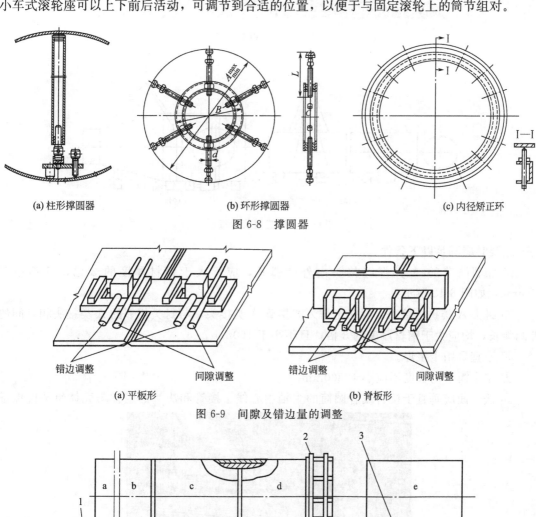

(a) 柱形撑圆器　　(b) 环形撑圆器　　(c) 内径矫正环

图 6-8 撑圆器

(a) 平板形　　(b) 脊板形

图 6-9 间隙及错边量的调整

图 6-10 筒节环焊缝的组对
1—滚轮座；2—辅助组装工具；3—小车式滚轮座

还有一种比较简易的环缝组对方法，图 6-11、图 6-12 为组对用简易工装，对于错边可以采用胎具支撑旋转、钢绳调整。焊接若干Γ形铁，并打入斜楔以调整，对于间隙可以采用手摇葫芦调整拉紧。在某种程度上，环缝的错边往往不可调整，只可将错边均匀分布在圆周上，但如相差太大，可采用削边过渡的方法予以调整。

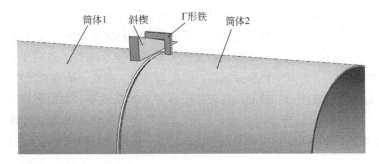

图 6-11 环缝组对工装

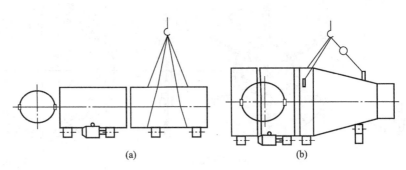

图 6-12 环缝组装示意图

组装时应满足以下条件。

① 相邻筒节的 A 类焊缝接头内外圆弧长，应不大于钢材厚度的 3 倍，且不小于 100mm，如图 6-13 所示。

② 封头 A 类拼接接头，封头上嵌入式接管 A 类接头，与封头相邻的 A 类接头相互间的外圆弧长，均应大于钢材厚度的 3 倍，且不小于 100mm。

③ 不宜采用十字焊。

④ 单个筒节的长度不应小于 300mm。

⑤ 法兰面应垂直于接管或者圆筒的主轴中心线。接管和法兰的组件与壳体组装应保证

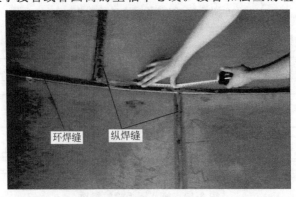

图 6-13 测量相邻筒节的 A 类焊缝接头内外圆弧长

法兰的水平或垂直（斜插管应按图样要求），其偏差均不得超过法兰外径的1%，且不大于3mm。

⑥ 法兰螺栓孔应跨中均步。

4. 划线

划线是接管、支座等附件组装的第一步，也是非常重要的步骤，一旦划线错误和出现大的开孔错误往往对设备造成较大的影响，一般在划线后需要经过仔细检查和质检部门签字确认，重点的开孔还需客户监理现场确认。划线最多的是封头上划线和筒体上划线，常用的划线工具有卷尺、样冲、小锤、粉笔或石笔、铅垂线、划规、地规、水平尺、角尺、钢尺等。

封头上的划线有多种方法，但最重要的是找出中心，可以采用画"十字"的方法，如图6-14(a) 所示，也可以采用半径长度铁丝画弧法，如图 6-14(b) 所示。在四个方向（0°、90°、180°、270°）沿封头的外表面各拉两条互相垂直的细线，按图的方法近似找到四个点（L 相等，略小于外圆周长1/4），再取中间小长方形的对角线交点，交点即圆心。以上两种方法均是企业工程实际，但不能保证在绝对的圆心，但只要在允许范围之内即可。除此之外，有条件的地方也可以固定在轴承上，让其旋转，辅以测量调整，可得到圆心。

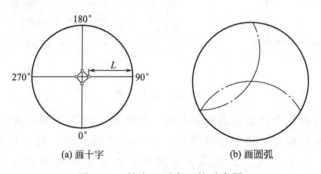

图 6-14 封头上画中心的示意图

在找到中心后，再利用弧长与角度的正比关系："对应弧长＝周长×对应角度/360"进行计算划线，得到的基准线、交点、圆心等位置，然后打上样冲眼。例如，找 $SR=1000$mm（SR 即球的半径）球形封头的斜插孔，要求孔轴线和封头底面夹角为30°，对应弧长＝周长×对应角度/360＝(3.14×2000)×30/360＝523.33mm。

筒体上划线主要是安装设备的接管及支座等，在划线时应首先画出筒体的基准线（0°线、90°线、180°线、270°线），应考虑设备上所有的开孔原则即应避开焊缝的要求，这四条线相当于回转体中的素线。对于直径较小的管体可以采用图6-15中的两种方法，精度要求较高的采用平台划线[图6-15(a)]，精度要求一般的可以采用槽钢划线[图6-15(b)]。

但对于大或长的设备以上两种方法都不合适，在工程实际中往往以纵焊缝为基准进行定

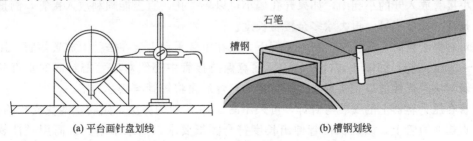

图 6-15 管件和小直径筒体画素线方法

位划线，开孔方位角度可以通过角度与弧长的相互转换来确定。无论是封头开孔划线还是筒体上开孔划线，往往需要在开孔圆心位置打上样冲眼，同时画出开孔位置线，而且需要画出检查线，其直径往往比开孔位置线大点。

对于一些斜插管或者比较大型的接管，它们与筒体之间的相贯线不是规则的圆形，往往需要利用放样进行划线及组对，对于斜插管可以利用样板进行角度调整。现在计算机三维技术发展迅速，利用钣金软件可以实现轻松划线。如图6-16所示，筒体之间1200mm，接管直径400mm，倾斜60°，在筒体上开孔的放样如图6-16（b）所示。

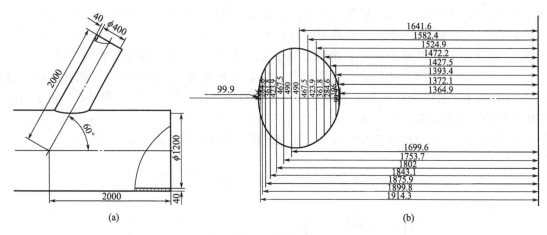

图6-16 钣金展开

现以压力容器开斜孔为例简述其划线过程。首先按上述方法画好开孔中心线，并用油漆编写中心线编号，按图纸要求再划出接管孔，在中心线和圆周上打上样冲印，最后切出孔，同时切出焊接坡口。装接管孔、人孔或手孔的中心线位置偏差不超过±10mm。对直径在150mm以下的孔，其偏差为-0.5～1.5mm；直径在150～300mm的孔其偏差为-0.5～2mm；直径在300mm以上的孔其偏差为-0.5～3.0mm。开孔可用手工气割或机械化气割。

5. 接管组焊

接管指筒体与法兰之间的短管节。先把平焊法兰焊到接管上，焊接时保证短管与法兰环向间隙均匀。短管外表面与平焊法兰孔壁之间的间隙不超过2.5mm。组对平焊法兰接管时，应把平焊法兰密封面一侧放置于组装平台上，如图6-17(a)所示，内孔放置一垫板，板厚为短管端部与法兰密封面之间的距离k，组对时短管插入法兰，端部顶在垫板上，并保证短管中心线与法兰密封面的垂直度及短管与法兰之间的间隙，定位后先点焊，然后再把短管焊到法兰上。

有时对于比较小的接管，接管的长度往往有裕量，在定好开孔位置线后，先试开孔，然后再用小接管放入开的小孔中，如果开孔偏小可以再扩孔，直至能顺利放入接管，测量好接管伸出长度，并做记号，再去除多余接管长度。

组对对焊法兰时，先将法兰密封面朝下，放在组装平台上。在法兰上放置短管，用垫板保持1～2mm间隙，如图6-17(b)所示。注意保持接管中心线对法兰密封面的垂直度，并防止短管与法兰焊接坡口相错现象。短管定位点焊后再将短管与法兰焊牢。

接管在压力容器上的安装与对焊，可采用图6-18所示的方法，先确定两块支板的位置，将支板点焊在短管上，以确保接管伸出长度符合图纸要求，如果不用支板而用磁性装配手（一种L形磁铁，两边相互垂直），则不需要点焊；有时为了可靠，也可进行点焊，但需要

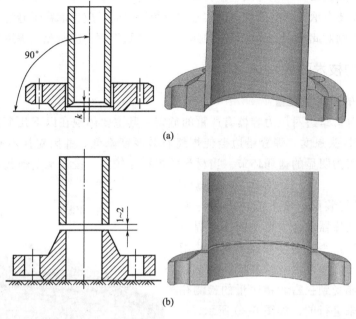

图 6-17 法兰接管

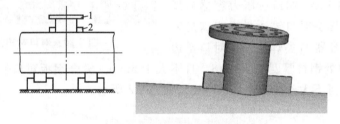

图 6-18 接管在筒体上的安装方法

注意防止磁性装配手退磁。当把接管插在筒体上时,接管应垂直,各有关尺寸应符合图纸要求。按照筒体内表面形状在接管上画出相贯线作为切断线,把接管从筒体上取下,按照画线切去多余部分,然后重新把接管插到筒体上,用点焊定位。去掉支板,把短管插入端修整到与筒体平齐。接管与筒体的焊接顺序是先从内部焊满,从外面挑焊根后用金属刷子清理,再焊满外面。为了防止筒体变形,焊接管之前,先在筒体内装入一个支承环,也可用专用夹具,迅速而正确地装配在筒体上。

6. 支座组焊

卧式设备的支座主要类型如图 6-19 所示,组焊顺序为:在底板上画好线后,焊好腹板和立筋,但需要确保其与底板垂直。组焊鞍式支座时,将弯好的托板焊在腹板和立筋上。各底板应在同一面内。翼板弯成筒体形状,装在立筋上,然后焊在筒体预先画好支座的位置线上。

7. 定位焊的要求

压力容器制造过程中,为控制所组装的零部件的几何形状与相关尺寸,通常采用手工(或半自动)定位焊来固定。定位焊可以在焊道外的母材上进行,如需对组装焊缝的错边进行调正定位或防变形

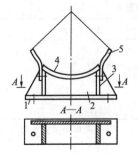

图 6-19 卧式支座
1—底板;2—腹板;3—立筋;
4—托板;5—翼板

而点焊的拉筋板、定位板等，也可以直接在焊缝坡口内进行定位焊。由于定位焊伴随着多种焊接缺陷，所以当需要在承压焊缝的坡口内实施定位焊固定时，应考虑在焊缝清根时将此定位焊彻底清除干净，否则对此类定位焊应严加控制。对于高强度钢，应避免在焊道内实施定位焊。

二、组装的技术要求

1. 焊接接头的对口错边量

焊接接头的对口错边对压力容器有严重的危害，其主要体现在以下几个方面。

① 降低焊缝接头强度　焊缝错边会使焊缝有效厚度降低，并因对接不平而产生附加应力，结果使焊缝成为明显的薄弱环节。当材料的焊接性较差，设备承受动载荷时，错边的危害将更大。

② 影响外观与装配，增大流体阻力　有的设备如列管式换热器及合成塔的筒体对焊口错边量的限制较严，否则内件如换热管束装配困难，内件与筒体之间会由此增加实际间隙致使设备的使用性能受到损害。错边量的检测往往是通过钢板尺来进行的，如图6-20所示。

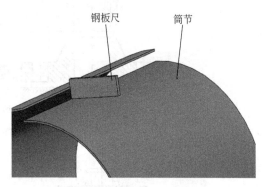

图6-20　对口错边量测量

图6-21所示的是压力容器的对口错边量示意图，根据GB 150—2011《压力容器》规定，A、B类焊接接头对口错边量b应满足表6-2的规定。锻焊容器B类焊缝接头对口错边量b应不大于对口处钢材厚度δ_s的1/8，且不大于5mm。复合钢板对口错边量b应不大于钢板厚度的5%，且不大于2mm，如图6-21、图6-22所示。

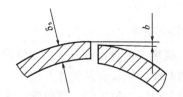 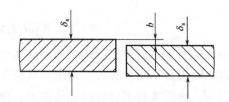

图6-21　对口错边量示意图

表6-2　对口错边量的规定　　　　　　　　　　　　　　　　　　　　mm

对口处钢材厚度 δ_s	焊缝接头类别划分的对口错边量 b	
	A	B
≤12	≤δ_s/4	≤δ_s/4
>12~20	≤3	≤δ_s/4
>20~40	≤3	≤5
>40~50	≤3	≤δ_s/8
<50	≤δ_s/16，且≤10	≤δ_s/8，且≤20

注：球形封头与圆筒连接的环向接头以及嵌入式接管与圆筒或封头对接连接的A类接头，按B类焊接接头的对口错边量要求。

2. 棱角

棱角的不良影响与对口错边量相似，它对设备的整体精度损害更大，并往往造成很大的应力集中。

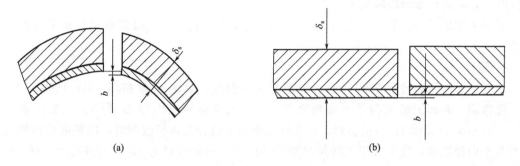

图 6-22　复合板的对口错边量

根据 GB 150—2011 规定，在焊接接头环向形成的棱角 E，用弦长等于 1/6 内径 D_i，且不小于 300mm 的内样板或外样板检查，如图 6-23 所示，E 值不得大于 $\delta_s/10+2$mm，且不大于 5mm。

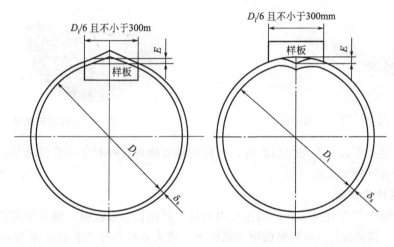

图 6-23　棱角度

在焊接接头轴向形成的棱角 E 如图 6-24 所示，用长不小于 300mm 的直尺检查，E 值不得大于 $\delta_s/10+2$mm，且不大于 5mm。

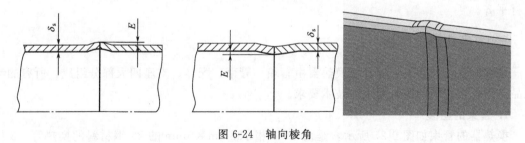

图 6-24　轴向棱角

3. 筒体直线度

除图样另有规定外，壳体直线度允差应不大于壳体长度的 1‰，当直立壳体的长度超过 30m 时，其壳体直线度允差应不大于 $0.5L/1000+8$mm，L 为筒体长度，单位为 m。

壳体直线度度检查是通过中心线的水平与垂直面，即沿 0°、90°、180°、270°四个部位拉 ϕ0.5mm 的细钢丝测量，如图 6-25 所示。测量位置离 A 类接头焊缝中心线（不含球形封头与圆筒连接以及嵌入式接管与壳体对接连接的接头）的距离不小于 100mm。当壳体厚度不同时，计算直线度时应减去厚度差。

对于大型塔设备，累计误差较大，对直线度要求比较高，应根据塔设备相关标准进行检验。

4. 圆度

承受内压的压力容器组装完成后应检查壳体圆度，如图 6-26 所示。GB 150—2011 要求：壳体同一断面上最大与最小直径之差，应不大于该断面内径 D_i 的 1%（锻焊容器为 1‰），且不大于 25mm；当被检断面位于开孔中心 1 倍开孔内径范围时，则该断面的最大内径与最小内径之差，应不大于该断面内径 D_i 的 1%（锻焊容器为 1‰）与开孔内径的 2%之和，且不大于 25mm。

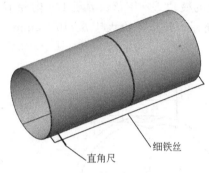

图 6-25　直线度的测量

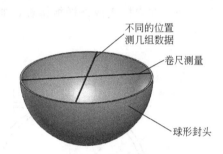

图 6-26　圆度的测量

圆度的测量：可以在多点测量内径，并计算最大测量直径和最小直径之差。但应注意筒体卧置时本身有一定程度的变形。

5. 换热器特殊要求

用板材卷制时，内直径的允许偏差可以通过外圆周长加以控制，其外圆周长允许的上偏差为 10mm，下偏差为 0。对圆筒的同一断面上。最大直径和最小直径之差为 $e \leqslant 0.5\%DN$，且 $DN \leqslant 1200mm$ 时，其值不大于 5mm；$DN > 1200mm$，其值不大于 7mm。圆筒的直线度允许偏差为 $L/1000$（L 为圆筒总长），且 $L \leqslant 6000mm$ 时，其值不大于 4.5mm，$L > 6000mm$ 时，其值不大于 8mm。筒体内壁凡是有阻碍管束顺利通过的焊缝均应打磨至与母材平齐。

三、换热器的组装

典型的立式列管式固定管板换热器由管箱、管束、壳体、支座四大部分组成。所有的半成品必须符合相应的图纸要求和技术要求。

1. 管束的组装

换热器的管束如图 6-27 所示，是由 1142 根 $\phi 38mm \times 3mm$ 的 20 钢材料的换热管、3 块材料为 Q235B 的折流板（1#、2#、3#）、2 块材料为 16Mn 的锻件管板、12 根拉杆、20 根定距管、螺母（24 颗）、防冲挡板（1 块）组成。

组装前的准备工作如下。

① 换热管一般在现场下料，留足余量，进行齐边。对于碳素钢、低合金钢还需要在组装前将换热管两管端表面的附着物及氧化层打磨干净，清理长度应不小于 2 倍管外径，且不小于 25mm。

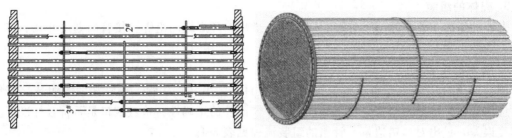

图 6-27　管束

② 连接部位的换热管和管板应清理干净，不应留有影响胀接焊接的毛刺、油污、铁锈、铁屑，折流板应倒钝，并清理所有毛刺。对于管板孔还应用丙酮等清理管板孔。

2. 管束的组装

管束的组装按照表 6-3 所列步骤进行。

表 6-3　管束的组装流程

工序	内　容	
(1)管板的固定	组装前对组装的零部件进行检查，尤其是管板及折流板孔的同轴度，如果一旦中途不能穿管，只有将已穿管子拆下，重新加工孔再穿管，会浪费大量的时间。然后选择合适的场地，用专用工装或者槽钢、钢材废料等来固定骨架。组装时应将管板竖直放置，用钢条等固定	
(2)折流板的组装	分别将12根拉杆通过螺纹连接固定在管板上，装入8根定距管。然后按图纸要求组装第一张折流板，依此类推，组装好所有的折流板、拉杆及定距管后，再装上锁紧螺母，用氩弧焊点固锁紧螺母	
(3)穿管	因换热管数量较大，对于列管式换热器可不将管子全部穿完，先装上防冲挡板，待换热管管束用起吊行车引入筒体后，将已穿管子穿入另一个管板后，最后再将全部管子穿入	

3. 壳体的组装

壳体的组装主要是筒体纵焊缝组焊、封头拼焊、环焊缝的组焊、接管的划线开孔、接管组焊，支座组焊。

4. 管箱的组装

图 6-28 所示管箱由设备法兰、管箱筒体、封头、吊耳、接管、接管法兰等组成。在组装时应注意保护法兰密封面。在组装前应检查零部件的正确性。检查坡口是否符合标准，量出圆度误差，量出对口错边量。管箱的组装流程见表 6-4。

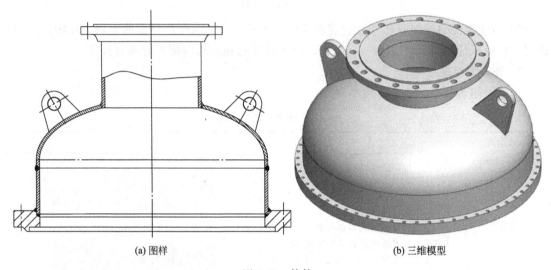

(a) 图样　　　　　　　　　　　　　(b) 三维模型

图 6-28　管箱

表 6-4　管箱的组装流程

工序	内　　容
组焊	(1) 铆工按图和工艺检查各零件
	(2) 按图组焊接管与法兰之间焊缝，$b \leqslant 0.5 mm$
	(3) 按图组对筒节与封头之间焊缝要求 $b \leqslant 0.8 mm$, $E \leqslant 1.5 mm$
	(4) 按焊接工艺进行组焊
检验	进行相关的无损检测，如有缺陷应及时返修，直至全部合格
划线开孔	(1) 按管口方位图划各开孔位置线和吊耳等焊接位置线
	(2) 气割开孔，打磨切割处坡口
组焊	(1) 按图组焊接管于筒体相应位置并达要求
	(2) 按图组焊吊耳于筒体相应位置并达要求
	(3) 按焊接工艺进行组焊
检验	进行相关的无损检测，如有缺陷应及时返修，直至全部合格
	按图对管箱进行检查
其他	如有需要还需进行消除应力热处理，热处理后进行喷砂，注意喷砂时应保护密封面

5. 整体装配

在换热器的整体组装中和其他设备有较明显区别的是管板、法兰的制造以及管板和换热管之间的连接。

(1) 管板 [图6-29(a)] 管板的作用是固定管子,并将管程与壳程隔离。管板材质常用Q235A、20钢等碳素钢,16Mn、15MnV等合金钢,304、321、316L等不锈钢。可以用锻件或热轧厚板坯料。管板多数为圆形,一般用整块管板割裂,但对于大直径的管板,也可以用几块钢板进行拼焊,但拼焊管板的焊缝需要进行100%射线或超声波检测,并进行消除应力热处理。

管板单孔的加工质量决定了管板整体质量,它由机械加工完成,加工主要由车削和钻削工序组成。它的孔径和孔间距都有公差要求,所以采用数控钻床钻孔,如果采用划线钻孔时,则需要将管板和折流板重叠在一起同时进行钻削,以保证换热管孔的同轴度要求。对于胀接和胀焊接管板,为了增加管子与管板的连接强度,需要借助专用工具在管板换热管孔内开槽,开槽的数量和尺寸要求见有关标准。

(2) 折流板 [图6-29(b)] 折流板应按整圆下料,钻孔后拆开再割成弓形。为了提高加工精度和加工效率,通常将8~10块折流板叠在一起,边缘点焊固定进行钻孔和切削加工外圆。目前为了节省材料,不少企业采用下料直接成形,留部分裕量,再进行加工,但对操作者要求较高。

(a) 管板　　　　　　　　　　(b) 折流板

图6-29　管板和折流板

(3) 管子与管板的连接　管子与管板的连接处,常常是最容易泄漏的部位,其连接质量的好坏直接影响换热器的使用性能与寿命,有时甚至影响整个装置的运行。因此,连接除具有较高的抗拉脱力要求外,还要具有很好的密封性能。目前换热管与管板的连接方式有胀接、焊接、胀焊连接等。

① 胀接　胀接是利用专用工具伸入换热管口,使穿入管板孔内的管子端部胀大发生塑性变形,载荷去除后管板产生弹性恢复,使管子与管板的接触面产生很大的挤压力,从而将管子与管板牢固结合在一起,达到既抗拉脱又保证密封的目的。图6-30所示为胀接前后管子的变形情况。胀接又有滚柱(机械胀接)和液压胀接。胀接按照胀紧力分为强度胀和贴胀。强度胀用于设计压力小于4MPa、设计温度小于300℃的情况。胀贴一般不单独使用,在胀焊连接中用到。强度胀接指为保证换热管与管板连接的密封性能及抗拉脱强度的胀接;贴胀指为消除换热管与管孔之间缝隙的轻度胀接。

a. 滚柱胀接。它是利用胀管器伸入管口,并沿顺时针旋转,使管子端部直径逐渐增大以达到胀的目的。胀管器的结构有多种形式,有斜柱式和翻边式,如图6-31所示。

为了提高管子与管板连接强度,增强抗拉脱力,常在管板孔内开设1~2道沟槽,如图6-32所示,当管子胀大产生塑性变形时管子外部金属被挤压嵌入槽内。或者在胀管的同时将伸出管板孔外的管子端头约3mm滚压成喇叭形,以提高抗拉脱力,如图6-33所示。

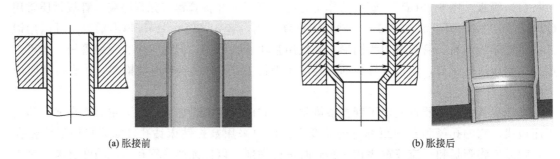

图 6-30　胀接前后管子变形情况

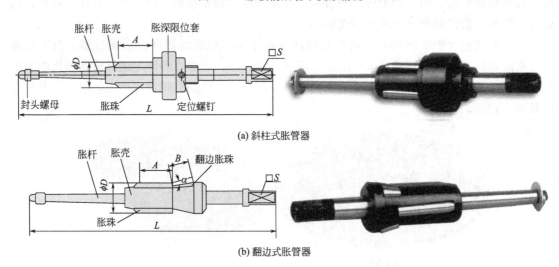

图 6-31　胀管器结构

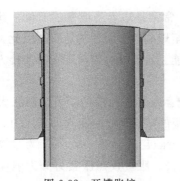

图 6-32　开槽胀接

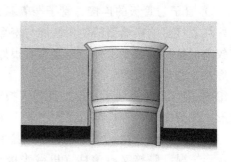

图 6-33　翻边胀接

为了保证胀接质量，在管子与管板的连接结构和胀接操作方面，胀接结构需要注意以下几个方面。

ⓐ 胀接率应适当。胀管率又称胀紧度，常用下式表示，即

$$\Delta = \frac{d_o - d}{d} \times 100\%$$

式中　d_o——胀管后管子外径；

　　　d——管板孔径；

　　　Δ——胀管率。

保证胀管质量所需要的胀管率与管子材料和管壁厚度有关，经验表明以 1%～1.9% 为佳，大直径薄壁管取小值，小直径厚壁管取大值。在制造中，胀管率过小称为欠胀，不能保证密封性和抗拉脱要求，胀管率过大称为过胀，会使管壁减薄量大，加工硬化现象严重，甚至发生裂纹。过胀还会使管板产生塑性变形，降低管板强度。

ⓑ 管板的硬度应高于管端硬度 20～30HB，管板力学性能应高于管子，并将管子端部进行退火处理，以降低硬度。

ⓒ 管子与管板结合部位应清洁，胀前必须磨光，磨光长度不少于管径的 2 倍。

ⓓ 胀接时的操作温度不得低于 −10℃，因温度过低会影响材料的力学性能，不能保证胀接质量，严重时会产生裂纹。

b. 液压胀接。如图 6-34 所示，又称软胀接，是一种新型胀接技术。它是利用直径约小于管子内径的芯棒插入管内，芯棒两端各套一个 O 形圈，使芯棒与管内壁形成一个密闭空间。芯棒中有进液孔，高压液体从芯棒中心孔通过进入两 O 形圈之间的空间，对管壁施加高压使管子发生塑性变形，从而实现胀接。

图 6-34　液压胀接接头

② 焊接　焊接就是把管子直接焊在管板上，如图 6-35 所示。焊接连接具有制造简单、连接可靠、管板内不需要开孔、对管板有一定加强作用等优点；但管子与管板间的间隙易引起间隙腐蚀，管子更换困难。焊接法运用较广，为设计优先选用的方法，特别是对不锈钢等管子与管板硬度相同时，不易胀接，以及对于小直径厚壁管和大直径管子难于胀接时，采用焊接法更加合适。焊接分为强度焊和密封焊，强度焊指保证换热管与管板连接的密封性能及抗拉脱强度的焊接；密封焊指保证换热管与管板连接密封性能的焊接。强度焊不适用于有较大振动及有间隙腐蚀的场合。

图 6-36 为内孔焊的两种形式。该种结构的显著特点是无根部未焊透缺陷和应力集中，消除了管子与管板的连接缝隙，对防止应力腐蚀破裂和提高抗疲劳强度有明显的效果，但这种结构的管板需要特殊加工，精度要求高，焊缝返修困难。内孔焊接采用专用焊枪，为自动焊，对工人技术等级要求不高，易于得到满意的焊缝。

③ 胀焊连接　胀焊连接即胀接和焊接相结合的方法，这种方法结合了焊接与胀接的优

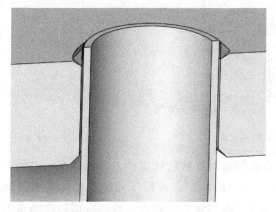

图 6-35　管子与管板的焊接

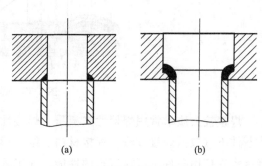

图 6-36　内孔焊的两种结构形式

点，在高温、低温、热疲劳、耐缝隙腐蚀等方面都比单独的焊接或胀接优越得多。胀焊连接有先胀后焊和先焊后胀两种顺序，各有优点。多数采用先焊后胀的方式，但要注意避免胀接过程中使焊缝产生裂纹。因为如果先胀接，在胀接时的油污很难清洗，焊接质量将得不到保证。胀焊连接主要适用于密封性能要求较高、承受振动或疲劳载荷、有间隙腐蚀、采用复合管板的场合。

第二节　换热器的焊接

焊接在压力容器制造中占有不可忽视的重要作用，已经成为压力容器制造中最关键的一环，如果焊接质量得不到保证，压力容器就非常危险，所以组对、焊接、无损检测三个步骤通常是一个循环。焊接既要靠组对保证其正确位置和合格的坡口表面，也需要靠无损检测保证焊接质量。除此之外，焊接设备管理、焊材管理、焊工考试、耐压试验和理化试验也在一定程度上影响焊接的质量及可靠性。正因为压力容器焊接如此的重要，所以在施工之前，需进行相关焊接工艺评定，以确定合适的焊接工艺参数。在焊接施工过程中严格执行焊接工艺参数，以保证焊接质量。

一、焊接原理与设备

1. 焊接的概念

焊接从广义上来说是通过加热、加压或者其他方法，并且用或不用填充材料，使工件达到原子间结合的加工方法。焊接主要包括熔焊、压焊、钎焊。在压力容器制造中，以熔焊为主。熔焊是指焊接过程中，将焊接接头在高温等的作用下至熔融状态，在温度场、重力等的作用下，将两个工件连接，待温度降低后，熔化部分凝结，两个工件就被牢固地焊在一起。熔焊在一定程度上来讲就是一个局部的冶金反应。熔化的组织在冷却过程中降温速度不一致，导致焊接接头的组织不均匀，如图6-37所示。

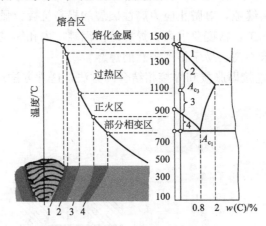

图 6-37　焊接接头组织

焊接接头质量常用焊接性来衡量。焊接性是指钢材对焊接的适应性，即钢材在一定的工艺条件下（包括焊接方法、焊接材料、结构形式、焊接参数），获得优质的焊接接头和该焊接接头在使用条件下可靠运行的性能。在工程中常用碳当量来推测焊接性，应用较广的是国际焊接协会的推荐的碳当量公式

第六章 列管式换热器的组装

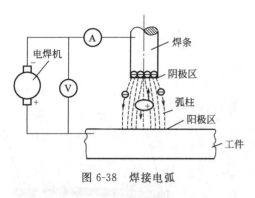

图 6-38　焊接电弧

$$CE = C + \frac{Mn}{6} + \frac{Cr + Mo + V}{5} + \frac{Cu + Ni}{15}$$

计算出来的数值越高，被焊的钢材淬硬倾向越大，热影响区越易产生冷裂纹。

2. 焊条电弧焊

电弧是一种特殊的气体放电现象，它是带电粒子通过两电极之间气体空间的一种导电过程，实现了将电能转化为机械能、热能和光能，如图 6-38 所示。引燃电弧后，弧柱区充满了高温电离的气体，放出大量的光和热，所以在施工过程中需要焊工手套和面罩，以保护焊工的手和眼睛。焊条电弧焊就是利用焊条作为电极的焊接方式。

图 6-39 为焊条电弧焊焊接过程，它是利用焊条与工件之间燃烧的电弧热熔化焊条端部和工件局部，焊条端部迅速熔化的金属细小熔滴经弧柱过渡到工件已经局部熔化的金属中，并与之融合形成熔池，随着电弧向前移动，熔池的液态金属逐步冷却结晶而形成焊缝。焊接材料为焊条，焊条由（药皮和焊芯组成），药皮的作用是提高电弧燃烧的稳定性、防止空气进入熔池；焊芯的作用是对焊缝的进行填充。焊接设备通常为直流弧焊机和弧焊整流器，采用直流反接（焊条接正极，工件接负极），焊条的夹持部分称为焊钳，如图 6-40 所示。焊条电弧焊主要用于小型压力容器、特殊材料压力容器、大型压力容器的点焊（组对后固定的焊接）、打底焊（第一道焊）接管焊接等。焊条电弧焊适用范围广，除换热管与管板焊外，几乎能焊接其他所有位置，但焊接质量与工人的技术水平有较大关系。

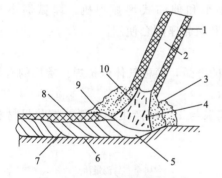

图 6-39　焊条电弧焊焊接过程
1—药皮；2—焊芯；3—保护气；4—电弧；5—熔池；
6—母材；7—焊缝；8—渣壳；9—熔渣；10—熔滴

图 6-40　焊机及焊钳

3. 埋弧自动焊

埋弧自动焊如图 6-41 所示，是电弧在焊剂层下进行焊接的方法。这种方法是利用焊丝与工件之间在焊剂层下燃烧的电弧产生热量，熔化焊丝、焊剂和母材金属而形成焊缝，连接被焊工件。熔池的形成过程如图 6-42 所示。为了目测焊接的轨迹是否偏离，还设置有参考钢线。

埋弧自动焊的焊接材料为焊丝和焊剂，焊剂的作用与焊条药皮有相似之处，埋弧焊焊接过程中，熔化的焊剂产生气体和焊渣，它们有效地保护了电弧和熔池，并防止焊缝金属氧化、氮化和合金元素的蒸发与烧损，使焊接过程稳定。焊剂还有脱氧和渗合金的作用。

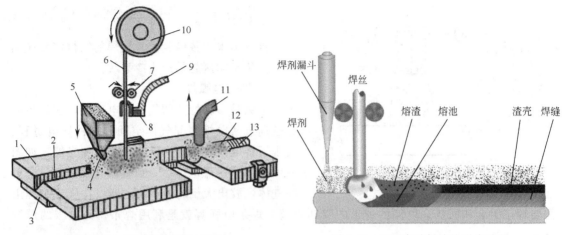

图 6-41 埋弧自动焊的过程　　　　图 6-42 埋弧自动焊熔池形成过程

1—工件；2—坡口；3—垫板；4—焊剂；5—焊剂漏斗；
6—焊丝；7—送机轮；8—导电嘴；9—参考钢线；
10—焊丝盘；11—焊剂回收装置；
12—渣壳；13—焊缝

埋弧焊可以使用较大的电流，焊接速度可以很快，生产率较高；焊接时采用焊渣保护，没有飞溅，焊接质量好，劳动条件好。但埋弧焊在焊接过程中不易观察；适应性差，只能焊平焊位置，不能焊空间位置焊缝和不规则焊缝，通常焊接设备的纵缝和环缝，且需要滚轮架来辅助配合，设备结构复杂，投资大，装配要求高，调整等准备工作量较大。埋弧自动焊在压力容器的 A、B 类焊缝焊接中应用广泛。目前国内已研发使用了马鞍形埋弧自动焊，对于接管焊接也有一定程度使用。埋弧焊的设备有小车和伸缩式埋弧焊机，埋弧焊小车如图 6-43 所示，主要用于封头拼焊，伸缩式埋弧焊机和滚轮座配套使用。

4. 气体保护焊

它是利用外加气体作为电弧介质并保护焊接区的电弧，简称气体保护焊。常用的有氩弧焊、CO_2 气体保护焊两种。气路系统如图 6-44 所示。

（1）钨极氩弧焊　如图 6-45 所示，它是利用钨极与工件间产生的电弧热熔化母材和填

图 6-43 埋弧焊小车

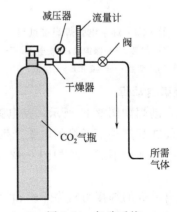

图 6-44 气路系统

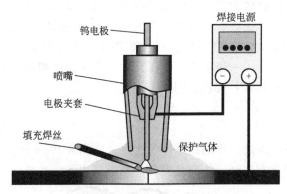

图 6-45　钨极氩弧焊原理

图 6-46　氩弧焊机

充焊丝而完成的焊接。在焊接过程中，氩气从喷嘴流出，在电弧和熔池周围形成连续封闭的气流，保护钨极和熔池不被氧化，避免了空气对熔化金属的有害作用。同时，由于氩气是惰性气体，它与熔化金属不起化学反应，也不溶解于金属，因此，氩弧焊接质量较高。钨极氩弧焊的焊接材料通常是焊丝、氩气，焊接设备是钨极氩弧焊机。

氩弧焊的特点是焊缝金属纯净，成型美观，焊缝致密；焊接变形小；焊接电弧稳定，飞溅少，表面无熔渣；明弧可见，便于操作；易于实现自动化。其缺点是设备和控制系统较复杂，氩气较贵，焊接成本较高。氩弧焊常用于碳钢、不锈钢、耐热钢和非铁金属的焊接。在压力容器的制造过程中常用在接管法兰的点固、外坡口压力容器的打底、管子管板焊接以及表面修磨上。

氩弧焊机如图 6-46 所示。

（2）CO_2 气体保护焊　它是利用二氧化碳作为保护气体，依靠焊丝和焊件之间产生电弧来熔化金属，实现焊接的加工方法。如图 6-47 所示，焊接时通常在 CO_2 中加一定量的惰性气体（如 Ar），它和钨极氩弧焊最大的区别在于其有送丝机构，效率大大提高。焊接设备是直流熔化极气体保护焊机。

气体保护焊的特点是焊接热量集中，焊件变形小，质量较高；焊丝送进自动化，电流密

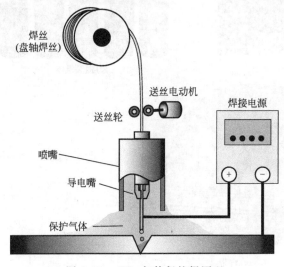

图 6-47　CO_2 气体保护焊原理

图 6-48　CO_2 气体保护焊机

度大，焊速快，生产率高；二氧化碳气体比较便宜，焊接成本仅是埋弧自动焊的40%左右，成本低；操作简便，适用范围广。CO_2气体保护焊缺点是飞溅较大，烟雾较多，弧光较强，很难用交流电源焊接，焊接设备比较复杂。CO_2气体保护焊主要用于焊接低碳钢和强度等级不高的低合金结构钢。在压力容器焊接中，一般不用于受压元件与受压元件相焊，多用于支座、吊耳、工装、内件的焊接。CO_2气体保护焊机如图6-48所示。

二、焊接材料

焊接材料的种类较多，主要以焊条、焊丝、焊剂、气体等为主，如图6-49所示。表6-5是常用的钢材的推荐焊材，在表格中通常有两列，一列是型号，是根据焊条特性指标明确划

(a) 焊条　　　　　　　　　　(b) 焊丝

(c) 焊剂　　　　　　　　　　(d) 瓶装气体

(e) 焊带

图6-49　常用焊接材料

表 6-5 常用钢材推荐焊接材料

钢号	焊条电弧焊 焊条型号	焊条电弧焊 焊条牌号示例	埋弧焊 焊剂型号	埋弧焊 焊剂牌号及焊丝牌号示例	CO_2 气体保护焊 焊丝型号	氩弧焊 焊丝牌号
10(管) 20(管)	E4303 E4316 E4315	J422 J426 J427	F4A0-H08A	HJ431-H08A	—	—
Q235B Q235C 20G, Q245R,20(锻)	E4316 E4315	J426 J427	F4A2-H08MnA	HJ431-H08MnA	—	—
09MnD	E5015-G	W607	—	—	—	—
09MnNiD 09MnNiDR	E5015-CIL	—	—	—	—	—
16Mn,Q345R	E5016 E5015 E5003	J506 J507 J502	F5A0-H10Mn2 F5A2-H10Mn2	HJ431-H10Mn2 HJ350-H10Mn2 SJ101-H10Mn2	ER49-1 ER50-6	—
16MnD 16MnDR	E5016-G E5015-G	J506RH J507RH	—	—	—	—
15MnNiDR	E5015-G	W607	—	—	—	—
Q370R	E5516-G E5515-G	J556RH J557	—	—	—	—
20MnMo	E5015 E5515-G	J507 J557	F5A0-H10Mn2A F55A0-H08MnMoA	HJ431-H10Mn2A HJ350-H08MnMoA	—	—
20MnMoD	E5016-G E5015-G E5516-G	J506RH J507RH J556RH	—	—	—	—
13MnNiMoR 18MnMoNbR 20MnMoNb	E6016-D1 E6015-D1	J606 J607	F62A2-H08Mn2MoA F62A2-H08Mn2MoVA	HJ350-H08Mn2MoA HJ350-H08Mn2MoVA SJ101-H08Mn2MoA SJ101-H08Mn2MoVA	—	—
07MnMoVR 08MnNiMoVD 07MnNiMoDR	E6015-G	J607RH	—	—	—	—
10Ni3MoVD	E6015-G	J607RH	—	—	—	—
12CrMo 12CrMoG	E5515-B1	R207	F48A0-H08CrMoA	HJ350-H08CrMoA SJ101-H08CrMoA	ER55-B2	H08CrMoA
15CrMo 15CrMoG 15CrMoR	E5515-B2	R307	F48P0-H08CrMoA	HJ350-H08CrMoA SJ101-H08CrMoA	ER55-B2	H08CrMoA
14Cr1MoR 14Cr1Mo	E5515-B2	R307H	—	—	—	—
12Cr1MoVR 12Cr1MoVG	E5515-B2-V	R317	F48P0-H08CrMoVA	HJ350-H08CrMoVA	ER55-B2-MnV	H08CrMoVA
12Cr2Mo 12Cr2Mo1 12Cr2MoG 12Cr2Mo1R	E6015-B3	R407	—	—	—	—

续表

钢号	焊条电弧焊		埋弧焊		CO₂ 气体保护焊	氩弧焊
	焊条型号	焊条牌号示例	焊剂型号	焊剂牌号及焊丝牌号示例	焊丝型号	焊丝牌号
1Cr5Mo	E5MoV-15	R507	—	—	—	—
06Cr19Ni10	E308-16 E308-15	A102 A107	F308-H08Cr21Ni10	SJ601-H08Cr21Ni10 HJ260-H08Cr21Ni10	—	H08Cr21Ni10
06Cr18Ni11Ti	E347-16 E347-15	A132 A137	F347-H08Cr20Ni10Nb	SJ641-H08Cr20Ni10Nb	—	H08Cr19Ni10Ti
06Cr17Ni12Mo2	E316-16 E316-15	A202 A207	F316-H06Cr19Ni12Mo2	SJ601-H06Cr19Ni12Mo2 HJ260-H06Cr19Ni12Mo2	—	H06Cr19Ni12Mo2
06Cr17Ni12Mo2Ti	E316L-16 E318-16	A022 A212	F316L-H03Cr19Ni12Mo2	SJ601-H03Cr19Ni12Mo2 HJ260-H03Cr19Ni12Mo2	—	H03Cr19Ni12Mo2
06Cr19Ni13Mo3	E317-16	A242	F317-H08Cr19Ni14Mo3	SJ601-H08Cr19Ni14Mo3 HJ260-H08Cr19Ni14Mo3	—	H08Cr19Ni14Mo3
022Cr19Ni10	E308L-16	A002	F308L-H03Cr21Ni10	SJ601-H03Cr21Ni10 HJ260-H03Cr21Ni10	—	H03Cr21Ni10
022Cr17Ni12Mo2	E316L-16	A022	F316L-H03Cr19Ni12Mo2	SJ601-H03Cr19Ni12Mo2	—	H03Cr19Ni12Mo2
022Cr19Ni13Mo3	E317L-16	—	—	—	—	H03Cr19Ni14Mo3
06Cr13	E410-16 E410-15	G202 G207	—	—	—	—

定的，焊材生产、使用时必须执行；另一列是牌号，是由焊材生产厂家指定的，如 Q345R。

1. 压力容器焊接材料

压力容器的焊接材料主要包括焊条、焊丝、焊剂以及保护气体。焊条电弧焊的焊材型号为 E5015、E5016，牌号示例为 J507、J50 含多量酸性氧化物（TiO_2、SiO_2 等）的焊条称为酸性焊条，药皮中含多量碱性氧化物（CaO、Na_2O 等）的称为碱性焊条。酸性焊条冲击韧性较差，压力容器的焊接中一般不使用。碱性焊条脱硫、脱磷能力强，药皮有去氢作用。焊接接头含氢量很低，故又称为低氢型焊条。碱性焊条的焊缝具有良好的抗裂性和力学性能，氢元素在压力容器的使用中危害较大，需严格限制，故碱性焊条在压力容器行业普遍使用。

不同种类焊条的型号、牌号所代表意义也不完全一致，具体每一种焊条的型号代表的意义需要查询相应的标准，下面以 Q345R 钢板的焊条 E5015 为例进行介绍如下。

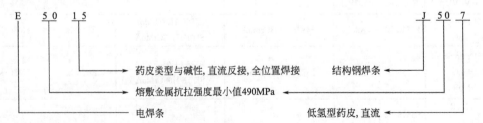

牌号的意义通常是由一个汉语拼音加三个数字表示。牌号前面的字母表示焊条的大类，第一、二位数字表示焊条大类中的若干小类，例如对于结构钢表示焊缝金属的不同强度级别，第三位数字表示焊条药皮的类型及焊条的电源种类。

焊条的选用主要是依据强度、工作条件和劳动条件来进行的。一般对于碳素钢和低合金钢，其抗拉强度应和母材相当或比母材稍高，对于低温钢的焊接，焊条的冲击韧性需高于母材且强度不低于母材的强度。焊件在高温下工作的应选用耐热钢焊条，焊件在低温下工作的应选用低温钢焊条，承受冲击和交变载荷的焊件应选择低氢型焊条。在密闭空间施焊时，应尽可能选用低毒、低尘焊条。

2. 其他焊接材料

除焊条之外，焊接材料还有焊丝、焊剂、气体、焊带、电极、衬带。焊丝是作为填充金属或同时用于导电的金属丝，表面通常镀铜，目的是导电与防锈。焊剂是焊接时能够熔化，并形成熔渣对熔化金属起保护作用的物质，通常为颗粒状。

Q345R 钢材所用 CO_2 气体保护焊焊丝为 ER49-1 或 ER50-6，低合金钢二氧化碳气体保护焊用实心焊丝，又名 H08Mn2SiA。焊丝成分：碳小于等于 0.11%，锰为 $1.80\% \sim 2.10\%$，硅 $0.65\% \sim 0.95\%$，磷小于等于 0.03%，硫小于等于 0.03%，镍小于等于 0.03%，铬小于等于 0.20%。

3. 焊接材料的选择

焊缝金属的力学性能应高于或者等于母材的规定值，其他性能在有需要时也需要高于母材。合适的焊接材料应与合适的焊接工艺相配合，以保证焊接接头性能。对于压力容器材料的选择还应掌握材料的焊接性能，用于焊接压力容器应有焊接试验基础。

4. 焊接材料的采购保管与使用

焊接材料的采购应按照 NB/T 47018—2011《承压设备用焊接材料订货技术条件》的要求严格执行，压力容器生产厂家应按表 6-6 的要求进行复验，使用单位还可增加如硬度、弯曲等试验。

表 6-6 焊接材料基本检验项目

焊接材料类型	材料类别及检验项目						
	标准	碳钢	低合金钢	不锈钢	堆焊	铝和铝合金	钛和钛合金
焊条	NB/T 47018.2	化学分析拉伸试验冲击试验射线检测药皮含水量（限低氢型药皮焊条）	化学分析拉伸试验冲击试验射线检测药皮含水量（限低氢型药皮焊条）	化学分析拉伸试验射线检测	—	—	—
GTAW、GMAW、PAW 用焊丝和填充丝	NB/T 47018.3	化学分析[1]拉伸试验冲击试验射线检测	化学分析[1]拉伸试验冲击试验射线检测	—	—	—	—
	NB/T 47018.6	—	—	—	化学分析[1]射线检测平板堆焊试验（限填充丝）	—	—
	NB/T 47018.7	—	—	—	—	—	化学分析[1]射线检测
SAW、ESW 用焊丝-焊剂、焊带-焊剂	NB/T 47018.4	化学分析[2]拉伸试验冲击试验射线检测焊剂含水量	化学分析[2]拉伸试验冲击试验射线检测焊剂含水量	化学分析[2]射线检测	—	—	—
	NB/T 47018.5	—	—	—	化学分析[2]	—	—

[1] 对焊丝。

[2] 对熔敷金属。

焊条的保管关系焊接的质量，一旦保管不当，焊接的组织性能得不到保证。焊条需在通风、干燥的环境下存放，并特别注意空气的湿度、温度，离地也需保证一定的尺寸，严防受潮。焊条应严格分类存放，做到记录完整。焊条的使用时需检查焊条的偏心度、弯曲度、药皮外观、尺寸和焊条印字等项目。

焊条在使用前一般应烘干，酸性焊条在 130～150℃、碱性焊条在 300～350℃烘干 2h，在使用时应存放在保温桶内，随用随取，超过 4h 或焊条冷却后都应重新烘干。一般在焊材的包装上通常会注明烘干的时间及温度。

三、焊缝与坡口

1. 焊缝的形式

焊件经焊接后所形成的结合部分，即填充金属与熔化的母材凝固后形成的区域，称为焊缝。焊缝可按不同的方法进行分类。

① 按焊缝接头形式，焊缝接头可分为对接接头、角接接头、搭接接头、T 形接头，如图 6-50 所示。

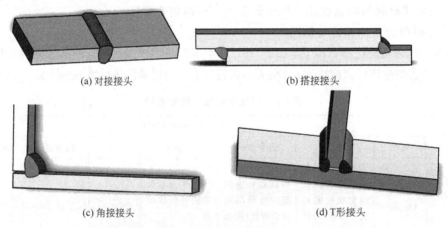

图 6-50 焊缝的接头形式

a. 对接接头。在焊件坡口面间或一焊件的坡口面与另一焊件端（表）面间焊接的接头。

b. 角接接头。两焊件结合面构成直交或接近直交所焊接的接头。

c. 搭接接头。两焊件重叠放置所形成的接头，一般平行放置。

d. T 形接头。两焊件互相垂直且成 T 形所形成的接头。

② 按焊缝断续情况 可分为定位焊缝（焊前为装配和固定焊件位置而焊接的短焊缝）、连续焊缝、断续焊。

③ 按焊缝空间位置情况 表示焊缝空间位置的参数主要有两个：一是焊缝倾角，即焊缝轴线与水平面之间的夹角；二是焊缝转角，即通过焊缝轴线的垂直面与坡口的二等分平面之间的夹角。根据空间位置的这两个参数不同，焊缝可分为平焊缝、横焊缝、仰焊缝、立焊缝，如图 6-51 所示。

a. 平焊缝。在焊缝倾角为 0°～5°、焊缝转角为 0°～10°的水平位置施焊的焊缝。

b. 横焊缝。在焊缝倾角为 0°～5°、焊缝转角为 70°～90°的横位置施焊的焊缝。

c. 仰焊缝。在焊缝倾角为 0°～5°、焊缝转角为 165°～180°的向上位置施焊的焊缝。

d. 立焊缝。在焊缝倾角为 80°～90°、焊缝转角为 0°～180°的立向位置施焊的焊缝。

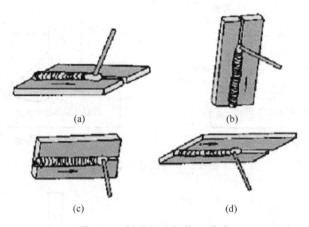

图 6-51 焊缝按空间位置分类

2. 焊缝的形状

焊缝的形状可用一系列几何尺寸表示，不同形式的焊缝其形状参数不一样，下面介绍几种常见的焊缝形状参数。

① 焊缝宽度　焊缝表面与母材的交界处称为焊趾。单道焊缝横截面中，焊缝表面两焊趾之间的距离称为焊缝宽度，如图 6-52 所示。图 6-53 所示，焊缝余高使焊缝截面积增加，强度升高，在静载荷作用下有一定的加强作用，但在动载荷或交变载荷作用下，由于在焊趾处易形成应力集中，因而要降低接头的承载能力。国家标准规定，焊条电弧焊的余高值为 0～3mm，埋弧自动焊余高值为 0～4mm，实际操作中，在规定的余高范围内尽量取最小值。

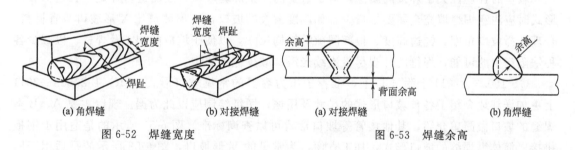

图 6-52　焊缝宽度　　　　　　　　　　　　图 6-53　焊缝余高

② 熔深　即在焊接接头横截面上，母材或前道焊缝熔化的深度，如图 6-54 所示。改变熔深大小，可调整焊缝金属的化学成分。

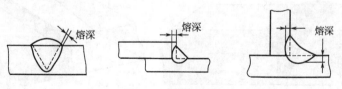

图 6-54　焊缝熔深

③ 焊缝厚度　即在焊缝横截面中，从焊缝正面到焊缝背面的距离，如图 6-55 所示。

④ 焊脚　即角焊缝的横截面中，从一个焊件上的焊趾到另一个焊件表面的最小距离。在角焊缝中，焊缝截面中最大等腰直角三角形中直角边的长度称为焊脚尺寸，如图 6-55 所示。

⑤ 焊缝成形系数　熔焊时，在单道焊缝横截面上焊缝宽度（B）与焊缝计算厚度（H）之比（$\varphi=B/H$），如图 6-56 所示。焊缝成形系数较小时，焊缝容易产生气孔、偏析、夹渣

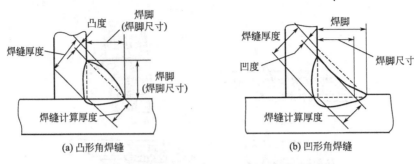

图 6-55　焊脚及焊缝厚度

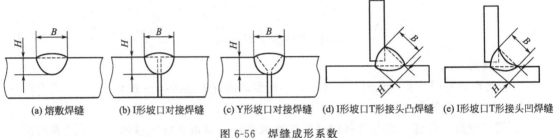

图 6-56　焊缝成形系数

和裂纹等缺陷；成形系数太大时，易产生未焊透。因而在实际操作中，焊缝成形系数应保持在一个合理的数值范围，如埋弧焊的焊缝成形系数要求大于 1.3。

3. 坡口形式

坡口的合理性关乎焊接的质量，对于重要的厚壁焊缝坡口，还需进行评定。在选择坡口形式时应注意焊缝填充金属要尽量少，如厚度偏大的坡口，U 形坡口比 X 形坡口节省材料；合理选择坡口角度、钝边高度、根部间隙等结构尺寸，以便于坡口的加工及焊透，以减少各种缺陷产生的可能；焊缝的外观尽量连续光滑、减少应力集中。

GB 150.3—2011 上附录 D 上，推荐了压力容器的常见坡口形式，HG/T 20583—2011 上更加详细地介绍了各种坡口形式的尺寸及用途，图纸绘制应以此为据。现以主要 A、B 类焊缝的坡口做简单介绍，其他接管等坡口形式可以查询标准。图 6-57 所示的是适用于钢板拼接、筒体纵焊缝的坡口形式，加工方便，为常见的 V 形坡口，图 6-58 所示的是适用于厚壁环焊缝坡口形式，为 U 形坡口。

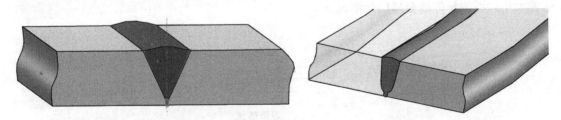

图 6-57　适用钢板拼接、筒体纵焊缝坡口　　　　图 6-58　适用厚壁筒体环焊缝坡口

图 6-59 所示为 16～60mm 厚钢板的钢板拼接和筒体纵焊缝焊接坡口形式，为 X 形坡口，图 6-60 所示的是 15～30mm 厚钢板拼接、筒体纵焊缝坡口，为双 U 形坡口。

图 6-61 适用于 13～30mm 的筒体环焊缝坡口，为 UV 形坡口，图 6-62 适用于不能进行双面焊且有焊透要求的环焊缝坡口，为加垫板的 V 形坡口。

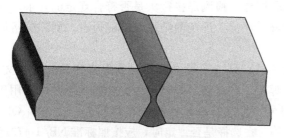

图 6-59 钢板拼接、筒体纵焊缝坡口

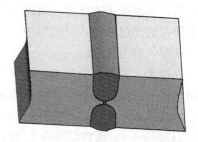

图 6-60 钢板拼接、筒体纵焊缝坡口

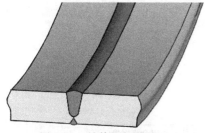

图 6-61 筒体环焊缝坡口

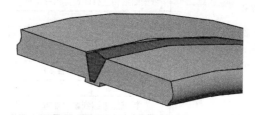

图 6-62 不能进行双面焊且有焊透要求的环焊缝坡口

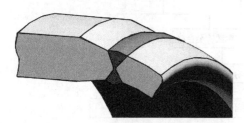

图 6-63 厚度不相同焊接坡口

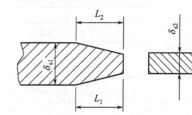

图 6-64 厚度不同焊件组对几何条件

L_1、$L_2 \geqslant 3(\delta_{s1}-\delta_{s2})$

对于厚度不相同的焊缝,可采用图 6-63 所示的形式组对焊接,同时应满足图 6-64 所示的几何条件,其目的是保证局部应力在可控范围内。

坡口加工一般采用机械方法,也可采用不损伤材料性能、不影响焊接质量的其他切割方法。坡口采用热切割方法制备后需采用机械方法去除氧化层、污染层。坡口表面应保持平整,不应有裂纹、分层、夹渣等缺陷。

四、焊接工艺评定及产品焊接试板

1. 焊接工艺评定

(1) 焊接工艺评定概念 为验证所拟定的焊件焊接工艺的正确性而进行的试验过程称为焊接工艺评定。压力容器焊接工艺评定的标准为 NB/T 47014—2011《承压设备焊接工艺评定》,该标准不仅适用于压力容器,还适用于锅炉及压力管道。其内容涵盖了对接焊缝和角接焊缝的工艺评定、耐蚀焊堆焊的工艺评定、复合材料的焊接工艺评定、换热管与管板焊接工艺评定等的评定规则、试验方法和合格指标。

(2) 焊接工艺评定范围 NB/T 47015—2011《压力容器焊接规程》规定了以下情况需要进行焊接工艺评定:①受压元件焊缝;②与受压元件相焊焊缝;③上述①、②焊缝的定位焊;④受压元件母材表面的堆焊、补焊。

(3) 评定过程 评定的过程是根据金属材料的焊接性能,按照设计文件的规定和制造工艺，拟定预焊接工艺规程，施焊试件和制取试样，检测焊接接头是否符合规定的要求，并形成焊接工艺评定报告，对预焊接工艺规程进行评价。评定的结果若不能通过，则需分析原因重新试验，直至合格。

焊接工艺规程（工艺卡，焊接作业指导书）是指导焊工按照规范焊接产品的工艺文件，编制焊接工艺规程时的主要依据即来源于焊接工艺评定，只有经评定合格的工艺才能用于生产。焊接工艺评定时，对材料进行类别划分，将具有相近性能的材料归为一类，如Q345R材料归为Fe-1-2，而将Q245R归为Fe-1-1等。在选择是否评定时，应按照标准NB/T 47015的要求查看以往评定是否能够覆盖当前的材料厚度。焊接工艺评定的流程如图6-65所示。

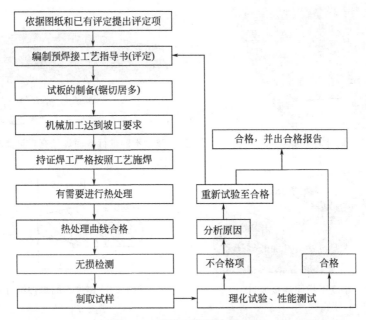

图 6-65　焊接工艺评定的流程

2. 产品焊接试板

（1）产品焊接试板的概念　产品焊接试板是在筒体纵焊缝、拼焊焊缝的端部连接上一副试板，焊接时与纵焊缝、拼焊缝一次焊接，焊接工艺参数完全一致，切忌分开焊接，试板材料与本体取自同一钢板。如果说焊接工艺评定是对焊接过程的指导书，那么产品焊接试板则是产品焊接过程的实时监督。一般用于要求较严的场合，需要做破坏性试验，要求与产品经历相同的焊接过程、热处理过程。其检验过程与焊接工艺评定类似。

（2）产品焊接试板注意的问题　焊接试板长400～600mm，宽250～300mm，其轧制方向、坡口尺寸、加工方法、组对工艺均应与主体焊缝一致，编上统一规定的编号，焊接时注意保持与主体焊缝的一致性。试板的检验应按NB/T 47016—2011《承压设备产品焊接试板的力学性能检验》的要求执行。当试验结果不合格时，应注意分析原因，采取补救措施，如热处理等。处理后再次进行试验，若仍然不合格，应按企业质保体系进行不合格处理，未处理合格之前不得允许流转到下道工序加工。检验的数据应计入压力容器档案。

五、压力容器焊接施工

1. 焊工

焊工在焊接以下范围时应按TSG Z6002的要求考核合格：①受压元件焊缝；②与受压

元件相焊焊缝；③融入上述焊缝的永久焊缝的定位焊；④受压元件母材表面的堆焊、补焊。焊工通过焊工考试后，得到相应项目的《特种设备作业人员证》和焊工编号，制造单位应当建立焊工技术档案。

焊工应当按照焊接工艺规程（WPS）或者焊接作业指导书施焊并且做好施焊记录，制造单位的检验人员应当对实际的焊接工艺参数进行检查，并在压力容器受压元件焊缝附近的指定部位（一般距离焊缝边缘 50mm 处）打上焊工代号钢印，或者在焊接记录（含焊缝布置图）中记录焊工代号。焊接记录列入产品质量证明文件。

2. 施焊环境及施焊准备

（1）焊接场地 应注意将高合金钢与低碳钢明显隔开，因为一旦合金钢和碳钢重叠，容易使合金钢失去合金元素，削弱其耐蚀性能及其他使用性能。此外，在地面应铺设防划伤垫，一般用母材居多。有色金属焊接应在独立的空间进行。

（2）焊接环境 当焊接环境出现以下任一情况，且无任何防护措施时禁止施焊：

① 焊条电弧焊时风速大于 10m/s；

② 气体保护焊时风速大于 2m/s；

③ 相对湿度大于 90%；

④ 雨雪天气；

⑤ 焊件温度低于 −20℃。

"风雨雪湿冷"是施焊时应注意的问题，因为周围环境对焊接的影响比较敏感。企业也需要每日定时提示环境条件，如温度、湿度等。如果温度在 0～−20℃ 时应在施焊处 100mm 范围内预热到 15℃ 以上，通常用天然气加热。

（3）焊前预热 焊前预热的要求根据母材的种类进行，一般通过焊接性能试验确定，冬季应特别注意焊前预热消除母材的水分。若焊前未按指定要求预热，会出现气孔、裂纹等缺陷。焊前预热要求与母材的厚度也有一定关系。一般 Q345R 的预热温度为 80℃，12Cr1MoR 的预热温度为 200℃，14Cr1MoR 和 15CrMoR 预热 120℃，低温钢的要求较低，一般烤干坡口面水分即可。对于奥氏体不锈钢，一般不预热。预热一般用天然气或氧-乙炔加热。加热范围为坡口两侧 100mm。管板应加热全表面。用红外线测温仪或者热电偶测温，测温点如图 6-66 所示，若母材厚度小于 50mm，测温点应在焊缝两侧各不小于 $4\delta_s$ 且不小于 100mm 处；若母材厚度大于 50mm，A 等于 75mm。温度分布也应尽量均匀，测温点沿焊缝长度方向，每间隔 300～500mm 测一组，并做记录。

3. 焊接施工注意事项

（1）焊接参数 焊条电弧焊的焊接参数包括焊条直径、焊接电流、焊接电压、焊接速

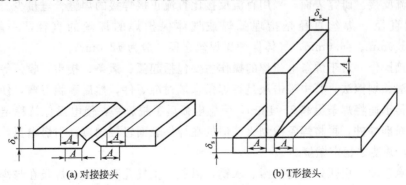

(a) 对接接头　　　　　　(b) T形接头

图 6-66　测温点

度、电流种类和极性等。

① 焊条直径　焊条直径指焊芯的直径尺寸，一般有 $\phi2.0mm$、$\phi3.2mm$、$\phi4mm$、$\phi5mm$、$\phi6mm$。焊条直径越大，能够通过的电流越大，焊接的效率越高。但也不是越大越好，焊条直径的选择还受到工件厚度、焊接位置等因素的限制。焊条的选择应考虑：焊件的厚度，如焊件厚度为3mm，最多也就只能选择 $\phi3.2mm$ 的焊条，否则容易烧穿；接头形式、焊缝的空间位置等，如仰焊、立焊时为防止液体金属下滴应选择较小的焊条直径；焊接厚板的第一层时常常选用较小直径的焊条。

② 焊接电流　焊接电流是焊接最重要的参数，大电流能提高工作效率，但电流过大会使焊条发热、药皮脱离，甚至烧穿工件，最严重的是焊接热影响区晶粒粗大。电流过小容易造成夹渣、未焊透等缺陷。

③ 焊接电压　当焊接材料和电弧气一定时，电弧电压是由弧长决定的。电弧长则电弧电压高，电弧长度大于焊条直径时称长弧，小于焊条直径则称为短弧。长弧焊接时虽然能够加大熔宽，但对液体金属熔池的保护效果较差、飞溅大、电弧漂移，焊接质量得不到保证。所以在一般情况下，应尽量选择短弧焊，特别是碱性焊条施焊，为了严格限制水分进入熔池，更应选用低电弧电压。

④ 焊接速度　焊接速度是焊条沿焊接方向移动的速度，直接影响生产率、焊缝成形、焊缝热量，进而影响热影响区的组织结构。

⑤ 焊接热输入　熔焊时由焊接能源输入单位长度焊缝上的热量，称为焊接热输入。用 q 表示，则

$$q=\frac{UI}{v}$$

式中　q——焊接热输入，J/cm；
　　　U——焊接电流，V；
　　　I——电流，A；
　　　v——焊接速度，cm/s。

由上式可以看出，焊接热输入与 UI 称正比，与 v 成反比。对于有冲击试验要求的焊件应严格控制焊接热输入。

⑥ 电流种类和极性　虽然交流电比直流电简单，成本低，但电流每秒100次过零点，稳定性不如直流，对于酸性焊条可以采用直流。对于碱性焊条，由于药皮中的 CaF_2 产生的氟影响气体电流，故电弧不稳，应采用直流。碱性焊条采用直流电时，一般采用反极性连接，简称直流反接。研究表面，采用直流反接比直流正接焊接的焊缝含氢量少。

⑦ 焊丝直径　焊丝直径是指埋弧焊或气体保护焊的焊丝的直径，一般埋弧焊为 $\phi4.0mm$、$\phi5.0mm$、$\phi6.0mm$，气体保护焊焊丝直径一般为 $\phi2.0mm$。

(2) 焊接操作　对于焊条电弧焊的操作主要包括起弧、运条、接头、收弧等过程。起弧方法有敲击法、划擦法。其中敲击法是将焊条末端对准焊件，然后手腕下弯，使焊条轻微碰一下焊件，再迅速将焊条提起2~4mm，引燃电弧后手腕放平，使电弧保持稳定燃烧。划擦法是将焊条对准焊件，再将焊条像划火柴似的在焊件表面轻轻划擦，引燃电弧，然后迅速提起2~4mm，并使之稳定燃烧。

引弧注意事项：引弧处应无油污、水锈，以免产生气孔和夹渣；焊条在与焊件接触后提升速度要适当，太快难以引弧，太慢，焊条和焊件易粘在一起造成短路。

运条方法有直线形、锯齿形、月牙形、三角形形、圆圈形、"8"字形等方法。直线形运条法：焊条不做横向摆动，沿焊接方向做直线移动，常应用于I形坡口的对接平焊。直线往复形运条法：焊条的末端沿焊缝的纵向做来回摆动。适用于薄板和接头间隙较大的多层焊的第一层焊。锯齿形运条法：焊条末端做锯齿形连续摆动及向前移动，并在两边稍停片刻，适用于厚板平位、仰位、立位的对接接头及立位的角接接头。月牙形运条法：沿焊接方向做月牙形左右摆动。适用于厚板平位、仰位、立位的对接接头及立位的角接接头。三角形运条法：焊条末端做连续的三角形运动，并不断向前移动。正圆圈形运条法：适用于焊接较厚焊件的平焊缝，斜圆圈形运条法适用于平、仰位置T形接头焊缝和对接接头的横焊缝，其特点是利于焊缝成形。"8"字形运条法：焊条的末端按"8"字形运动，并不断前移。适用于仰焊位置填充层及盖面层的焊接。

收弧方法有反复短弧收弧法、画圈收尾法和转移收尾法。反复断弧收弧法：焊条移动到焊缝终点时，在弧坑处反复熄弧、引弧数次，直到填满弧坑为止，此方法适用于薄板和大电流焊接时的焊缝收尾，不适用于碱性焊条的收尾。画圈收尾法：焊条移动焊缝终点时，在弧坑处做圆圈运动，直到填满弧坑再拉断电弧，此方法适用于厚板的收尾。转移收尾法：焊条移动到焊缝终点时，在弧坑处稍停留，将电弧慢慢抬高，再引到焊缝边缘的母材坡口内。这时熔池会逐渐缩小，凝固后一般不出现缺陷。适用于易产生弧坑、裂纹的材料的收尾，如镍基材料焊缝。

(3) 施焊时需注意的其他问题

① 焊接管子时，一般应采用多层焊，各焊道的接头应尽量错开。

② 角焊缝的根部应保证焊透。

③ 多层多道焊时，应注意焊道间及层间清理。

④ 双面焊时需清理焊根，显露出正面打底的焊缝金属，将焊缝表面熔渣、有害氧化物、油脂、锈迹等清理干净。清理焊根的方式有碳弧气刨和打磨。

⑤ 施焊过程中应控制焊道间温度不超过规定的范围。当焊件规定要预热时，应控制焊道间温度不低于预热温度。

⑥ 每条焊缝宜一次焊完，当中断焊接时，对冷裂纹敏感的焊件应及时采取保温缓冷或后热措施。后热措施指在焊后加热至200～350℃，一般不少于30min。若焊后立即进行热处理，则可以不进行后热。

⑦ 锤击钢质焊缝金属及热影响区，以消除接头残余应力，但打底焊和盖面焊不宜锤击。

⑧ 引弧板、熄弧板、产品焊接试板不应锤击拆除。

(4) 焊缝表面形状尺寸和外观要求　A、B类焊缝的焊缝余高和合格指标见表6-7和图6-67所示。

C、D焊缝的焊脚尺寸一般取焊件中较薄者的厚度。当补强圈的厚度大于8mm时，其焊脚尺寸等于补强圈厚度的70%，且不小于8mm。

表6-7　A、B类焊缝接头的焊缝余高合格指标　　　　　　　　　　　　　　　　mm

$R_m \geq 540$MPa的低合金钢材、Cr-Mo低合金钢材				其他钢材			
单面坡口		双面坡口		单面坡口		双面坡口	
e_1	e_2	e_1	e_2	e_1	e_2	e_1	e_2
$(0\sim10\%)\delta_s$ 且≤3	$0\sim1.5$	$(0\sim10\%)\delta_1$ 且≤3	$(0\sim10\%)\delta_2$ 且≤3	$(0\sim15\%)\delta_s$ 且≤4	$0\sim1.5$	$(0\sim15\%)\delta_1$ 且≤4	$(0\sim15\%)\delta_2$ 且≤4

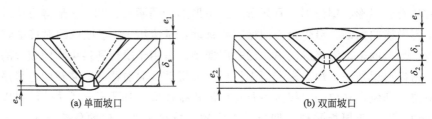

图 6-67　A、B类焊缝接头的焊缝余高

焊缝的接头表面的外观检查不得有表面裂纹、未焊透、未熔合、表面气孔、弧坑、夹渣和飞溅；焊缝与母材应圆滑过渡，角焊缝的外形应凹形并圆滑过渡。对于低合金高强钢、不锈钢在疲劳载荷和应力腐蚀的环境下不允许有咬边。

焊缝常见缺陷（图 6-68）有以下几种。

① 裂纹　在焊接应力及其他致脆因素共同作用下，焊接接头中局部金属原子结合力遭到破坏形成的新的界面，常分为热裂纹、冷裂纹及延迟裂纹。压力容器中常以延迟裂纹多见。

② 气孔　熔池中的气泡在凝固时未能溢出而残留下来所形成的孔穴。

③ 固体夹杂　有时也称夹渣，是指出现在金属中残留的固体夹杂物。

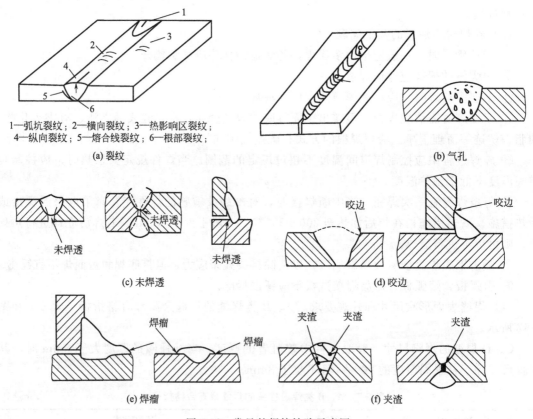

图 6-68　常见的焊接缺陷示意图

④ 未熔合和未焊透　未熔合指金属与母材之间或焊道金属和焊道金属之间未完全熔化的部分，常分为侧壁未熔合、层间未熔合、根部间隙未熔合。未焊透指根部未完全焊透。

⑤ 弧坑　焊接收尾处，在焊缝终端出现的低于焊缝高度的凹陷坑。

⑥ 飞溅　在熔化过程中，金属颗粒和熔渣向周围飞溅的现象。在焊接不锈钢时，为了防止大量飞溅，一般在焊缝两侧涂刷白垩粉。

（5）焊缝返修　经过焊接的焊缝，可能出现一些缺陷，如果缺陷不能去除，将对压力容器造成巨大的潜在危险，所以需要将缺陷清除，并通过无损检测合格后方可进入下一工序。在返修时需要将缺陷的原因分析清楚，并提出改进措施，按评定合格的焊接工艺编制焊接工艺返修文件，如需预热，预热温度应较原焊缝适当提高。

焊缝同一位置的返修不宜超过 2 次，超过 2 次则应由技术负责人签字。当有焊后热处理要求的，只有进行热处理后才能返修，当返修厚度小于钢材厚度的 1/3 且小于 13mm 时，可以不重新热处理。焊缝返修时，应先预热并控制每一焊层不得大于 3mm，并采用回火焊道。回火焊道如图 6-69 所示，即在焊完之后多焊接一道，待冷却后将多焊的这层焊道打磨掉，主要让焊道晶粒细化，相当于一次局部回火热处理。

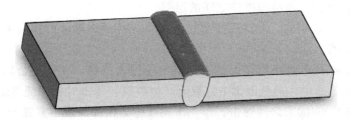

图 6-69　回火焊道

六、焊接应力与变形

构件在焊接时，由于焊接热源与热循环的特点，使构件受热不均匀，从而产生不均匀且受约束的膨胀和收缩，最终导致焊件在焊后产生了残余应力和残余变形，它们将直接影响焊接结构的制造质量和使用性能。

1. 焊接应力与变形产生原因

（1）焊接应力与变形　物体在无外力作用下存在于内部的应力叫内应力，焊接过程中，残留于焊件中的内应力称为焊接残余应力。物体在外力或温度等因素作用下，其形状与尺寸发生变化的现象叫做变形，而由焊接所引起的尺寸和形状的变化称为焊接变形，在焊后残留于焊件中的变形称为焊接残余变形。

（2）焊接应力与变形产生原因

① 不均匀加热　在焊接过程中，受热大的部位膨胀就大，而受热小的部位膨胀就小，由于它们是一个整体，相互之间受到制约，从而产生应力和变形；在冷却时，受热大的部位收缩量大，而受热小的部位收缩量小，相互之间又形成制约，也会产生应力与变形。因而不均匀加热是产生焊接应力与变形的最主要原因。

② 焊缝金属的收缩　焊缝金属由液态变为固态时，要发生体积收缩，但会受到固态母材金属的阻碍，从而产生焊接残余应力与变形。

③ 金属的相变　金属在焊接过程中局部会发生组织变化，不同的组织类型，其比体积也不一样，因而体积也要发生相应的变化，而发生体积变化的部位会受到没有体积变化的部位的制约，从而产生应力。例如，金属从奥氏体组织变为马氏体组织时体积要膨胀。

④ 焊件的刚性和拘束　当焊件的刚性和受到的拘束大时，则会产生很大的焊接应力，

而焊接变形很小；反之，则焊接变形大，而焊接应力小。

焊接应力与变形的产生原因除了以上因素以外，还与焊缝的数量、尺寸、位置，焊接方法，焊接工艺参数和材料的物理性质等诸多因素有关。

2. 焊接残余应力

(1) 焊接残余应力的危害　降低结构的承载能力，影响构件尺寸稳定性，造成应力腐蚀，造成焊接裂纹降低结构刚度、疲劳强度等，因而，为了保证焊接结构的使用性能，必须设法减少或消除焊接残余应力。

(2) 减少焊接残余应力的措施

① 设计措施　合理、正确地布置焊缝。在保证结构强度的前提下，应尽量减少焊缝的数量和尺寸，采用填充金属少的坡口形式；焊缝布置应尽量避免过分集中、交叉、十字焊缝等，焊缝与焊缝之间应保持足够的距离。

② 工艺措施

a. 预热。缩小焊接区与结构整体之间的温差。

b. 降低接头局部拘束度。通过反变形措施减小焊接接头局部的拘束度，从而达到减小焊接残余应力的目的。

c. 锤击焊缝。采用带有小圆弧面的手锤或风枪锤击焊缝，使焊缝金属延展，从而减小内应力。锤击力度要适中，避免因锤击过重而产生裂纹，锤击时使焊缝2mm范围内受到影响，但要避免在300～400℃之间锤击，以免出现蓝脆。根部焊道不宜锤击，以免产生裂纹，盖面焊道不锤击以免影响焊缝美观。

d. 加热"减应区"法。焊接时，加热阻碍焊接区自由伸缩的部位，使之与焊接区同时膨胀和同时收缩，以减小焊接应力，这种方法称为加热"减应区"法，被加热的部位称为"减应区"。选择减应区的基本原则是：选择那些阻碍焊接区膨胀和收缩的部位作为"减应区"，可用气焊火焰加热所选部位。

(3) 消除焊接残余应力的措施

① 焊后热处理法　焊后热处理一般用专门术语 PWHT 表示。常用的 PWHT 有两种方法：一种是整体热处理，即将焊件整体放入炉中进行热处理，这种方法可消除80%～90%的焊接残余应力；另一种方法是局部热处理，即对焊缝周围局部区域进行加热，它只能降低残余应力峰值，不能完全消除残余应力。

② 温差拉伸法　其基本原理与机械拉伸法相同。如图6-70所示，在焊缝两侧各用一宽度为100～150mm的氧-乙炔焊炬加热，在后面一定距离用排水管喷水，造成两侧温度高（约200℃），焊缝区温度低（约100℃）的温度场，使两侧金属的热膨胀对中间温度低的焊缝区进行拉伸，产生拉伸塑性变形以抵消原来的压缩变形，从而消除焊接残余应力。

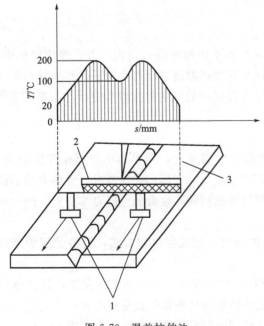

图 6-70　温差拉伸法
1—加热炬；2—喷水排管；3—焊件

3. 焊接变形

(1) 焊接变形的分类　根据焊接残余变形的外形，可分为以下四类。

① 收缩变形　焊后焊件尺寸缩短的变形，包括纵向收缩和横向收缩变形，如图 6-71 所示。

② 角变形　由于焊缝截面形状不对称或施焊层次不合理，使横向收缩在焊缝厚度方向不一致所形成的变形。如图 6-72 所示。

③ 弯曲变形（图 6-73）　由于焊缝的中心线与结构截面的中性轴不重合或不对称，焊缝的收缩沿构件宽度方向分布不均匀而引起的，它包括纵向收缩引起的弯曲变形和横向收缩所引起的弯曲变形。

④ 波浪变形　由于焊缝纵、横向收缩使结构拘束较小的部位受压失稳而引起的变形。一般产生在薄板焊接中，如图 6-74 所示。

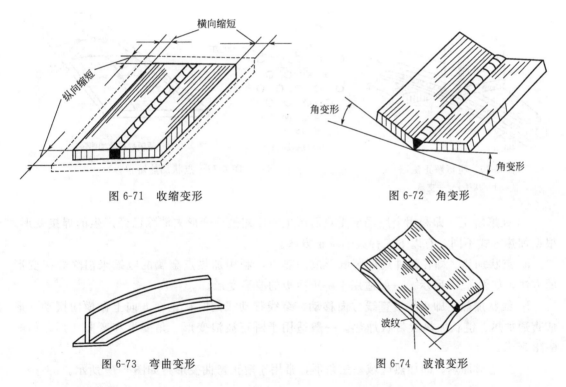

图 6-71　收缩变形　　　　图 6-72　角变形

图 6-73　弯曲变形　　　　图 6-74　波浪变形

(2) 工艺措施

① 反变形法　焊前预先将焊件向与焊接变形相反的方向进行人为变形，从而达到抵消焊接变形的目的。一般预防角变形和弯曲变形，如图 6-75 所示。

② 留余量法　在下料时，适当加大下料零件的长度或宽度尺寸，以补偿焊件的收缩。一般预防收缩变形。

③ 刚性固定法　焊前对焊件加以固定，提高结构刚性限制焊接变形。一般预防角变形和波浪变形。

④ 热平衡法　在不对称构件焊接时，在焊接的对称部位进行加热。

⑤ 散热法　通过不同方式迅速带走焊缝及其附近的热量，从而减少焊接变形。

(3) 矫正焊接残余变形的方法　当各种预防措施没有达到变形所允许的范围时，必须对焊件进行矫正。常用矫正焊接残余变形有以下两种方法。

① 机械矫正　一般利用三点弯曲原理，使焊件产生与焊接变形相反的塑性变形，从而使焊件恢复到所要求的形状。如图 6-76 所示。

(a) 没有反变形　　(b) 有反变形

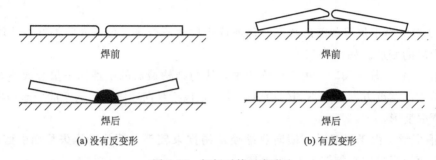

图 6-75　钢板对接反变形法

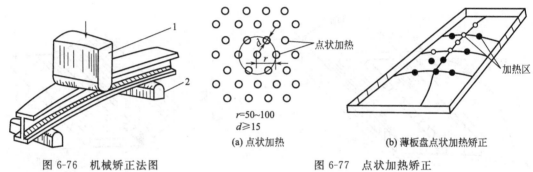

图 6-76　机械矫正法图

1—压头；2—支承

(a) 点状加热　　(b) 薄板盘点状加热矫正

图 6-77　点状加热矫正

② 火焰矫正　即利用金属局部受热后产生的压缩塑性变形去消除已经产生的焊接变形。根据加热方式不同，有以下三种火焰矫正方法。

a. 点状加热。即在焊件局部区域形成加热点，利用加热点金属的收缩来消除焊接变形的方法，如图 6-77 所示。一般适用于矫正薄板的波浪变形。

b. 线状加热。即火焰沿直线方向移动、绕线移动或同时在宽度方向上做横向摆动，形成直通加热、链状加热及带状加热。一般适用于矫正波浪变形、角变形和弯曲变形。如图 6-78 所示。

c. 三角形加热。即加热区域呈三角形，常用于矫正弯曲变形，如图 6-79 所示。

(a) 薄钢板波浪变形的矫正　　(b) T形梁角变形的矫正　　(c) 厚钢板弯曲变形的矫正

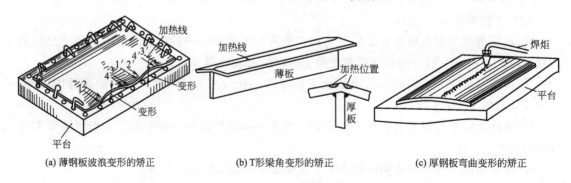

图 6-78　线状加热方式

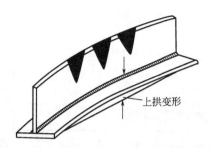

图 6-79　T 形梁三角形加热矫正弯曲变形

第三节　换热器的无损检测

一、无损检测在压力容器中的应用

无损检测是在不损伤检测对象本身的情况下，利用物体的声、光、电磁、渗透等原理对材料、设备（主要指焊缝）进行检测的方法。无损检测包括射线探伤（RT）、超声波探伤（UT）、渗透探伤（PT）、磁粉探伤（MT）、涡流探伤（ECT）。无损检测广泛用于石化、船舶、航空航天等领域。

目前压力容器无损检测标准是 JB/T 4730—2005。应根据承压设备的材质、制造方法、工作介质、使用条件和失效模式，选择合适的无损检测方法。射线和超声波探伤主要用于承压设备内部缺陷的无损检测；磁粉探伤主要用于铁磁性材料制承压设备的表面和近表面缺陷；涡流探伤主要用于导电材料制承压设备表面和近表面缺陷；渗透探伤用于检测非多孔性金属材料制承压设备的表面开口缺陷。压力容器的检测要求按照 GB 150—2011 进行。

二、射线探伤基本知识

射线探伤（图 6-80）是利用 X 射线或 γ 射线可以穿透物质和在物质中有衰减的特性，来发现物质内部缺陷的一种无损探伤方法。它可检测金属和非金属材料及其制品的内部缺陷，具有检验缺陷的直观性、准确性和可靠性等优点，但同时也存在设备复杂、成本较高和需要进行防护等缺点。

1. 射线的产生、性质及其衰减

（1）X 射线的产生及其性质　X 射线是由射线管产生，它由阴极、阳极和真空玻璃（或金属陶瓷）外壳组成。X 射线产生装置示意图如图 6-81 所示。阴极通以电流加热至白炽时，其阳极周围形成电子云，当在阳极与阴极间施加高压时，电子为阴极排斥而为阳极吸引，加速穿过真空空间，高速运动的电子束集中轰击金属靶，电子被阻挡减速和吸收，其中约 1% 转换为 X 射线，其余 99% 以上的能量变成热能。

X 射线不可见，以光速直线传播；不带电，不受电场和磁场的影响；具有穿透可见光不能穿透的物质的能力；可以使物质电离，能使胶片感光；能起生物效应，伤害和杀死细胞等性质。

X 射线能量与管电压有关，管电压越高，产生的射线能量也越大，穿透能力越强；X 射线强度与管电流、管电压的平方及靶材原子序数三者之间的乘积成正比，射线只有具有足够的能量才能使胶片感光。

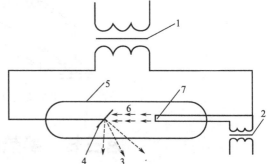

图 6-80　射线探伤

图 6-81　X 射线产生装置示意图
1—高压变压器；2—灯丝变压器；3—X 射线；4—阳极；
5—X 射线管；6—电子；7—阴极

(2) γ 射线的产生及其性质　γ 射线由放射性物质 ^{60}Co、^{192}Ir 等内部原子核衰变过程产生的。γ 射线的性质与 X 射线相似，但由于其波长比 X 射线短，因而其射线能量高，穿透力强。

(3) 高能 X 射线的产生及其特性　高能 X 射线是利用回旋加速器、电子直线加速器、电子感应加速器等使能量达到 1MeV 以上的 X 射线。它具有一般 X 射线的性质，但由于其能量很大，因而具有穿透力更强、灵敏度更高、透照幅度更宽的特性。

(4) 射线的衰减　射线在物质中传播时，随着距离的增加，射线强度不断减弱的现象称为射线的衰减。射线在物质中的衰减是按照射线强度的衰减呈负指数规律变化的，一般通过物质对射线的吸收和射线通过物质后有部分射线改变了原来方向即散射两种方式衰减的。

2. 射线照相法探伤原理

射线照相探伤是根据被检工件与其内部缺陷对射线能量衰减程度不同，而引起射线透过工件后的强度不同，使缺陷在射线底片上显示出来，如图 6-82(a) 所示。从 X 射线机发射出的 X 射线透过工件时，由于缺陷内部介质（如空气、非金属夹渣等）对射线的吸收能力比基本金属对射线的吸收能力要低得多，因而透过缺陷部位的射线强度高于周围完好部位。

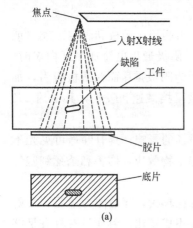
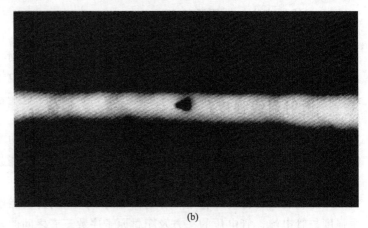

图 6-82　射线照相法原理

把胶片放在工件的适当位置,透过工件的射线使胶片感光。在感光胶片上,有缺陷部位将接受较强的射线曝光,其他完好部位接受较弱的射线曝光,经暗室处理后,得到底片,把底片放在观片灯上观察到缺陷处黑度比无缺陷处大,如图 6-82(b) 所示。评片人员据此可以判断缺陷的情况。

3. 射线照相工艺

(1) 射线透照技术等级的选择 根据 JB/T 4730.2—2005,将其划分为三个等级。

A 级——成像质量一般,适用于受负载较小的产品和部件。

AB 级——成像质量较高,适用于锅炉和压力容器产品及部件。

B 级——质量最高,适用于航天和核设备等极为重要的产品及部件。

不同的技术等级对 X 射线底片的黑度、灵敏度等均有不同的规定。

(2) 探伤位置的确定及其标记 对于焊件的探伤,应按产品制造标准的具体要求对产品的工件焊缝进行全检(即100%检查)或抽检(即5%、10%、20%、40%等)。对允许抽检的产品,抽检位置一般选在:可能或常出现缺陷的位置;危险断面或受力最大的焊缝部位;应力集中部位;外观检查感到可疑的部位。

对于选定的焊缝探伤位置必须进行标记,使每张射线底片与焊件被检部位能始终对照,易于找出返修位置,标记的内容如下。

① 定位标记 包括中心标记、搭接标记。

② 识别标记 包括焊件编号、焊缝编号、部位编号、返修标记等。

③ B 标记 该标记用以检查探伤工件背面射线防护效果,若在较黑背景下出现"B"的较淡影像,应予重照。

各标记的安放位置如图 6-83 所示。

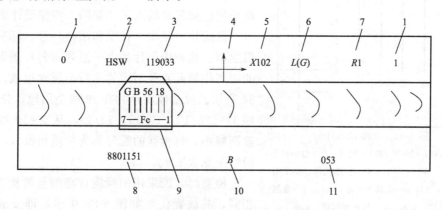

图 6-83 各种标记相互位置(标记系）
1—定位及分编号(搭接标记);2—制造厂代号;3—产品令号(合同号);4—中心定位标记;
5—焊件编号;6—焊接类别(纵、环焊缝);7—返修次数;8—检验日期;
9—像质计;10—B 标记;11—操作者代号

4. 射线能量的选择

射线能量越大,其穿透能力越强,可透照的焊件厚度越大,但同时由于其衰减系数低而导致成像质量下降,因而在保证穿透的前提下,应尽量选择较低的射线能量。

5. 胶片与增感屏的选取

(1) 胶片的选取 根据 GB/T 19384.1—2003,胶片分为四类,即 T1、T2、T3 和 T4

类,其中 T1 为最高类别,T4 为最低类别。各类胶片特征见表 6-8。

探伤时根据成像质量要求和透照等级选用胶片,当成像质量高和透照等级要求高时应选用颗粒小、感觉速度慢的胶片;反之,则选用颗粒较大,感光速度较快的胶片。

表 6-8　各类胶片特征

胶片类别	特 征			
	粒度	反差	感光速度	成像质量
T1	微粒	高	低	佳
T2	细粒	较高	中	良
T3	中粒	中	较高	较差
T4	粗粒	低	高	差

(2) 增感屏的选择　增感屏的作用主要是通过增感屏增强射线对胶片的感光作用,从而增加胶片的感光速度。射线照相中使用的金属增感屏,是由金属箔(常用铅、钢或铜等)粘在纸基或胶片基上制成。

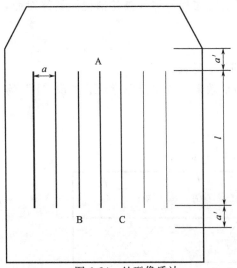

图 6-84　丝型像质计
A—标准编号:GB/T 3323—2005;B—组别代号:W1;W6;W10;W13;C—材质代号:如 FE;CU;AL;TI;a—金属丝间距,mm;l—金属丝长度,mm;a'—与标志间距,mm

金属增感屏有前、后屏之分,使用时夹于胶片两侧。前屏(覆盖胶片靠近射线源一侧)较薄,后屏(覆盖胶片背面)较厚。

6. 灵敏度的确定及像质计的选用

灵敏度是评价射线照相质量的最重要指示,是指在射线底片上所能发现的沿射线方向的最小缺陷尺寸。由于事先无法了解到最小缺陷尺寸,为此必须采用已知尺寸的人工"缺陷"即像质计来度量。

像质计有丝型、孔型和槽型三种,标准采用金属丝型。这种像质计是由一系列密封在透明塑料中的距离相等而直径不同的平行金属丝组成,如图 6-84 所示。丝型像质计共有 19 根金属丝,分为四组,即 1/7、6/12、10/16,13/19,从 1~19 线的直径逐渐减小,每根线的线号称为像质指数(Z),其分组情况见表 6-9。

检测时,所采用的像质计必须与被检工件材质相同,其放置位置如图 6-85 所示,即安放在焊缝被检区长度 1/4 处,钢丝横跨焊缝并与焊缝轴线垂直,且细丝朝外。

表 6-9　丝型像质计组别

像质计组别代号	W1	W6	W10	W13
线径	3.20	1.00	0.40	0.20
	2.50	0.80	0.32	0.16
	2.00	0.63	0.25	0.125
	1.60	0.50	0.20	0.100
	1.25	0.40	0.16	0.080
	1.00	0.32	0.125	0.063
	0.80	0.25	0.100	0.050

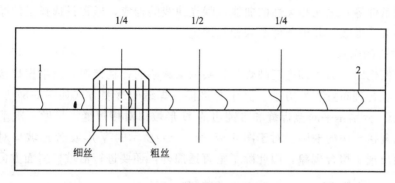

图 6-85 丝型像质计的摆放

射线照相灵敏度以像质指数表示,它等于底片上能识别出的最细钢丝的线编号。

7. 透照几何参数的选择

(1) 焦点 射线焦点的大小对射线底片图像细节的清晰度影响很大,因而影响探伤灵敏度,在探伤时尽量使焦点尺寸小些,这样灵敏度高而且也不会出现半影。

(2) 焦距 焦点至胶片的距离称为透照距离,又称焦距,可通过诺模图来确定,如图6-86 所示。

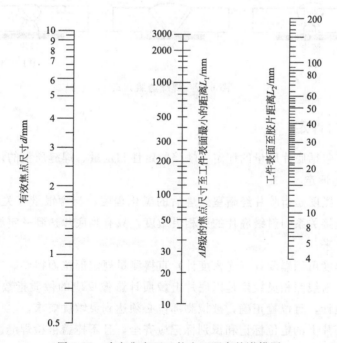

图 6-86 确定焦点至工件表面距离的诺模图

使用方法是:分别找出焦点尺寸和工件表面至胶片的距离 (L_2),用直线连接这两点,直线与 L_1 线的交点即为焦点至工件表面的距离,则焦距为 L_1 和 L_2 之和。

8. 曝光参数的选择

曝光参数是影响照相质量的重要因素。X 射线探伤的曝光参数有管电压、管电流、曝光时间及焦距。其中管电流和曝光时间的乘积称为曝光量。

实际射线探伤中,射线能量、曝光量及焦距等工艺参数的选择一般是通过查曝光曲线来确定的。曝光曲线是表示工件(材质、厚度)与工艺规范(管电压、管电流、曝光时间、焦距、暗室处理条件等）之间相关性的曲线。曝光曲线的构成，通常只选择工件厚度、管电压和曝光量作为可变参数，其他条件必须相对固定。

9. 透照方式的选择

进行射线探伤时，为了彻底反映焊件接头内部缺陷的存在情况，应根据焊接接头形式和焊件的几何形状合理布置透照方法。其中对接接头焊缝的透照方式如图 6-87 所示。其中图 6-87(a)～(d) 分别是平对接焊缝和带钝边的 U 形坡口对接焊缝，只做一次垂直于焊缝的透照就可以发现接头中的缺陷。对于图 6-87(e)、(f) 所示的 V 形或 X 形坡口对接焊缝，考虑坡口斜面会出现未熔合现象，因此除了垂直透照外，还要进行沿坡口斜面方向的照射。

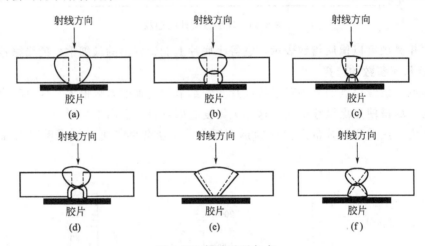

图 6-87 焊缝透照方式

三、射线底片评定

射线底片评定包括底片质量的评定、缺陷的定性和定量、焊缝质量的评级等内容。

1. 底片质量的评定

（1）黑度值　黑度是指胶片经暗室处理后的黑化程度，与含银量有关，一般含银越多，则黑度较大。它直接关系到射线底片的照相灵敏度，只有当底片达到一定黑度，细小缺陷才能在底片是显露出来。

射线底片的黑度可用黑度计（光密度计）直接测量规定部位而得到。

（2）灵敏度　射线照相灵敏度是以底片上像质计影像反应的像质指数来表示的，因此，底片上必须有像质计，且位置正确，被检测部位必须达到灵敏度要求。

（3）标记　底片上的定位标记和识别标记应齐全，且不掩盖被检焊缝影像。

（4）表面质量　底片上被检焊缝影像应齐全，不可缺边或缺角，底片不能有明显的机械损伤和污染，检验区无伪缺陷。

2. 底片上缺陷影像的识别

在底片评定时可根据各种缺陷在射线底片上有不同特点来进行区别，但要注意霉斑等伪缺陷。通常可以从以下三个方面进行综合分析与判断。

（1）缺陷影像的几何形状　分析缺陷几何形状时，一是分析单个或局部影像的基本形状；二是分析多个或整体影像的分布形状；三是分析影像轮廓线的特点。不同性质的缺陷具有不同的几何形状和空间分布特点。如图 6-88 所示，气孔一般为圆形，而裂纹为长条形。

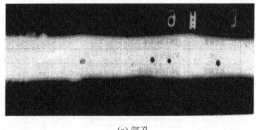

(a) 气孔　　　　　　　　　　　　　　(b) 裂纹

图 6-88　气孔和裂纹

（2）缺陷影像的黑度分布　分析影像黑度时，一是考虑影像黑度相对于焊件本身黑度的高低；二是考虑影像自身各部分黑度的分布。不同性质的缺陷，其内在性质往往是不同的，如可以认为气孔内部不存在物质；夹渣是不同于本体的物质，它们对于射线的吸收不同，形成的缺陷影像的黑度分布也就不同。

（3）缺陷影像的位置　缺陷影像在底片上的位置是焊件中位置的反映，而缺陷在焊件中出现的位置常具有一定规律，某些性质的缺陷只能出现在焊件特定的位置上。如对接焊缝的未焊透缺陷，常出现在焊缝影像的中心线上，而未熔合缺陷的影像往往偏离焊缝影像中心线，如图 6-89 所示。

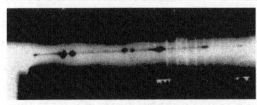
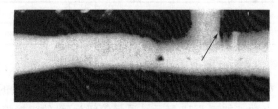

(a) 未焊透　　　　　　　　　　　　　(b) 未熔合

图 6-89　未焊透和未熔合

3. 焊接缺陷的定量测定

在厚壁焊件探伤中，为了返修方便，往往需要知道缺陷的埋藏深度。在 X 射线探伤中，确定缺陷埋藏深度可采用双重曝光法，即移动射线源焦点与焊件之间的相互位置，对同一张底片进行两次重复曝光，如图 6-90 所示。当测定缺陷 x 时，先在位置 A 上透照一次，然后焊件和暗盒不动，平行移动射线源的焦点至 B，再进行一次曝光，这样在底片上就得到缺陷 x 的两个投影 E_1 和 E_2，从它们之间的几何关系可以计算出缺陷的埋藏深度。

$$h = \frac{E(L-l) - al}{a + E}$$

式中　h——缺陷距焊件现表面的距离，mm；

E——两次曝光时在底片上得到的两缺陷影像之间的距离，mm；

L——焦距，mm；

l——焊件与胶片的距离，mm；

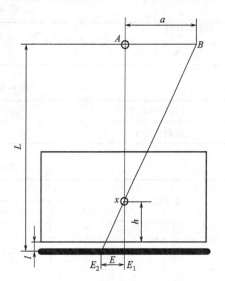

图 6-90　双重曝光法测量深度

a——射线源焦点从 A 到 B 的移动距离，mm。

4. 焊接质量的评定

根据焊接缺陷形状、大小，国家标准将焊缝中的缺陷分成圆形缺陷、条状夹渣、未焊透、未熔合和裂纹五种。其中圆形缺陷是指长宽比小于等于 3 的缺陷，条状夹渣是指长宽比大于 3 的缺陷。按照焊接缺陷的性质、数量和大小将焊缝质量分为Ⅰ、Ⅱ、Ⅲ、Ⅳ共四级，质量依次降低，如表 6-10 所示。

（1）圆形缺陷的评定

① 选定评定区域　它的评定区域见表 6-11。

表 6-10　焊接接头质量等级

等级	要　求
Ⅰ	不允许有裂纹、未熔合、未焊透以及条状夹渣四种缺陷存在,允许有一定数量和尺寸的圆形缺陷存在
Ⅱ	不允许有裂纹、未熔合、未焊透三种缺陷存在,允许有一定数量和尺寸的条状夹渣和圆形缺陷存在
Ⅲ	不允许有裂纹、未熔合以及用双面焊和加垫板的单面焊中的未焊透存在,允许一定数量和尺寸的条状夹渣和圆形缺陷及未焊透(指非氩弧焊封底的不加垫板的单面焊)存在
Ⅳ	焊缝缺陷超过Ⅲ级者

表 6-11　缺陷评定区域　　　　　　　　　　　　　　　　mm

母材厚度 T	≤25	>25~100	>100
评定区域	10×10	10×20	10×30

② 根据评定区域测定圆形缺陷的大小，并按缺陷点数换算表的尺寸换算成缺陷点数，如表 6-12 所示。当缺陷的尺寸小于不计点数的缺陷尺寸规定时，分级评定时不计该缺陷的点数，如表 6-13 所示。质量等级为Ⅰ级的对接焊接接头和母材公称厚度小于等于 5mm 的Ⅱ级对接焊接接头，不计点数的缺陷在圆形缺陷评定区域内不得多于 10 个，超过时对接焊接接头的质量等级应降低一级。

③ 计算评定区域内缺陷点数总和　按表 6-14 的数值确定缺陷的等级。

表 6-12　缺陷点数换算表　　　　　　　　　　　　　　　　mm

缺陷长径	≤1	>1~2	>2~3	>3~4	>4~6	>6~8	>8
点　数	1	2	3	6	10	15	25

表 6-13　不计点数的缺陷尺寸　　　　　　　　　　　　　　mm

母材厚度 T	≤25	>25~50	>50
缺陷长径/mm	≤0.5	≤0.7	≤1.4%T

表 6-14　圆形缺陷的分级　　　　　　　　　　　　　　　　mm

质量等级	母材厚度					
	≤10	>10~15	>15~25	>25~50	>50~100	>100
Ⅰ	1	2	3	4	5	6
Ⅱ	3	6	9	12	15	18
Ⅲ	6	12	18	24	30	36
Ⅳ	缺陷点数大于Ⅲ者					

评片的特殊规定如下。

a. 出现缺陷长径大于 $T/2$ 的圆形缺陷时，评为Ⅳ级。

b. 当缺陷与评定区边界相接时，应把它划为评定区内计算点数。

c. 对于Ⅰ级焊缝和母材厚度小于等于 5mm 的Ⅱ级焊缝，不计点数的圆形缺陷在评定区内不得多于 10 个。

d. 当评定区附近缺陷较少时，且认为只用该评定区大小划分级别不适当时，可将评定区沿焊缝方向扩大到 3 倍，求出缺陷点数，用此值的 1/3 进行评定。

【例 6-1】板厚为 20mm 的对接焊缝，在 10mm×10mm 评定区域内有长径分别为 1mm、3mm、4mm 的三个圆形缺陷，对其评级。

解 查表 6-12 得各缺陷对应点数分别为 1、3、6，则总点数为 1+3+6＝10，由表 6-14 得焊缝为Ⅲ级焊缝。

(2) 条状夹渣的评定　条状夹渣的评定根据单个条状夹渣长度、条状夹渣总长及相邻两条夹渣间距来进行综合评定。

① 单个条状夹渣的评定　以夹渣长度确定其等级，见表 6-15 所示。

表 6-15　条状夹渣的分级　　　　　　　　　　　　　　　　mm

质量等级	单个条状夹渣长度		条状夹渣总长
	板厚 T	夹渣长度	
Ⅱ	$T \leqslant 12$	4	在任意直线上，相邻两夹渣间距均不超过 $6L$ 的任何一组夹渣，其累计长度在 $12T$ 焊缝长度内不超过 T
	$12 < T < 60$	$T/3$	
	$T \geqslant 60$	20	
Ⅲ	$T \leqslant 9$	6	在任意直线上，相邻两夹渣间距均不超过 $3L$ 的任何一组夹渣，其累计长度在 $6T$ 焊缝长度内不超过 T
	$9 < T < 45$	$2T/3$	
	$T \geqslant 45$	30	
Ⅳ	大于Ⅲ级者		

注：1. 表中"L"为该组夹渣中最长者的长度。
2. 长宽比大于 3 的长气孔的评级与条状夹渣相同。

② 断续条状夹渣的评定　如果底片上的夹渣是由几段相隔一定距离的条状夹渣组成，此时的等级评定应从单个夹渣长度、夹渣间距以及夹渣总长三个方面进行综合评定。

先按单个条状夹渣，对每一条状夹渣进行评定（一般只需评定其中最长者），然后从其相邻两夹渣间距来判别夹渣组成情况，最后评定夹渣总长。

【例 6-2】板厚 T＝24mm 的焊接接头中，条形缺陷如图 6-91 所示，试评定该焊接接头的质量等级。

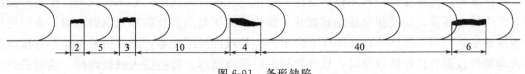

图 6-91　条形缺陷

解 首先对单位夹渣进行评定，根据表 6-15，评定单个条形缺陷。每个缺陷长度均未超过评定厚度的 1/3，符合Ⅱ级，暂定为Ⅱ级。

评定缺陷总长，首先判别缺陷成"组"情况：最长的条形缺陷的长度 L＝6mm，它与最近邻的缺陷之间的间距为 40mm，超出 6L（=36mm）范围，它们之间不属于"组"的范围，再看其余三条缺陷成"组"情况：余下的三条缺陷中，最长者 L=4mm，由于它们之间的间距均小于 6L 而构成"组"，因此计算其总长 4+3+2=9mm，未超过板厚，故可评为 Ⅱ 级。

(3) 未焊透评级　Ⅰ、Ⅱ 级焊缝内不允许存在未焊透缺陷。Ⅲ 级焊缝内不允许存在双面焊和加垫板的单面焊中的未焊透。不加垫板单面焊中的未焊透允许长度按表 6-15 中条状夹渣长度的 Ⅲ 级评定。

(4) 综合评定焊缝质量　对于几种缺陷同时存在的等级评定，应先各自评级，然后进行综合评定。如有两种缺陷，可将其级别之和减 1 作为缺陷综合评级后的焊缝质量级别。如有三种缺陷，可将其级别之和减 2 作为缺陷综合评级后的焊缝质量等级。

四、超声波探伤

能引起人类听觉的声波频率范围是 20Hz～20kHz，当声波的频率高于 20kHz 时，人类便听不出来了，这样的声波称为超声波，频率低于 20Hz 的声波称为次声波。超声波探伤是利用超声波在物体中的传播、反射和衰减等物理特性来发现缺陷的一种无损检测方法。它主要用于检测金属材料和部分非金属材料的内部缺陷。

1. 原理及设备

(1) 超声波探伤的原理

① 超声波的产生和接收　超声波探伤中采用压电法来产生超声波，而压电法是利用压电晶体片来产生超声波的。压电晶体片是一种特殊的晶体材料，压电晶体片在拉应力或压应力的作用下产生变形时，会在晶片表面出现电荷，如图 6-92(a) 所示；反之，它在电荷或电场作用下，会发生变形，如图 6-92(b) 所示，前者称为正压电效应，后者称为逆压电效应。

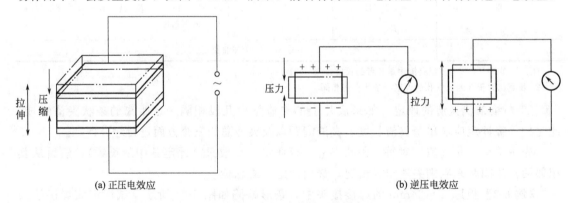

(a) 正压电效应　　　　　　　　　　(b) 逆压电效应

图 6-92　正压电和逆压电效应

超声波的产生和接收是利用超声波探头中压电晶体片的压电效应来实现的。由超声波探伤仪产生的电振荡，以高频电压形式加载于探头中的压电晶体片的两面电极上时，由于逆压电效应的结果，压电晶体片会在厚度方向上产生持续的伸缩变形，形成机械振动。若压电晶体片与焊件表面有良好的耦合时，机械振动就以超声波形式传播进入被检焊件，这就是超声波的产生。反之，当压电晶体片受到超声波作用而发生伸缩变形时，正压电效应的结果会使压电晶体片两表面产生不同极性的电荷，形成超声频率的高频电压，以回波信号的形式经探伤仪显示，这就是超声波的吸收。

② 声场的特征值　充满超声波的空间叫超声场。超声场具有一定的空间和形状，只有当缺陷位于超声场内时，才有可能被发现。描述超声场的参数除了波速（C）、频率（f）和波长（λ）外，还有声压（P）、声强（I）和声阻抗（Z）。

a. 声压（P）。超声场中某一点在某一时刻所具有的压强与没有超声波存在时的静态压强之差，称为该点的声压，用 P 表示，单位为 Pa。声压值以声压的幅值表示，波高与声压成正比。

b. 声强（I）。单位时间内垂直通过单位面积的声波强度称为声强，常用 I 表示，单位为 W/cm^2。超声波的声强与频率平方成正比。

c. 声阻抗（Z）。超声场中任一点的声压与该处质点振动速度之比为声阻抗，常用 Z 表示，单位为 $g/(cm^2·s)$。声阻抗可理解为介质对质点振动的阻碍作用，它是表征介质声学性质的重要物理量。

③ 超声波的性质

a. 具有良好的指向性。由于超声波的波长非常短，因此，它在弹性介质中能像光波一样直线传播。而且超声波在固定的介质中传播速度是个常数，所以，根据传播时间就能求得其传播距离，这就为探伤中缺陷的定位提供了依据。

b. 超声波能在弹性介质中传播，不能在真空中传播。一般探伤中通常把空气介质作为真空处理，所以认为超声波也不能通过空气进行传播。

c. 超声波具有不同的波型。超声波如同声波一样，通过介质时，根据介质质点的振动方向与波的传播方向之间的相互关系的不同，有不同的波形。

• 纵波（L）。质点振动方向与波的传播方向互相平行的波动，当弹性介质受到交变拉压应力时产生纵波，介质质点疏密相间，又称为疏密波或压缩波。固体、液体和气体中均可传播纵波。

• 横波（S）。质点振动方向与波的传播方向互相垂直的波动，当弹性介质受到交变剪切应力时产生横波，介质发生切变变形，又称为切变波。横波只能在固体中传播。液体和气体不能传播横波或具有横波分量的其他类型波。

• 表面波（R）。沿介质表面传播的波动称为表面波。当弹性介质表面受到交变张力作用时，介质表面质点做椭圆运动，长轴垂直于声波传播方向，短轴平行于声波传播方向。表面波可看成是纵波和横波的合成，因此，表面波和横波一样只能在固体中传播。表面波一般的传播深度为（1～2）λ，主要用于探测表面和近表面缺陷以及测定表面裂纹的深度。

对于普通钢材，超声波在其中传播的纵波速度最快，横波速度次之，表面波速度最慢。因此，对于同一频率超声波来说纵波的波长最长，横波次之，表面波最短。由于探测缺陷的分辨力与波长有关，波长短的分辨力高，因此表面波的探测分辨力优于横波，横波优于纵波。

④ 超声波可以在异质界面透射、反射、折射和波型转换　超声波从一种介质垂直入射到另一种介质时，经过异质界面将产生以下几种情况。

a. 垂直入射异质界面时的透射、反射和绕射。当超声波从一种介质垂直入射到第二种介质上时，其能量的一部分被反射而形成与入射波方向相反的反射波，其余能量则透过界面产生与入射波方向相同的透射波。超声波在异质界面上的反射是很严重的，但当界面尺寸很小时，超声波能绕过其边缘继续前进，即产生波的绕射。

b. 倾斜入射异质界面时的反射、折射、波型转换。若超声波由一种介质倾斜入射到另一种介质时,在异质界面上将会产生波的反射和折射,并产生波型转换。不同的波型的入射角、反射角、折射角的关系符合几何光学原理。

⑤ 超声波的衰减　超声波在介质中传播过程中,其能量随着传播距离的增加而逐渐减弱的称为超声波的衰减。超声波的衰减方式主要有以下三种。

a. 散射引起的衰减。超声波在传播过程中,在介质内部如遇到阻抗不同的界面,则会在界面上产生散乱反射、折射和波型转换,从而损耗声波的能量,这种衰减称为散射衰减。

b. 介质吸收引起的衰减。超声波的传播过程是以介质质点的机械振动进行的,由于质点的相对运动和相互摩擦,使部分的超声波能量转变成热能,这种形式的超声波能量衰减称为介质吸收引起的衰减。

c. 声束扩散引起的衰减。超声波在传播过程中将会扩散,随着传播距离的增加,扩散的程度也将增大。扩散导致波束截面积增大,从而使单位面积上声能减少,这种形式引起的超声波能量减少称为扩散衰减。

(2) 超声波的探伤设备　超声波探伤设备一般由超声波探伤仪、探头和试块组成。

① 超声波探头　超声波探头又称压电超换能器,是实现电-声能量相互转换的能量转换器件。探头的种类有以下几种。

a. 直探头。声束垂直于被探工件表面入射的探头称为直探头。它可发射和接收纵波。直探头由压电晶片、阻尼块、保护膜和壳体等组成,如图 6-93(a) 所示。

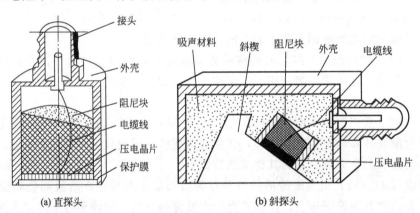

图 6-93　超声波探头

b. 斜探头。利用透声斜楔块使声束倾斜于工件表面射入工件的探头称为斜探头。它可发射和接收横波,其基本结构如图 6-93(b) 所示。

斜探头的主要性能参数如下。

ⓐ 折射角 γ（或探头 K 值）。通常横波斜探头以钢中折射角标称：$\gamma=40°、45°、50°、60°、70°$；有时以折射角的正切标称：$K=\tan\gamma=1.0、1.5、2.0、2.5、3.0$。$\gamma$ 或 K 值大小决定了声束入射工作的方向和声波传播途径,是为缺陷定位计算提供的一个有用数据。而斜探头在使用过程中由于磨损等原因,γ 或 K 值随时在发生变化,因而每次使用前均需测量 γ 或 K 值。

ⓑ 探头前沿长度。声束入射点至探头前端面的距离称前沿长度,又称接近长度。它反映了探头对有余高的焊缝的可接近程度。为了便于对缺陷进行准确定位,探头在使用前和使用过程中要经常测定入射位置。

ⓒ 声轴偏离角。探头主声速轴线与晶片中心线之间的夹角称为声速轴线偏离角。它反映

了主声束中心轴线与晶片中心法线的重合程度，它直接影响缺陷定位和指示长度测量精度等。

常用的探头中，除了直探头和斜探头外，还有水浸聚焦探头和双晶探头等，这里不再一一介绍。

② 探头型号 探头型号由五部分组成，用一组数字和字母表示，其排列顺序如下。

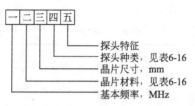

晶片尺寸，圆形晶片为晶片直径；方形晶片为"晶片长度×宽度"；分割探头晶片为分割前的尺寸。探头种类，用汉语拼音缩写字母表示，直探头也可以不标出。探头特征，斜探头用 γ 或 K 值，(°)；水浸聚焦探头为水中焦距，mm，DJ 表示点聚集，XJ 表示线聚集。

表 6-16 常用压电晶体片材料和探头的代号

压电晶体片材料	代 号	探头种类	代 号
锆钛酸铅陶瓷	P	直探头	Z
钛酸钡陶瓷	B	斜探头（用 K 值表示）	K
钛酸铅陶瓷	T	斜探头（用 γ 值表示）	X
铌酸锂单晶	L	分割探头	FG
碘酸锂单晶	I	水浸探头	SJ
石英单晶	Q	表面波探头	BM
其他材料	N	可变角探头	KB

示例

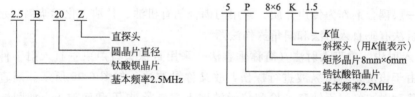

③ 超声波探伤仪 超声波探伤仪是探伤的主体设备，它主要产生超声频率电振荡，并以此来激励探头发射超声波。同时，它又将探头收到的回波电信号予以放大、处理，并通过一定方式显示出来。

超声波探伤仪按超声波的连续性可分为脉冲波、连续波和调频波探伤仪三种；按缺陷显示方式可分为 A 型显示（缺陷波幅显示）、B 型显示（缺陷俯视图像显示）、C 型显示（缺陷侧视图像显示）和 3D 显示（缺陷三维图像显示）超声波探伤仪等，目前使用较多的是 A 型脉冲反射式超声波探伤仪；按通道数目可分为单通道和多通道超声波探伤仪两种。

④ 试块 试块是一种按一定用途设计制作的具有简单形状人工反射体的试件，是检测标准的一个组成部分，是判定检测对象质量的重要尺度。在超声波检测技术中，确定检测灵敏度、显示探测距离、评价缺陷大小以及测试仪器和探头的组合性能等，都是利用试块来实现的。

试块分为标准试块和对比试块两大类。

a. 标准试块 标准试块是由法定机构对材质、形状、尺寸、性能等作出规定和检定的

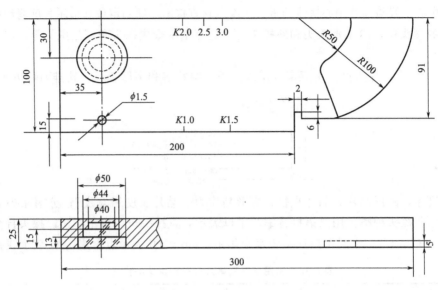

图 6-94 CSK-ⅠB 试块

试块。CSK-ⅠB 试块如图 6-94 所示。

b. 对比试块 对比试块又称参考试块，它是由各专业部门按某些具体探伤对象规定的试块。我国标准提出的适应不同板厚的三种对比试块：分别是：RB-1（适用于 8～25mm 板厚）、RB-2（适用于 8～100mm 板厚）和 RB-3（适用于 8～150mm 板厚），其形状如图 6-95 所示。

2. 超声波检测一般技术

在超声波探伤中有很多探伤方式及方法，按探头与焊件接触方式可分为直接接触法和液浸法。这里以直接接触法为例介绍超声波检测技术。

探头直接接触工件进行探伤的方法称为直接接触法。使用直接接触法应在探头和被探工件表面涂上一层耦合剂作为传声介质。常用的耦合剂有机油、甘油、化学浆糊、水及水玻璃等。直接接触法有垂直入射法和斜角探伤法两种。

① 垂直入射法 垂直入射法（简称垂直法）采用直探头将声束垂直入射工件探伤表面进行探伤。由于该法是利用纵波进行探伤，故又称纵波法，如图 6-96 所示。当直探头在工件检测面上移动时，经过无缺陷处检测仪示波屏上只有始波 T 和底波 B，如图 6-96(a) 所示；若探头移到有缺陷处，且缺陷的反射面比声束小时，则示波屏上出现始波 T、缺陷波 F 和底波 B，如图 6-96(b)；若探头移至大缺陷（缺陷比声束大）处时，则示波屏上只出现始波 T 和缺陷波 F，如图 6-96(c) 所示。

垂直入射法探伤能发现与探伤面平行或近于平行的缺陷，适用于厚钢板、轴类、盘类等几何形状简单的焊件。

② 斜角探伤法 斜角探伤法（简称斜射法）是采用斜探头将声束倾斜入射到焊件探伤表面进行探伤的方法，如图 6-97 所示。由于其是利用横波进行探伤，故又称横波法。当斜探头在工件检测面上移动时，若工件内没有缺陷，则声束在工件内经多次反射将以"W"形路径传播，此时在示波屏上只有始波 T，如图 6-97(a) 所示；当工件存在缺陷，且该缺陷与声束垂直或倾斜角很小时，声束会被缺陷反射回来，此时示波屏上将显示出始波 T、缺陷波 F，如图 6-97(b)；当斜探头接近板端时，声束将被端角反射回来，此时示波屏上将出现始

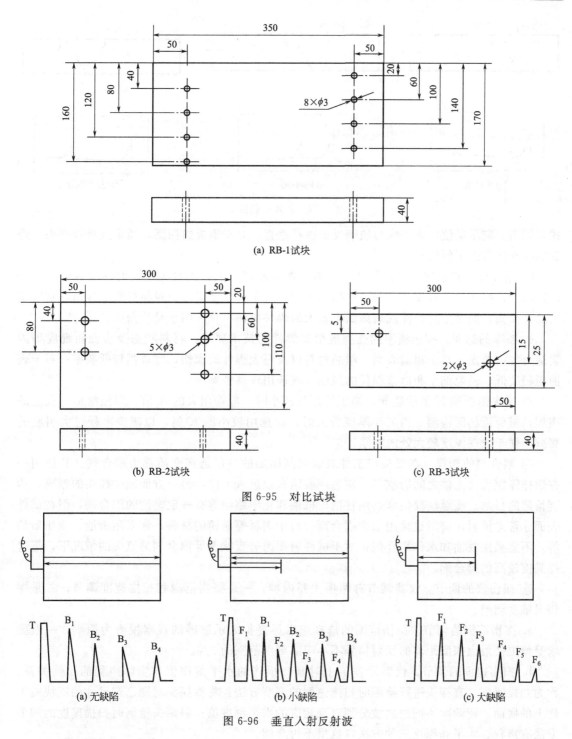

图 6-95 对比试块

图 6-96 垂直入射反射波

波 T 和端角波 B，如图 6-97(c) 所示。

斜角探伤法能发现与探侧表面成角度的缺陷，常用于焊缝、环状锻件、管材的检查。

③ 超声波探头的选择　探头的选择包括探头形式、频率、晶片尺寸和斜探头 K 值的选择等。

a. 探头形式的选择。根据焊件的形状和可能出现缺陷的部位、方向等条件选择探头形

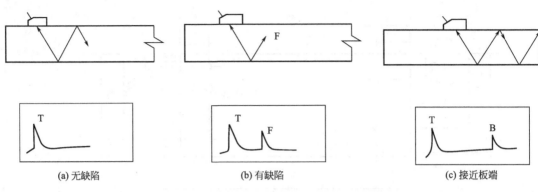

图 6-97 斜角探伤法

式，原则上应尽量使声束轴线与缺陷反射面相垂直。对于钢板的探测，通常选择直探头，焊缝的探测通常选用斜探头。

b. 晶片尺寸的选择。晶片尺寸大，声束指向性好，能量大且集中，对检测有利，但会使近场区长度增加，对探伤不利。实际探伤中，对于大厚度焊件或粗晶材料的探伤，常采用大晶片探头；而对于薄焊件或表面曲率较大的焊件探伤，宜选用小晶片探头。

c. 频率的选择。探伤频率的选择应根据焊件的技术要求、材料状态及表面粗糙度等因素综合加以考虑。对于粗糙表面、粗晶材料以及厚大焊件的探伤，宜选用较低频率；对于表面粗糙度低、晶粒细小和薄壁焊件的探伤，宜选用较高频率。

d. 探头角度或 K 值的选择。当工件厚度较小时，应选用大的 K 值，以便增加一次波的声程，避免近场区检测。当工件厚度较大时，应选用较小的 K 值，以减少声程过大引起的衰减，便于发现深度较大处的缺陷。

④ 耦合剂的选择　在探头与工件表面之间施加的一层透声介质称为耦合剂。其作用一方面排除探头与工件之间的空气，使超声波能有效进入工件，另一方面减少探头的摩擦，达到检测的目的。接触法探伤常选用甘油、机油和化学糨糊等有一定黏度的耦合剂，但在试件表面非常光滑时，有时也采用水作耦合剂；对于钢材等易锈的材料，常采用机油、变压器油等，不宜采用甘油和水作耦合剂；对于试件表面为竖直状态等耦合剂易流失的情况下，需选择黏度较高的耦合剂。

⑤ 探伤仪的调节　仪器调节有两项主要内容，一是探伤范围和扫描速度调节；二是探伤灵敏度调整。

a. 探伤范围的调节。探伤范围的选择应以尽量扩大示波屏的观察视野为原则，一般要求受检工件最大探测距离的反射信号不小于满刻度范围的 2/3。

b. 扫描速度的调节。仪器示波屏上时基扫描线的水平刻度值与实际声程的比例关系，称为扫描速度。直探头进行检测时扫描速度的调节方法：将直探头对准已知尺寸的试块或工件上的底面，使两次不同的底波分别对准相应的水平刻度值；斜探头检测时扫描速度的调节方法有声程、水平和深度三种方法，这里不再介绍。

c. 探伤灵敏度的调节。检测灵敏度是指在确定的探测范围内发现规定大小缺陷的能力。直探头探伤中常用试块调整法和工件底波调整法进行灵敏度调节。试块调整法是根据工件对灵敏度的要求选择相应的试块，将探头对准试块上的人工缺陷，调整好仪器上的有关灵敏度按钮，使示波屏上人工缺陷的最高回波达基准波高，此时灵敏度就调好了；工件底波调整法是利用公式计算灵敏度。

⑥ 缺陷位置的测定　测定缺陷在工件中的位置称为缺陷定位，一般可根据示波屏上缺陷波的水平刻度值与扫描速度来对缺陷进行定位。直探头探伤时，缺陷就在直探头的下面，可直接计算缺陷在工件中的深度，当探伤仪按 $1:n$ 调节扫描速度时，则有

$$Z_f = n\tau_f$$

式中　Z_f——缺陷在工件中的深度，mm；

　　　n——检测仪调节比例系数；

　　　τ_f——示波屏上缺陷波前沿所对水平刻度值。

3. 探伤操作

钢板是经轧制而成的，钢板中的大部分缺陷与板面平行，因此一般采用垂直于板面的纵波探伤法。根据耦合方式不同，分为接触法和水浸法。接触法常用于单件小面积钢板探伤和某些厚度很大的钢板探伤，水浸法常用于批量大面积钢板探伤。本实验采用接触法。

钢板探伤时，一般用 2.5～5MHz，ϕ10～30mm 的直探头探伤，采用全面或列线扫查。

钢板探伤灵敏度调节方法有两种：一种是利用 ϕ5mm 平底孔试块来调，这时一般不测缺陷的当量，只测缺陷的面积；另一种是利用钢板多次底波来调，这时可根据缺陷波和底波次数及高度来评价钢板质量。

在钢板探伤中，根据 JB/T 4730.3—2005 标准规定，以下几种情况记录缺陷面积。

① 缺陷第一次反射波（F_1）波高大于或等于满刻度的 50%，即 $F_1 \geqslant 50\%$。

② 当底面第一次反射波（B_1）波高未达到满刻度，此时，缺陷第一次反射波（F_1）波高与底面第一次反射波（B_1）波高之比大于或等于 50%，即 $B_1 < 100\%$，而 $F_1/B_1 \geqslant 50\%$。

③ 底面第一次反射波（B_1）波高低于满刻度的 50%，即 $B_1 < 50\%$。

钢板超声波探伤过程如下。

① 清理钢板表面的氧化皮、锈蚀和油污等。

② 调节仪器，使时基扫描线清晰明亮，并与水平刻度线重合。

③ 调扫描速度：探头对准钢板，调整"微调"和"脉冲移位"，使底波 B_1、B_2 分别对准 $1T$、$2T$（T 指厚度），这时深度 1:1 调节好。

④ 灵敏度调节：将探头置于钢板上，调节"衰减器"使第一次底波（B_1）波高达 50%，然后再减去 10dB，这时的衰减器计数为扫查灵敏度。

⑤ 粗扫：调节好扫查灵敏度，将探头置于钢板上，做 100% 全面扫查，初步找出缺陷的大概位置，确定缺陷的数量，并做好标记。

⑥ 缺陷测定：精扫过程中发现缺陷后，先用半波高度法（或 6dB 法）测定缺陷的轮廓线，然后用方格法确定缺陷的面积，最后根据扫描速度和缺陷波所对应的刻度值确定缺陷的深度。

6dB 法的具体做法是：移动探头找到缺陷的最大反射波后，调节衰减器，使缺陷波高降至基准波高，然后用衰减器将仪器灵敏度提高 6dB，沿缺陷方向移动探头，当缺陷波高降至基准波高时，探头中心线之间的移动距离就是缺陷的指示长度。

⑦ 记录：记录缺陷的位置、深度和面积等参数。

⑧ 评级：根据 JB/T 4730.3—2005 标准规定对钢板评级，见表 6-17。

表 6-17　超声波探伤质量分级

等级	单个缺陷指示长度/mm	单个缺陷指示面积/cm²	在任 1m×1m 检测面积内存在的缺陷面积百分比	以下单个缺陷指示面积不计/cm²
Ⅰ	<80	<25	≤3	<9
Ⅱ	<100	<50	≤5	<15
Ⅲ	<120	<100	≤10	<25
Ⅳ	<150	<100	≤10	<25
Ⅴ	超过Ⅳ者			

注：单个缺陷按其指示的最大长度作为该缺陷的指示长度，若单个缺陷指示长度小于 40mm 时，可不记录；多个缺陷其相邻间距小于 100mm 或间距小于相邻较小缺陷的指示长度（取其较大值）时，以各缺陷面积之和作为单个缺陷指示面积。

五、表面探伤

1. 磁粉探伤

磁粉探伤是通过铁磁材料进行磁化所产生的漏磁场，来发现其表面或近表面缺陷的一种无损检测方法，如图 6-98 所示。

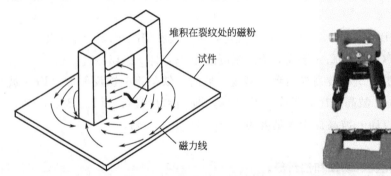
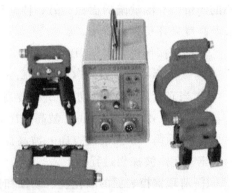

图 6-98　磁粉检测原理和设备

（1）磁粉探伤原理　铁磁性材料制成的工件被磁化，工件就有磁力线通过。如果工件本身没有缺陷，磁力线在其内部是均匀连续分布。当工件内部存在缺陷时，如裂纹、夹杂、气孔等非铁磁性物质，其磁阻非常大，磁导率低，必将引起磁力线的分布发生变化。缺陷处的磁力线不能通过，将产生一定程度的弯曲。当缺陷位于或接近工件表面时，则磁力线不但在工件内部产生弯曲，而且还会穿过工件表面漏到空气中形成一个微小的局部磁场，如图 6-99 所示。这种由于介质磁导率的变化而使磁通泄漏到缺陷附近空气中所形成的磁场，称为漏磁场，这时如果把磁粉喷洒在工件表面上，磁粉将在缺陷处被吸附，形成与缺陷形状相应的磁粉聚集线，称为磁粉痕迹，简称磁痕。通过磁痕就可将漏磁场检测出来，并能确定缺陷的位置（有时包括缺陷的大小、形状和性质等）。磁痕的大小是实际缺陷的几倍或几十倍，如图 6-100 所示，从而容易被肉眼观察。

（2）影响漏磁场强度的因素　漏磁场的大小，对检验缺陷的灵敏度至关重要，其中漏磁场又受以下因素影响。

① 外加磁场强度　外加磁场强度高时，在材料中所产生的磁感应强度就高，处于表面缺陷阻挡的磁力线也较多，形成的漏磁场强度也随之增加。

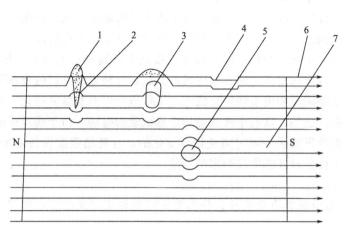
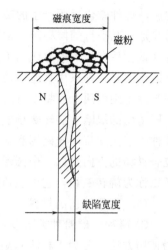

图 6-99 不连续性部位的漏磁场分布
1—漏磁场;2—裂纹;3—近表面气孔;4—划伤;
5—内部气孔;6—磁力线;7—工件

图 6-100 表面缺陷上的磁粉聚集

② 材料磁导率 材料磁导率高的工件易被磁化,在一定的外加磁场强度下,在材料中产生的磁感应强度正比于材料的磁导率。在缺陷处形成的漏磁场强度随着磁导率的增加而增加。

③ 缺陷的埋藏深度 当材料中的缺陷越接近表面,被弯曲逸出材料表面的磁力线越多。随着缺陷埋藏深度的增加,被逸出表面的磁力线减少,到一定深度,在材料表面没有磁力线逸出而仅仅改变了磁力线方向,所以缺陷的埋藏深度越小,漏磁场强度也越大。

④ 缺陷的方向 当缺陷长度方向和磁力线方向垂直时,磁力线弯曲严重,形成的漏磁场强度最大。随着缺陷长度方向与磁力线夹角的减少,漏磁场强度减小,如果缺陷长度方向平行于磁力线方向时,漏磁场强度最小,甚至在材料表面不能形成漏磁场。

⑤ 缺陷的磁导率 如材料缺陷内部含有铁磁性材料的成分,即使缺陷在理想的方向和位置上时,也会在磁场的作用下被磁化,因而缺陷就不能形成漏磁场,即缺陷的磁导率越高,产生的漏磁场强度越低。

⑥ 缺陷的大小和形状 缺陷在垂直磁力线方向上的尺寸越大,阻挡的磁力线越多,越容易形成漏磁场且其强度越大;缺陷的形状为圆形时如气孔等,漏磁场强度小,当缺陷为线形时,容易形成较大的漏磁场。

(3) 焊件磁化方法 在磁力探伤中,通过外加磁场使焊件磁化的过程称为焊件的磁化。由于磁化方式的不同,焊件的磁化也有不同的方法。

① 直流电磁化法和交流电磁化法 直流电磁化法是采用低电压大电流的直流电源,使焊件产生方向恒定的电磁场,这种磁化方法能发现近表面区较深的缺陷。交流电磁化法是采用低电压大电流交流电源对工件进行磁化,它可发现表面缺陷的灵敏度比直流电磁法要高,退磁容易,应用比较普遍。

② 直接通电磁化法和间接通电磁化法 直接通电磁化法是将焊件直接通以电流,使工件周围和内部产生周向磁场,该方法适于检测长条形如棒材或管材等焊件。间接通电磁化法是利用探伤器等使自身产生的磁场对工件进行磁化的方法。

③ 周向磁化法、纵向磁化法、复合磁化法和旋转磁场磁化法 周向磁化法又称横向磁

化法，焊件磁化后所产生的磁力线在焊件轴向垂直的平面内，且沿着工件圆周表面分布，磁力线是相互平行的同心圆，常用来检验工件上如纵焊缝等与轴线平行的缺陷。纵向磁化法是焊件磁化后产生的磁力线与工件的轴线平行，常用来检验与工件或焊缝轴线垂直的缺陷。复合磁化法是一种采用直流电使磁轭产生纵向磁场，用交流电直接向工件通电产生周向磁场，使工件得到由两个互相垂直的磁力线作用而产生的合成磁场的方法。此种方法可以检查各种不同角度的缺陷。旋转磁场磁化法是采用相位不同的交流电对工件进行周向和纵向磁化，在工件中产生交流周向磁场和交流纵向磁场，这两个磁场叠加后形成复合磁场；由于所形成的复合磁场的方向是以一个圆形或椭圆形的轨迹随时间变化而变化的，且磁场强度保持不变，所以称为旋转磁场，它可以检测工件各种任意方向分布的缺陷。

(4) 磁粉探伤的材料

① 磁粉　磁粉种类很多，按磁粉是否有荧光性，分为荧光磁粉和非荧光磁粉；按其磁粉使用方法，分为干粉法和湿粉法。

② 非荧光磁粉　非荧光磁粉是在白光下能观察到磁痕的磁粉。通常是铁的氧化物，研磨后成为细小的颗粒经筛选而成。它分为黑磁粉、红磁粉和白磁粉等。

a. 黑磁粉是一种黑色的 Fe_2O_3 粉末，它在浅色工件表面上形成清晰磁痕，在磁粉探伤中应用最广。

b. 红磁粉是一种铁红色的 Fe_3O_4 晶体粉末，具有较高的磁导率。红磁粉在对钢铁金属及工件表面颜色呈褐色的状况下进行探伤时，具有较高的反差，但不如白磁粉。

c. 白磁粉是由黑磁粉 Fe_3O_4 与铝或氧化镁合成而制成的一种表面呈银白色或白色的粉末。白磁粉适用于黑色表面工件的磁粉探伤，具有反差大、显示效果好的特点。

③ 荧光磁粉　荧光磁粉是以磁性氧化铁粉、工业纯铁粉或羰基铁粉等为核心，外面包覆一层荧光染料所制成，可明显提高磁痕的可见度和对比度。这种磁粉在暗室中用紫外线照射能产生较亮的荧光，所以适合于检验各种工件表面探伤，尤其适合深色表面的工件，具有较高的灵敏度。

④ 磁悬液　将磁粉混合在液体介质中形成磁粉的悬浮液称为磁悬液。在磁悬液中，磁粉和载液是按一定比例混合制成的。根据采用的磁粉和载液的不同，可分为油基磁悬液、水基磁悬液和荧光磁悬液三种。

(5) 磁粉探伤设备

磁粉探伤设备由磁粉探伤机、测磁仪器及质量控制仪器等组成，其主要设备是磁粉探伤机，常用的有以下几种。

① 便携式磁粉探伤机　便携式磁粉探伤机由于体积小、重量轻、易于搬动，因而适合于高空、野外等现场作业，常用的有磁轭式和磁锥式两种。

② 移动式磁粉探伤机　这种探伤机一般都放置于小车上，移动比较方便，适合小型工件和不易搬动的大型工件的探伤。

③ 固定式磁粉探伤机　这是一种大型的磁粉探伤设备，一般安装在固定场合、它适合场地相对固定、中小型工件及需要较大磁化电流的可移动工件的检验。

④ 磁轭式旋转磁场探伤机　这种探伤机由电源箱与磁轭两部分组成，它具有体积小、重量轻的特点，其应用除了与便携式磁粉探伤机相同外，还可以检验缺陷分布为任意方向的焊件。

(6) 磁粉探伤过程

① 预处理　用机械或化学方法把焊件表面的油污、氧化皮、涂层和飞溅等清理干净，同时对工件的盲孔和内腔进行封堵，防止磁悬液流进后难以清洗。若磁痕与工件表面颜色对比度小，可先在探伤前在工件表面涂一层反差增强剂。

② 磁化　选用合适的磁化方法对工件进行磁化。

③ 施加磁粉　把磁粉（干粉检验法）或磁悬液（湿粉检验法）均匀地喷洒在焊件表面上，可分为连续法和剩磁法两种。当焊件开始磁化时就喷洒磁粉或磁悬液，磁化结束后，喷洒磁粉或磁悬液也随之停止，然后进行观察，这种方法称为连续法。焊件磁化时不喷洒磁粉或磁悬液，待停止磁化时，立即喷洒磁粉或磁悬液，利用焊件本身残存的剩余磁场检测缺陷，这种方法称为剩磁法。

④ 检验　对磁痕进行观察和分析，非荧光磁粉在明亮的光线下观察，荧光磁粉可在紫外线灯照射下观察。

⑤ 退磁　使工件的剩磁为零的过程叫退磁。常用的退磁方法有交流线圈退磁法和直流退磁法两种。交流线圈退磁法是利用交流电方向不断发生变化，磁场方向也随之发生变化并减弱的方法退磁；直流退磁法是采用改变电流的方向（得到反向磁场）及减弱磁化电流的方法来进行退磁。

⑥ 磁粉探伤报告　根据磁粉探伤实际操作时所记录的内容整理成正式文件，形成探伤报告。

2. 渗透探伤基本知识

渗透探伤是在被检焊件上浸涂可以渗透的带有荧光的或红色的染料，利用渗透剂的渗透作用，显示表面缺陷痕迹的一种无损检测方法。图 6-101 所示为渗透探伤中的涂着色剂。

(1) 渗透探伤的原理　当被检工件表面涂覆了带有颜色或荧光物质且具有高度渗透能力的渗透液时，在液体对固体表面的湿润作用和毛细管作用下，渗透液渗透入工件表面开口缺陷中，然后，将工件表面多余的渗透液清洗干净，保留渗透到缺陷中的渗透液，再在工件表面涂上一层显像剂，将缺陷中的渗透液在

图 6-101　渗透探伤中的涂着色剂

毛细作用下重新吸附到焊件表面，从而形成缺陷的痕迹，通过直接目视或特殊灯具，观察缺陷痕迹颜色或荧光图像对缺陷性质进行评定，其基本过程如图 6-102 所示。

① 渗透探伤方法分类　根据不同的显像方式、不同的渗透剂及显像剂，渗透探伤方法可分为不同的方法，如表 6-18 所示。

(a) 渗透

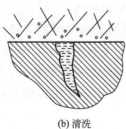
(b) 清洗

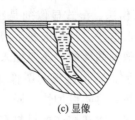
(c) 显像

(d) 检测

图 6-102　渗透探伤过程示意图

表 6-18　渗透探伤的分类方法及代号

分类原则	方法名称		方法代号
按渗透剂不同	荧光探伤	水洗型荧光探伤	FA
		后乳化型荧光探伤	FB
		溶剂去除型荧光探伤	FC
	着色探伤	水洗型着色探伤	VA
		后乳化型着色探伤	VB
		溶剂去除型着色探伤	VC
按显像剂不同	干式显像法		D
	湿式显像法		W
	快干式显像法		S

② 按显像方式分类

a. 着色渗透探伤。将涂有彩色染料的渗透剂渗入工件表面，清洗后，涂吸附剂，使缺陷内的彩色油液渗至表面，根据色斑点或条纹发现和判断缺陷。

b. 荧光渗透探伤。将含有荧光物质的渗透剂渗入工件表面，经清洗后保留在缺陷中的渗透液被显像剂吸附出来，用紫外光源照射，使荧光物质产生波长较长的可见光，在暗室中对照射后的工件表面进行观察，通过显现的荧光图像来判断缺陷的大小、位置和形态。

③ 按渗透剂的种类分类

a. 水洗型渗透探伤法。这种探伤方法基本与其他渗透探伤相同。但此方法以水为清洗剂，渗透剂以水为溶剂，或者在渗透剂中加有乳化剂，使非水溶性的渗透剂发生乳化作用而具有水溶性。也可在渗透剂中直接加入乳化剂，而使渗透剂具有水溶性。

b. 后乳化型渗透探法。这种渗透探伤方法以水作为清洗剂。渗透剂是不溶于水的，为了将残留在缺陷以外多余渗透液用水清洗掉，在渗透与清洗两步操作之间要增加乳化这一步程序。

c. 溶剂去除型渗透探伤法。自乳化型存在灵敏度不足的缺点，后乳化型的操作较复杂，用溶剂作为清洗剂可避免上述问题，但由于清洗使用的溶剂主要是各种有机物，它们具有较小的表面张力系数，对固体表面有很好的润湿作用，因此有很强的渗透能力，如若操作不当，很容易进入缺陷内部，将渗透液冲洗出来，或者降低了着色物的浓度，使图像色彩对比度不足而造成漏检。

④ 按显像剂的种类分

a. 干式显像渗透探伤法。这种探伤法主要用于荧光渗透剂，用经干燥后的细颗粒干粉可获得很薄的粉膜，对荧光显像有利，可提高探伤灵敏度。

b. 湿式显像渗透探伤法。湿式显像剂是在具有高挥发性的有机溶剂中加入起吸附作用的白色粉末配制而成的，这些白色粉末并不溶解于有机溶剂中，而是呈悬浮状态，使用时必须摇晃均匀。为改善显像剂的性能，还要加入一些增加黏度的成分，以限制有机溶剂在吸附渗透液到工件表面后扩散，防止显现的图像比实际缺陷扩大的假象，同时为了尽快进行观察，常采用吹风机进行热风烘吹以加快干燥。

(2) 渗透探伤的材料　渗透探伤的材料有渗透剂、乳化剂和显像剂等。

① 渗透剂　着色探伤中的渗透剂要求颜色醒目，着色强度高；而渗透探伤中的渗透剂

要求荧光强度高。除此之外，还要求渗透剂具有渗透性能好、溶解性能好、洗涤性能好和挥发性不高等特点。

② 乳化剂　油性物质不能溶解于水，当加入乳化剂后，使油能变成极微小的颗粒而均匀地分布在水中，形成"水包油"的匀质状态，即使在静止状态下，油也不会聚在一起而造成油水分层的情况，这一现象称为乳化现象，而具有这一现象的物质称为乳化剂。在渗透剂中加有乳化剂，使非水溶性的渗透剂发生乳化作用而具有水溶性。若在渗透剂中直接加入乳化剂，而使渗透剂具有水溶性，则这种渗透剂称为自乳化型渗透剂。

③ 显像剂　显像剂中的白色粉末颗粒应细小，作为白色粉末的载体应易挥发，载体通常是各种低沸点的有机溶剂。涂刷后有机溶剂应尽快蒸发，从而使白色粉末尽快形成多孔隙的薄层，便于吸附缺陷中的渗透液。

(3) 渗透探伤过程

① 探伤前的预清理　主要清理工件表面妨碍渗透液渗入缺陷的油脂、涂料、铁锈、氧化皮及污物等附着物。

② 工件表面的渗透处理　渗透处理是指在规定的时间内，用浸渍、刷涂或喷涂等方法将渗透剂覆盖在被检工件表面上，并使其全部润湿。其中渗透时间按渗透种类、被检工件的材质、缺陷本身的性质以及被检工件和渗透液的温度而定，一般应控制在 10～20min。

③ 工件的乳化处理　这一操作步骤是仅对采用后乳化型渗透剂时才必要。乳化剂使用方法基本上与渗透处理相同，可采用浸渍、浇注和喷洒等方法，但应避免采用刷涂，防止毛刷的搅拌作用不均匀或在刷涂过程中使缺陷中残留的渗透剂起了乳化作用。

④ 工件的清洗处理　清洗的目的是去除附着在被检工件表面上多余的渗透剂，在处理过程中，要防止处理不足而造成对缺陷识别的困难，同时也要防止处理过度而使渗入缺陷中的渗透剂被洗去。因而在水洗过程中，没有特殊情况，水压不应超过 0.3MPa，水流不能直接冲洗工件表面，应以小于 45°的方向冲洗。

⑤ 工件的干燥处理　干燥有自然干燥和人工干燥两种方式。自然干燥时，要控制干燥时间不宜过长；人工干燥时，则应控制干燥温度，以免蒸发掉缺陷内的渗透液，降低检验质量。

⑥ 工件表面的显像处理　显像就是从缺陷中吸出渗透剂的过程。荧光渗透检测一般采用干式显像，显像时用喷枪或静电喷粉法将经干燥处理后的被检工件表面覆盖显像干粉，并保持一段时间；着色探伤一般采用湿式显像法，显像时采用浸渍、喷洒或涂刷等方式，在工件表面均匀涂覆一层显像剂。显像时间一般为 10～15min。

⑦ 显像缺陷痕迹观察　显像时间达到要求后，采用视力或辅以 5～10 倍的放大镜去观察显示迹痕。观察到缺陷迹痕后，可用照相、画示意图或描绘等方法记录。

⑧ 探伤后工件的处理　如果残留在工件上的显像剂或渗透剂影响以后的加工、使用，或要求重新检验时，应将表面冲洗干净。

3. 焊缝磁粉和渗透探伤评级知识

(1) 焊缝磁粉探伤评级方法　JB/T 4730.4—2005《磁粉检测》规定：根据缺陷磁痕的形态，缺陷磁痕大致上分为圆形和线形两种。凡长轴与短轴之比小于 3 的磁痕称为圆形磁痕，长轴与短轴之比大于等于 3 的磁痕称为线形磁痕。

长度小于 0.5mm 的磁痕不计；两条或两条以上缺陷磁痕在同一直线上且间距不大于 2mm 时，按一条磁痕处理，其长度为两条磁痕之和加间距；缺陷磁痕长轴方向与工件（轴类或管类）轴线或母线的夹角大于或等于 30°时，按横向缺陷处理，其他按纵向缺陷处理。

当圆形缺陷评定区内同时存在多种缺陷时，应进行综合评级。对各类缺陷分别评定级别，取质量级别最低的级别作为综合评级的级别；当各类缺陷的级别相同时，则降低一级作为综合评级的级别。

具体评级参见表 6-19，缺陷的定性分析见表 6-20。

表 6-19　焊缝磁粉探伤缺陷显示的等级评定

等级	线性缺陷磁痕	圆形缺陷磁痕（评定框尺寸为 35mm×100mm）
Ⅰ	不允许	$d \leqslant 1.5$，且在评定框内不大于 1 个
Ⅱ	不允许	$d \leqslant 3.0$，且在评定框内不大于 2 个
Ⅲ	$l \leqslant 3.0$	$d \leqslant 4.5$，且在评定框内不大于 4 个
Ⅳ		大于Ⅲ级

注：l 为线性缺陷磁痕长度，mm；d 为圆形缺陷磁痕长径，mm。

表 6-20　焊缝磁粉探伤缺陷定性分析

缺陷类型	缺陷特征
裂纹	磁痕轮廓较分明，对于脆性开裂多表现为粗而平直，对于塑性开裂多呈现为一条曲折的线条，或者在主裂纹上产生一定的分叉，它可以是连续分布，也可以是断续分布，中间宽而两端较尖细
发纹	磁痕呈现直线或曲线状短线条
条状夹杂物	分布没有一定规律，其磁痕不分明，具有一定的宽度，磁粉堆比较低而平坦
气孔与点状夹杂物	可以单独存在，也可密集成链状或群状存在。磁痕的形状和缺陷的形状有关，具有磁粉聚积比较低而平坦的特征

注：有磁痕显示并不一定是缺陷显示，如工件截面突变，两种磁导率不同的材料焊接在一起，划伤与刀痕，也可出现磁痕，除了缺陷磁痕外，还有不是漏磁场引起的假磁痕，脏物粘住磁粉是磁粉探伤中常见的假磁痕。

（2）焊缝渗透探伤评级方法　焊缝渗透探伤评级方法和磁粉评级方法相似，根据 JB/T 4730.5—2005《渗透检测》规定：长度小于 0.5mm 的迹痕不计；两条或两条以上缺陷迹痕在同一直线上且间距不大于 2mm 时，按一条迹痕处理，其长度为两条迹痕之和加间距。具体评级参见表 6-21。

表 6-21　焊缝渗透探伤缺陷显示的等级评定

等级	线性缺陷磁痕	圆形缺陷磁痕（评定框尺寸为 35mm×100mm）
Ⅰ	不允许	$d \leqslant 1.5$，且在评定框内不大于 1 个
Ⅱ	不允许	$d \leqslant 3.0$，且在评定框内不大于 4 个
Ⅲ	$l \leqslant 8.0$	$d \leqslant 4.5$，且在评定框内不大于 6 个
Ⅳ		大于Ⅲ级

注：l 为线性缺陷磁痕长度，mm；d 为圆形缺陷磁痕长径，mm。

六、无损检测新技术

压力容器的制造和运行检验中所采用的无损检测方法多种多样，除了常规无损检测方法（如超声、磁粉、渗透、涡流、射线等）外，还出现了一些无损检测的新技术、新方法、新仪器，接下来就介绍一下声发射、磁记忆、红外热波成像、超声相控阵技术、激光和微波无损检测新技术。

(1) 声发射检测　化工压力容器在介质工作温度和压力作用下容易形成裂纹，裂纹在形成和扩展过程中都会发射出与之相关的大小不同的声发射能量信号，根据这些能量信号的大小来判断是否有裂纹产生以及裂纹的扩展程度。声发射检测的一个重要特点就是必须在检测时对压力容器进行加载，一般采用的加载方法是对压力容器进行耐压试验，有时也会用工作介质直接进行加载，如果在整个加载过程中缺陷部位有声发射定位源信号产生，则判定缺陷是活性的；反之则判定缺陷是非活性的。声发射检测的优点是能够检测出材料的断裂和裂纹的扩展，从而为使用安全性评价提供依据；可远距离操作，长期监控设备允许状态和缺陷扩展情况；装置较轻便；其局限性是设备价格昂贵；操作人员素质要求高；检测过程中干扰因素较多；声发射检测完成后，一般需要超声波检测复验。

(2) 金属磁记忆检测　金属磁记忆检测技术是一种检测材料应力集中和疲劳损伤的无损检测与诊断的新方法，其基本原理是记录和分析产生在制件和设备应力集中区的自有漏磁场的分布情况。金属磁记忆检测不需要对被检测对象专门磁化和退磁，而是利用构件在地磁场中的自磁化；不需要耦合，特别适合现场使用，并且快速、可靠而且检测灵敏度高。这种技术不仅可以快速检测出压力容器的应力集中部位从而查出缺陷，还可以根据实际应力变形状况的信息来判断损伤发展的原因，是对压力容器缺陷进行早期检测并诊断的行之有效的无损检测方法。但是由于金属磁记忆检测技术是一门新型的检测技术，因此在仪器使用和实际应用方面还需要解决许多问题。

(3) 红外热波检测　红外热波成像技术是把物体表面辐射或反射的红外波段图像转换成可见光波段的可观察图像（灰度图或彩色图）的技术。红外热波无损检测技术是通过接收材料内部或表面因为缺陷或材料结构不均匀而产生的红外发射形成红外图像表征材料内部缺陷或结构变化的技术。红外无损检测按其对工件的加热状况和信息处理方式可以分为主动式检测和被动式检测两类，前者是利用外部热源作为激励源对工件加热，利用红外热像仪获得不同时刻工件表面的温度分布，以检测材料的内部是否存在缺陷；后者则是利用工件自身的温度分布来检测工件内部的缺陷，多用于运行中的压力容器检测。

红外热波无损检测常用于压力容器衬套检测和焊接过程检测。当高温压力容器内部保温层出现脱落或裂纹时，就会导致压力容器壳体处于超温状态而产生热损伤，即使是早期的疲劳损伤，也会出现热斑迹图像，红外热波无损检测正是利用这些疲劳热斑迹来确定压力容器的脆弱部位，这样就可以确定后续的检验检测重点。此检测技术是新兴的检测方法，具有能实时检测、检测迅速、远距离非接触无损检测等优点，特别适合于在高速运动、高温、高电压等场合下进行检测；但其局限性是检测者由于经验不同对检测结果得出的结论不同；此技术容易受到一些因素的影响如杂散波、界面反射波的干扰等，容易造成对压力容器缺陷的误检、漏检。

(4) 超声相控阵技术　相控阵超声波无损探伤技术（简称超声相控阵技术）是近年来超声无损检测领域发展起来的新技术，它的基本概念来源于相控阵雷达技术。超声相控阵技术可以产生和常规超声波相同的声束和角度，但它与常规超声检测不同的是能精确地以电子方式控制声束的角度和焦点尺寸。超声相控阵技术因为理论复杂、仪器及检测成本高等原因，在无损检测中的发展受到限制。但近些年，超声相控阵技术以其灵活的声束偏转及聚焦性能受到了无损检测行业的重视。超声相控阵技术具有操作灵活、缺陷定位准确、作业强度小、无辐射、无污物、速度快等优点，例如对压力容器的环焊缝检测只需进行一次简单的线性扫查就能完成全焊缝的检测，并且可检测复杂形面或难以接近的部位，一边扫查一边对焊缝进行分析和评判；检测结果也很直观还能实时显示，并且能打印或者存盘，从而实现对检测结果的长期保存。但存在对被检表面粗糙度要求较高、对温度相对敏感、设备贵、人员素质要求高等不足。

(5) 激光无损检测　　激光技术在无损检测领域的应用始于20世纪70年代初期，由于激光本身所具有的独特性能，使其在无损检测领域的应用不断扩大，并逐渐形成了激光全息、激光超声等无损检测新技术，这些技术由于其在现代无损检测方面具有独特能力而无可争议地成为无损检测领域的新成员，近年来发展也比较迅速，工程应用也比较多。激光无损检测的优点是非接触检测，不需要耦合剂，可检测复杂形面或难以接近的部位，同时可以实现远距离遥控激发和接收，从而实现了压力容器的在线检测，因此激光无损检测可用于高温和高压等恶劣环境下压力容器的无损评估。其局限性是对物体表面有一定的要求，对物体深层缺陷不敏感，设备昂贵，人员素质要求高。

随着科学技术的发展，无损检测新方法，新技术不断涌现，在此不再一一介绍。

第四节　换热器的热处理

一、概述

压力容器的热处理分为四类：恢复元件性能的热处理、焊后热处理、改善材料力学性能热处理及其他热处理。焊后热处理利用材料在高温下屈服极限的降低，使内应力高的地方产生塑性流动，弹性变形逐渐减少，塑性变形逐渐增加从而使应力降低。焊后热处理在压力容器生产中所占比例最大。本章已介绍焊接应力消除方法除了焊前预热、焊后缓冷之外，最主要的是焊后热处理。

二、热处理工艺

1. 恢复元件性能的热处理

钢板冷成形受压元件，符合下列任意条件之一且变形率超过规定（表6-22），应进行相应热处理以恢复材料的性能。一般也称为消除冷作硬化热处理。

① 盛装毒性为极度或者高度危害介质的容器。
② 图样中注明有应力腐蚀的容器。
③ 对碳钢、低合金钢，成型前厚度大于16mm者。
④ 对碳钢、低合金钢，成型后减薄量大于10%者。
⑤ 碳钢、低合金钢，材料要求做冲击试验者。

表6-22　变形率计算方法

材料	碳钢、低合金钢及其他材料	奥氏体型不锈钢
变形率/%	5	15①

变形率计算公式如下：
单向拉伸（如筒体成型）:变形率(%)=$50\delta[1-(R_f/R_o)]/R_f$
双向拉伸（如封头成型）:变形率(%)=$75\delta[1-(R_f/R_o)]/R_f$
式中　δ——板材厚度，mm
　　　R_f——成型后中面半径，mm
　　　R_o——成型前中面半径，（对于平板为∞），mm

①当设计温度低于-100℃，或高于675℃时，变形率控制值为100%。

固溶是将奥氏体或双相钢加热到1100℃，使碳化物全部溶解，碳溶于奥氏体中，然后快速冷却至室温（一般用水冷），使碳达到过饱和状态。固溶处理的目的是将影响耐蚀能力的铬碳化物析出，同时消除冷作硬化。

若热成型改变了材料供货时的热处理状态，应重新进行热处理，如正火板封头热成型后需要重新正火。

2. 焊后热处理

(1) 焊后热处理的适用范围　容器及其受压元件按材料、焊接接头厚度和设计厚度要求确定是否进行焊后热处理。当制订焊接技术要求时，需注意避免由于热处理导致的再热裂纹。需要进行焊后热处理的接头厚度见表6-23。

表6-23　需要进行焊后热处理的接头厚度

材料	焊接接头厚度
碳素钢、Q345R、Q370R、P265GH、P355GH、16Mn	>32mm >38mm(焊前预热100℃以上)
07MnMoVR、07MnNiVDR、07MnNiMoDR、12MnNiVR、08MnNiMoVD、10Ni3MoVD	>32mm >38mm(焊前预热100℃以上)
16MnDR、16MnD	>25mm
20MnMoD	>20mm(设计温度不低于-30℃的低温容器) 任意厚度(设计温度低于-30℃的低温容器)
15MnNiDR、15MnNiNbDR、09MnNiDR、09MnNiD	>20mm(设计温度不低于-45℃的低温容器) 任意厚度(设计温度低于-45℃的低温容器)
18MnMoNbR、13MnNiMoR、20MnMo、20MnMoNb、20MnNiMo	任意厚度
15CrMoR、14Cr1MoR、12Cr2Mo1R、12Cr1MoVR、12Cr2Mo1VR、15CrMo、14Cr1Mo、12Cr2Mo1、12Cr1MoV、12Cr2Mo1V、12Cr3Mo1V、1Cr5Mo	任意厚度
S11306、S11348	>10mm
08Ni3DR、08Ni3D	任意厚度

如果图样注明有应力腐蚀的压力容器、用于盛装毒性为极度或者高度的碳素钢、低合金钢的压力容器无论厚度大小都需要进行焊后热处理。除文件规定之外，奥氏体不锈钢、双相钢不需进行焊后热处理。热处理根据工件种类和尺寸选择合适的热处理设备，对于尺寸较小的零部件可以选择电加热炉，对于大中型工件宜采用热处理炉进行，对于最后一条焊缝，可以进行局部热处理。当工件需要到现场安装时，往往用电加热设备进行。

(2) 热处理计算　钢材的母材类别见NB/T 47014。升温和降温速度要求：焊件升温至400℃后，加热区升温速度不得超过$(5500/\delta_{pwht})$℃/h，且不得超过220℃/h，一般也不宜低于55℃/h。降温速度不得超过$(7000/\delta_{pwht})$℃/h，也不得低于55℃。

这里将以Q345R设备最厚48mm进行工艺计算为例进行介绍：查NB/T 47014得Q345R属于Fe-1组，从表6-24中查得最低保温温度为600℃，由于温度控制有一定的波动范围，大多数企业取(620 ± 20)℃。焊后热处理时间由表中计算得：

$\delta_{pwht}/25=1.92h=115min$，为预防热处理过程可能出现的问题，留裕量到130～160min。升温速度为$5500/\delta_{pwht}=5500/48\approx114$℃/h，考虑操作裕量故取90℃，降温速度为$7000/\delta_{pwht}\approx145$℃/h，留一定操作裕量取120℃/h，其工艺曲线见图6-103。

表 6-24 热处理计算方法

钢质母材类别	Fe-1	Fe-2	Fe-3	Fe-4	Fe-5A Fe-5B-1 Fe-5C
最低保温温度/℃	600	—	600	650	680
在相应焊后热处理厚度下,最短保温时间/h ≤50mm	$\dfrac{\delta_{pwht}}{25}$,最少为 15min				
在相应焊后热处理厚度下,最短保温时间/h >50~125mm	$2+\dfrac{\delta_{pwht}-50}{100}$			$\dfrac{\delta_{pwht}}{25}$	
在相应焊后热处理厚度下,最短保温时间/h >125mm	$2+\dfrac{\delta_{pwht}-50}{100}$			$5+\dfrac{\delta_{pwht}-125}{100}$	

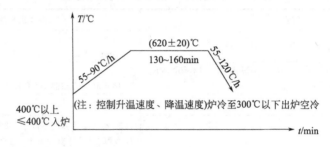

图 6-103 某消除应力热处理工艺曲线

3. 恢复力学性能的热处理

正火是将工件加热到 A_{c_3} 或 A_{c_m} 以上 30～50℃,保温一定时间,然后在空气中冷却。其目的是使晶粒细化和碳化物均匀分布,去除材料的内应力,降低材料的硬度。正火是压力容器中常用到的热处理方法,一般正火温度为 890～950℃,钢材名义厚度每 1mm 钢板取 1.5～2min 为宜。下面以 $\delta=54$mm 的 Q345R 钢板为例,画出工艺曲线,如图 6-104 所示。

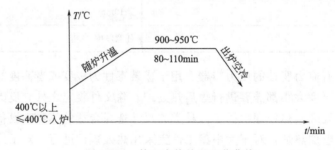

图 6-104 某正火热处理工艺曲线

4. 焊后消氢

焊后消氢是在焊接完成后,尚未冷却到 100℃以下时,再加热到 300～400℃温度下保温一段时间,其目的是使氢溢出,以防止焊接冷裂纹的产生。对于超过 100mm 厚度的重要构件,往往在焊接的过程中还需要 2～3 次消氢处理,一般采用天然气或者电加热进行,保温时需要捆绑保温棉,如图 6-105 所示。

5. 焊后热处理的注意事项

① 焊件进炉时温度不得高于 400℃。

② 保温时,加热区内任意 4600mm 长度内温差不得大于 140℃,且任意点的温差不宜超过 80℃。

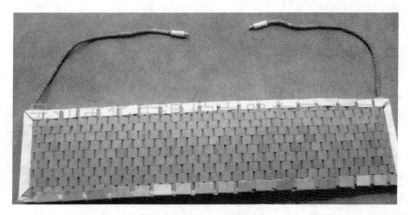

图 6-105 电加热带

③ 在热处理前摆放工件时，应注意将工件支撑到一定高度（一般 500mm 以上），其目的是：防止火焰直接和工件接触，引起局部温度过高，造成过烧现象。并注意支撑不能影响火苗的延伸，工件的四周离炉膛壁需保持一定距离，否则影响加热效果。

④ 为了节约成本，企业往往根据材料的特点和厚度将不同产品的工件同时进行热处理，但需注意所需加热时间不能相差太大，一般 Q345R 和 Q245R 等碳钢和低合金钢等可以一起热处理，$\delta=200mm$ 的 Q345R 和 $\delta=20mm$ 的 Q245R 则不能一起热处理。

⑤ 为了检测热处理的效果，可查看热处理曲线。热处理曲线是通过设备上点焊或固定的热电偶接收并传输数据到打印机上记录下来的。

同步练习

一、填空题

1. 焊接接头的技术要求主要有（　　）、（　　）、（　　）、（　　）等。
2. 组装工序包括（　　）、（　　）和附件组装等几个方面。
3. 焊接材料种类有（　　）、（　　）、（　　）、（　　）、（　　）、（　　）。
4. 焊接接头的形式有（　　）、（　　）、（　　）、（　　）。
5. 设备打底焊采用（　　）焊接方法，管子管板焊接最常用（　　）焊接方法，（　　）焊接方法使用最灵活。
6. 压力容器内部缺陷的无损检测方法有（　　）、（　　），表面和近表面缺陷检测方法有（　　）、（　　）。
7. 压力热处理的种类有（　　）、（　　）、（　　）、（　　）。

二、选择题

1. 相邻筒节的 A 类焊缝接头内外圆弧长，应不大于钢材厚度的（　　）倍，且不小于 100mm。
  ① 1　　　　　　　　　　　　② 2
  ③ 3　　　　　　　　　　　　④ 4

2. $SR1000mm$ 球形封头的斜插孔，要求孔轴线和封头底面夹角为 60°，对应弧长为（　　）mm。

① 1047.19　　　　　　　　　　② 2094.39
③ 523.59　　　　　　　　　　　④ 2000

3. 在组装折流板时，螺母的作用是（　　）。
① 固定定距管　　　　　　　　② 连接拉杆
③ 连接定距管　　　　　　　　④ 固定拉杆

4. 渗透探伤的操作顺序，正确的是（　　）。
① 渗透→清洗→显像→检测　　② 清洗→渗透→显像→检测
③ 渗透→显像→清洗→检测　　④ 清洗→检测→清洗→显像

5. 下列无损检测方式是检测内部缺陷的（　　）。
① 渗透探伤与射线探伤　　　　② 射线探伤与超声波探伤
③ 渗透探伤与磁粉探伤　　　　④ 射线探伤与磁粉探伤

6. 在组装换热器管束时应特别注意保证管板孔和折流板孔的（　　）。
① 同轴度　　　　　　　　　　② 圆度
③ 直线度　　　　　　　　　　④ 角度

三、简答题

1. GB 150—2011 对焊接接头对口错边量的要求有哪些？
2. GB 150—2011 对焊接接头的棱角有哪些要求？怎么测量？
3. GB 150—2011 对直线度和圆度有哪些要求？怎么测量？
4. 为什么环焊缝组对比纵焊缝组对困难？
5. 焊接接头组对时需要用到哪些工夹具？
6. 举例说明 1～2 种纵焊缝的组对方法。
7. 举例说明环焊缝的常用组对方法。
8. 阐述压力容器常用的焊接方法及原理。
9. 查询标准，写出以 12Cr2Mo1R 为母材时用到的焊接材料及工艺参数。
10. 阐述焊接应力产生的原因及对策。
11. 阐述防止焊接变形的措施。
12. 无损检测的技术条件有哪些？
13. 阐述 PT、RT、UT、MT 的检测原理。
14. 写出 $\delta=60mm$ 材料为 Q345R 的压力容器热处理工艺。
15. 阐述封头的开孔划线步骤。
16. 阐述列管式换热器的整个制造流程。
17. 热处理时需要注意的问题有哪些？

第七章 高压容器及其制造

● **知识目标**

了解高压容器与其他压力容器的异同，掌握高压容器的密封特点及其结构，了解高压容器的制造方法。

● **能力目标**

能够根据压力容器工作条件正确选择密封方式，能够组装合格的高压容器。

● **观察与思考**

观察氨合成塔的结构图（图 7-1），并根据所掌握的知识，思考以下问题。

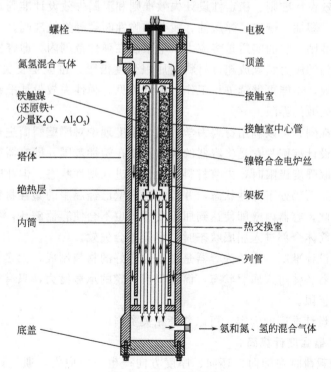

图 7-1 氨合成塔结构

- 分析工作压力范围和常规压力容器的差异。
- 高压设备的制造过程和普通压力容器的异同。

● 高压容器的密封能否采用普通的密封方式？

第一节　厚壁圆筒容器的强度计算

随着科学技术水平的不断提高，厚壁容器出现了大型化、高参数和选用高强度材料的趋势，由此，压力容器的设计也由传统的防止容器发生弹性失效，逐步发展成针对不同失效形式的多种设计准则，并形成了常规设计与分析设计两个自成体系的设计与计算方法。

一、厚壁圆筒弹性失效准则及强度计算

1. 失效设计准则

压力容器在规定的使用环境和时间内，因尺寸、形状或材料性能发生改变而不能使用或失去正常工作能力的现象，称为容器的失效。容器失效大致分为四类，即因材料过度变形和断裂引起的强度失效；由于构件过度弹性变形引起的刚度失效；在压力作用下，容器突然失去其原有几何形状引起的失稳失效；由于泄漏引起的泄漏失效等。

失效是一种界限。为了使用安全，必须根据压力容器最有可能发生的失效形式来确定在稳态或瞬态工况下的力学响应（如应力、应变等）的限制值，以判断容器能否安全使用，以及能否获得满意的使用效果。换言之，就是要在特定的设计条件下，更有效地利用现有材料的强度和刚度，使容器及其零部件在设计的时间内不发生失效的可能性，这就是"失效设计准则"，简称"失效准则"。从上述四类失效形式来看，压力容器的失效设计准则有强度失效设计准则、刚度失效设计准则、稳定性设计失效准则和泄漏失效设计准则。对于强度失效准则还可细分为弹性、塑性、爆破、弹塑性、疲劳和脆性断裂等失效准则。

（1）弹性失效准则　它的实质是将应力水平限制在弹性范围内，即容器筒体受内压作用时，容器内壁所受到的应力达到或超过材料的屈服强度极限，也就是丧失弹性而进入塑性，这时就认为容器失效，不能再继续进行工作。由此可见，弹性失效设计准则是将容器总体部位的初始屈服视为失效的界限。

弹性失效设计准则，可以利用材料力学的四个强度理论对厚壁圆筒进行强度计算。

（2）塑性失效设计准则　它是将容器的应力限制在塑性范围，即容器筒体的内壁所受应力达到该材料的屈服强度极限时，内壁材料丧失弹性进入塑性状态，但此时认为外面部分材料并未进入塑性状态而仍处于弹性状态，并且它对内壁已经屈服的塑性材料的进一步流动起到了约束作用，因此，容器内壁即使达到屈服变形，也不会使容器破坏，只有当筒体塑性区不断扩大，使整个筒体全部进入屈服状态时，容器才会失效。

（3）爆破失效设计准则　它认为容器是由塑性较好的材料制成，大多都有明显的应变硬化现象，即便是容器整体进入屈服状态，筒体仍有一定的承载潜力，只有当容器发生完全破裂才是承载的最大极限。

对于其他失效设计准则的内容，可以参考相关资料。

2. 内压厚壁容器强度计算简介

厚壁容器承受载荷时在轴向、环向、厚度方向产生三向应力，通过计算求得三向应力后，还不能判断筒体是否已经处于危险状态，因此，必须采用弹性失效的强度理论计算相当应力值（有效资料称为应力强度或综合应力），进而才能得出相应的强度条件，再对厚壁圆筒进行强度计算。

若厚壁圆筒的当量应力为 σ_{eq}，材料在设计温度下的许用应力 $[\sigma]^t$，按照弹性失效设计准则可以得出强度条件的统一形式，即 $\sigma_{eq} \leqslant [\sigma]^t$。

由应力分析可知，仅承受内压作用的厚壁圆筒，危险点在其内壁，因此需要对内壁进行强度计算。内壁三个主应力（按照材料力学主应力排序）分别为

$$\sigma_1 = \sigma_\theta = p\frac{K^2+1}{K^2-1} \qquad \sigma_2 = \sigma_x = p\frac{1}{K^2-1} \qquad \sigma_3 = \sigma_r = -p$$

根据第一、二、三、四强度理论，得到以下强度条件

$$\sigma_{ieq} = \sigma_1 = \sigma_\theta \leqslant [\sigma]^t$$

$$\sigma_{ieq} = \sigma_1 - \mu(\sigma_2 + \sigma_3) = \sigma_\theta - \mu(\sigma_x + \sigma_r) \leqslant [\sigma]^t$$

$$\sigma_{ieq} = \sigma_1 - \sigma_3 = \sigma_\theta - \sigma_r \leqslant [\sigma]^t$$

$$\sigma_{ieq} = \sqrt{\frac{1}{2}[(\sigma_1-\sigma_2)^2 + (\sigma_2-\sigma_3)^2 + (\sigma_3-\sigma_1)^2]} \leqslant [\sigma]^t$$

式中 σ_{ieq} ——厚壁容器内壁上的当量应力；

$\sigma_1 \sim \sigma_3$ ——主应力。

将厚壁圆筒内壁三个主应力的值分别代入以上各式，通过整理即可得到相应的强度条件表达式；如果已知厚壁圆筒所承受的内压力 p 和材料的许用应力值 $[\sigma]^t$，根据强度条件以及筒体的内径或外径，即可推导出厚壁圆筒的壁厚表达式，见表7-1。

表 7-1　按弹性失效设计准则得出的内压厚壁圆筒的强度表达式

强度理论	当量应力及强度条件 $\sigma_{ieq} \leqslant [\sigma]^t$	筒体直径比 K	筒体计算厚度 δ
最大主应力理论（第一强度理论）	$\sigma_1 = \sigma_\theta = p\dfrac{K^2+1}{K^2-1} \leqslant [\sigma]^t$	$\sqrt{\dfrac{[\sigma]^t+p}{[\sigma]^t-p}}$	$R_i\left(\sqrt{\dfrac{[\sigma]^t+p}{[\sigma]^t-p}}-1\right)$
最大应变理论（第二强度理论）	$\sigma_\theta - \mu(\sigma_x-\sigma_r) = p\dfrac{1.3K^2+0.4}{K^2-1} \leqslant [\sigma]^t$	$\sqrt{\dfrac{[\sigma]^t+0.4p}{[\sigma]^t-1.3p}}$	$R_i\left(\sqrt{\dfrac{[\sigma]^t+0.4p}{[\sigma]^t-1.3p}}-1\right)$
最大剪应力理论（第三强度理论）	$\sigma_\theta - \sigma_r = p\dfrac{2K^2}{K^2-1} \leqslant [\sigma]^t$	$\sqrt{\dfrac{[\sigma]^t}{[\sigma]^t-2p}}$	$R_i\left(\sqrt{\dfrac{[\sigma]^t}{[\sigma]^t-2p}}-1\right)$
最大剪应变能理论（第四强度理论）	$\sqrt{\dfrac{1}{2}[(\sigma_\theta-\sigma_x)^2+(\sigma_x-\sigma_r)^2+(\sigma_r-\sigma_\theta)^2]}$ $\leqslant p\dfrac{\sqrt{3}K^2}{K^2-1} \leqslant [\sigma]^t$	$\sqrt{\dfrac{[\sigma]^t}{[\sigma]^t-\sqrt{3}p}}$	$R_i\left(\sqrt{\dfrac{[\sigma]^t}{[\sigma]^t-\sqrt{3}p}}-1\right)$
中径公式	$\sigma_1 = \sigma_\theta = p\dfrac{K+1}{2(K-1)} \leqslant [\sigma]^t$	$\dfrac{2[\sigma]^t+p}{2[\sigma]^t-p}$	$\delta = \dfrac{2pR_i}{2[\sigma]^t-p}$

对于承受内压的薄壁圆筒，仿效上述分析方法，危险点的三个主应力分别为

$$\sigma_1 = \sigma_\theta = \frac{pD}{2\delta} \qquad \sigma_2 = \sigma_x = \frac{pD}{4\delta} \qquad \sigma_3 = \sigma_r = 0$$

由第一强度理论得

$$\sigma_1 = \sigma_\theta = \frac{pD}{2\delta} \leqslant [\sigma]^t \tag{7-1}$$

将中径与厚壁的关系转换成用径比 K 来表示，即

$$D = \frac{K+1}{2}D_i \qquad \delta = \frac{K-1}{2}D_i$$

代入式（7-1），经简化得到

$$p\frac{K+1}{2(K-1)} \leqslant [\sigma]^t \tag{7-2}$$

取等号得到径比为

$$K = \frac{2[\sigma]^t + p}{2[\sigma]^t - p} \tag{7-3}$$

最后得到薄壁圆筒的厚度计算式（又称为中径公式），即

$$\delta = \frac{2pR_i}{2[\sigma]^t - p} \tag{7-4}$$

式中　R_i——圆筒的内半径。

3. 强度的理论公式分析

为了对各强度理论得出的计算公式进行比较，设表 7-1 中的当量应力等于材料的屈服极限 σ_s 时，所对应的内壁压力为初始屈服压力 p_s，则有 p_s/σ_s 代表圆筒的弹性承载能力，它和径比 K 的关系如图 7-2 所示。

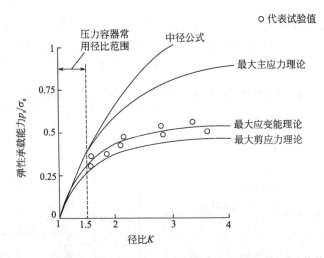

图 7-2　强度理论公式对应的弹性承载能力与能力与径比 K 的关系

通过对表 7-1 和图 7-2 的分析，可以看出上述各强度理论所对应的弹性承载能力与 K 值有以下关系。

① 在同一承载能力下，按最大剪应力理论计算出的 K 值最大（壁厚最厚），而按中径公式计算出的 K 值最小（即壁厚最薄）。

② 圆筒承载能力较低（如 $p_s/\sigma_s < 0.2$）时，由各强度理论计算的 K 值差别不大，尤其是 $K \leqslant 1.2$，各曲线几乎趋于重合，说明各公式计算结果基本一致。故在此条件下，很多规范中提出选用较简单的中径公式对圆筒形壳体进行强度计算。

③ 按最大应变能理论计算出的内壁初始屈服压力与试验值最为接近。$K \leqslant 1.5$，是压力容器常用的径比范围，如果适当调整安全系数，可以使中径公式的计算结果与最大应变能理论的结果相近，从而更符合实际，也使公式得以简化。因此，不少国家为了计算方便，规定在 $K \leqslant 1.5$ 时可以采用中径公式进行计算。当 $K > 1.5$ 时，各强度理论计算的结果相差会越来越大，这时采用最大应变能理论计算更合适。

④ 当承载能力达到一定水平时，各强度理论的径比 K 值将趋于无穷大，且曲线向上陡

直，这说明强度理论已达到了各自的应用极限。

二、中国现行规范中的厚壁圆筒计算方法

对于设计压力不大于 35MPa 的厚壁容器，中国采用 GB 150《压力容器》中有关规定进行设计和计算。在标准中规定了内压圆筒和内压球壳包括此压力范围内的单层、多层包扎和热套等厚壁圆筒的计算方法。

该设计方法采用弹性失效准则和最大主应力理论，强度控制不区分应力性质和危险程度而全部采用同一许用应力，但计算中将按照载荷和结构的不同给出相应的系数。

1. 单层内压厚壁圆筒计算

在设计温度下圆筒的计算厚度可以直接采用表 7-1 中的中径公式计算，但式中的内压力 p 应使用计算压力 p_c，考虑到焊接可能引起的强度削弱从而引入焊接系数 φ，经简化后得到厚壁圆筒的壁厚计算式为

$$\delta = \frac{pD_i}{2[\sigma]^t\varphi - p} \tag{7-5}$$

该公式使用范围为 $p_c \leqslant 0.4[\sigma]^t\varphi$，对于计算压力 p_c 大于 $0.4[\sigma]^t\varphi$ 的单层厚壁圆筒，常采用塑性设计失效准则或爆破失效设计准则进行计算。

如果已知圆筒的 D_i、δ_n、δ_e 等尺寸，可以对圆筒进行强度校核，在设计温度下圆筒强度按以下判别式进行，即

$$\sigma^t = \frac{p_c(D_i + \delta_e)}{2\delta_e} \leqslant [\sigma]^t\varphi \tag{7-6}$$

由此，还可以推导出圆筒的最大许用工作压力（多层圆筒也适用），即

$$[p_w] = \frac{2\delta_e[\sigma]^t\varphi}{D_i + \delta_e} \tag{7-7}$$

式中 $[\sigma]^t$，$[p_w]$ ——圆筒的计算应力和圆筒的最大允许工作压力。

其他符号意义同前。

2. 多层内压厚壁圆筒计算

为了改善厚壁圆筒的应力分布，提高其承载能力，多层厚壁圆筒在制造过程中都施加了一定大小的预应力。但由于结构和制造方面的原因，定量控制预应力的大小是比较困难的，因此，在对多层厚壁圆筒进行计算时，从安全角度考虑一般不计入预应力的影响，而仅将其作为圆筒自身的强度储备。只有当压力很高时，才考虑预应力的作用。

多层圆筒（包扎式、热套式、绕板式、扁平钢带式）的壁厚计算方法与单层厚壁圆筒基本一样，即在计算压力 $p_c \leqslant 0.4[\sigma]^t\varphi$ 时，按式（7-5）计算，只要用组合许用应力代替原有的许用应力即可。组合许用应力为

$$[\sigma]^t\varphi = \frac{\delta_i}{\delta_n}[\sigma_i]^t\varphi_i + \frac{\delta_0}{\delta_n}[\sigma_0]^t\varphi_0 \tag{7-8}$$

式中 δ_i ——多层包扎圆筒内筒的名义厚度，mm；

δ_n ——圆筒的名义厚度，mm；

δ_0 ——多层包扎圆筒层板层的总厚度，mm；

$[\sigma]^t$ ——设计温度下圆筒材料的许用应力，MPa；

$[\sigma_i]^t$ ——设计温度下多层包扎圆筒内筒材料的许用应力，MPa；

$[\sigma_0]^t$ ——设计温度下多层包扎圆筒层板材料的许用应力，MPa；

φ——焊接接头系数，对热套圆筒取 $\varphi=1$；

φ_i——多层包扎圆筒内筒的焊接接头系数，取 $\varphi_i=1$；

φ_0——多层圆筒层板层焊接接头系数，对于多层包扎式筒体，取 $\varphi_0=0.95$，其余筒体取 $\varphi_0=1$。

在设计中，如需要确定厚度附加量，对多层包扎圆筒只考虑内筒的 C 值；对热套圆筒只考虑内侧第一层套合圆筒的 C 值。对于公式中出现的其他参数以及有关设计压力、计算压力、设计温度、计算壁厚的确定方法与第三章方法相同。

【例 7-1】 设计一台多层包扎式高压容器筒体，已知设计压力为 32.0MPa，设计温度小于 200℃，容器内径为 1000mm，内筒厚度为 18mm，材料为 16MnR，层板材料选用 16MnRC，层板厚度为 6mm，内筒的腐蚀裕度量取 2mm，试计算需要层板多少层？

解 （1）确定有关设计参数

① 许用应力　根据厚度 18mm，温度 200℃，材料为 16MnR，厚度为 6mm，温度 200℃，层板材料为 16MnR 的条件，查表分别得到内筒材料许用应力 $[\sigma_i]^t=159$MPa，层板材料许用应力 $[\sigma_0]^t=170$MPa。

② 焊接接头系数　考虑内筒采用双面焊对接焊缝，并进行 100% 无损探伤，按照前面介绍的有关规定，取内筒焊接接头系数 $\varphi_i=1.0$；层板层的焊接接头系数取 $\varphi_0=0.95$。

③ 厚度附加值　根据相关规定，对多层包扎圆筒只考虑内筒的 C 值，查表得到厚度 18mm 的内筒钢板负偏差 $C_1=0.8$mm，故厚度附加系数 $C=C_1+C_2=0.8+2=2.8$mm。

④ 计算压力　取计算压力 $p_c=p=32.0$MPa。

（2）计算层板厚度

采用试算法，即选取一个层板数，通过壁厚计算，如果 $\delta_e-\delta<6$mm，说明层板数取得合适；如果 $\delta_e-\delta\geqslant6$mm，说明取得过多；如果 $\delta_e-\delta<0$，则说明层板数取得太少。后两种情况都需要重新假设层板数进行试算，直至合适为止。

本例首先假设层板数 $N=17$ 层，此时有 $\delta_i=18$mm，$\delta_0=17\times6=102$mm，$\delta_n=18+102=120$mm，将它们代入式（7-8）计算组合许用应力，得

$$[\sigma]^t\varphi=\frac{\delta_i}{\delta_n}[\sigma]^t\varphi_i+\frac{\delta_0}{\delta_n}[\sigma_0]^t\varphi_0=\frac{18}{120}\times159\times1.0+\frac{102}{120}\times170\times0.95=161.13(\text{MPa})$$

故

$$\delta=\frac{p_cD_i}{2[\sigma]^t\varphi-p}=\frac{32\times1000}{2\times161.13-32}=110.2\ (\text{mm})<120\text{mm}$$

圆筒有效厚度为

$$\delta_e=\delta_n-C=120-2.8=117.2\text{mm}$$

有

$$\delta_e-\delta=117.2-110.2=7\ (\text{mm})>6\text{mm}$$

由此可知，取层板数为 $N=17$ 偏多，不合适。再取 $N=16$ 计算，直至满足要求为止。

第二节　高压容器密封结构

高压容器的密封结构是整个设备中的一个关键部分，密封结构的严密性和完善性常常是影响容器正常运行的重要因素之一。近年来，随着高压容器和超高压容器越来越广泛地应用，对密封结构也提出了更多的新要求，对密封的可靠性要求也越来越高。多数高压容器和超高压容器的操作条件都是很复杂的，且大多伴有压力脉动、温度脉动等，这些都给密封结

构的设计带来很大的困难。所以，密封结构必须考虑操作压力的大小及其波动范围和频率、操作温度变化情况、介质的特性及其对材质的要求、容器的几何尺寸及操作空间等。高压密封形式大致可分为以下三类。

(1) 强制密封 主要有平垫密封、卡扎里密封、单锥环密封、透镜式密封几类。

(2) 半自紧密封 双锥环密封属于半自紧式密封。

(3) 自紧密封 主要有伍德式密封、N.E.C.式密封、O形环、B形环、C形环、八角垫、椭圆垫、楔形环、Bridgman密封、组合式密封等。

强制密封是依靠螺栓的拉紧力来保证顶盖、密封元件和筒体端部之间有一定的接触压力，以达到密封效果。由于压力增大后螺栓变形、顶盖上升等因素，导致密封垫圈的接触压力降低，这就要求强制密封必须有很大的螺栓预紧力才能保证密封效果。若压力很高时，强制密封很难达到密封效果，故强制密封较少应用于高压容器和超高压容器中。

半自紧密封虽然具有一定的自紧性，但由于其结构特点，随着压力的升高，密封元件与顶盖、筒体端部之间的接触力仍会有一定程度降低，这就造成实际上仍要有很大的预紧力才能达到密封效果，由此限制了它的使用范围。

自紧密封与上述两种情况不同，当压力升高后，由于其结构特点，密封元件与顶盖、筒体端部之间的接触力加大，密封效果更好；压力越高，密封效果越好。螺栓仅须保证初始密封所需的预紧力，因此，为简化容器顶部结构、减小几何尺寸提供了可能性。自紧密封的发展是容器向大直径、高压力发展的必然趋势。

一、平垫密封

金属平垫密封结构形式如图 7-3 所示。它属于强制性密封，在连接表面间放有用软材料或金属制成的垫片，在螺栓预紧力作用下，接触面的不平处，亦即介质可能漏出的间隙或孔道，被挤压后塑性变形的垫片材料所填充，因而达到密封的目的。

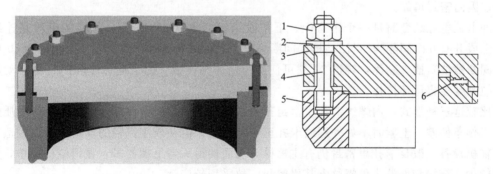

图 7-3 平垫密封结构

1—螺母；2—垫圈；3—顶盖；4—主螺栓；5—筒体端部；6—平垫片

为了改善密封的性能，可在密封面上开 1～2 条三角形截面沟槽，槽深、槽宽尺寸各为 1mm，两沟中心相距为 5mm。这种密封结构形式一般只适用于温度不高的中小型高压容器。它的结构简单，在直径小、压力不高时密封可靠，垫片及密封面加工容易，使用经验较多，也比较成熟。但在直径大、压力高、温度高（200℃以上）或温度压力波动较大时，要求有较大的螺栓预紧力，密封性能比较差。由于螺栓载荷与介质静压力、垫片面积成正比，因此，在压力高、设备内径大时，螺栓尺寸也较大，从而使法兰、顶盖尺寸增大、结构笨重，装卸不便。

二、卡扎里密封

卡扎里密封有3种形式，即外螺纹卡扎里密封，如图7-4所示；内螺纹卡扎里密封，如图7-5所示；改良卡扎里密封，如图7-6所示。

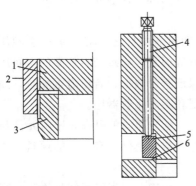
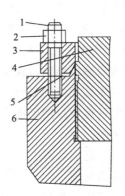
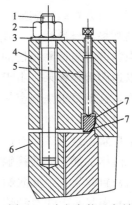

图7-4　外螺纹卡扎里密封
1—顶盖；2—螺纹套筒；3—筒体端部；
4—预紧螺栓；5—压环；6—密封垫

图7-5　内螺纹卡扎里密封
1—螺栓；2—螺母；3—压环；
4—顶盖；5—密封垫；
6—筒体端部

图7-6　改良卡扎里密封
1—主螺栓；2—主螺母；3—垫圈；
4—顶盖；5—预紧螺栓；6—筒体
端部法兰；7—压环；8—密封垫

这三种形式的卡扎里密封均属强制密封。它们的共同特点是用压环和预紧螺栓将三角形垫片压紧来保证密封，与平垫不同的是介质作用在顶盖上的轴向力，在外、内卡扎里密封中是由螺纹套筒或端部法兰螺纹承受，在改良卡扎里密封中仍由主螺栓承受。而保证密封垫密封比压的载荷都是由预紧螺栓承担。在操作过程中，若发现预紧螺栓有松动现象，可以继续上紧，因而密封可靠。

外卡扎里螺纹套筒是一个带有上、下两段锯齿形螺纹的长套筒，套筒的下段是连续螺纹，上段开有6个间隔为30°凹凸槽的间断螺纹。装配时将顶盖（也车有6个间隔为30°凹凸槽的间断螺纹）插入套筒，转过30°就可使盖与筒体相连接。为了避免压环的自由移动用专门的拉紧螺栓将压环拉住。

比较这三种形式，内螺纹卡扎里密封顶盖占高压空间多，锻件尺寸大，螺纹受介质影响大，工作条件差，上紧时不如外螺纹卡扎里密封省力，但在较小直径的设备上采用较适合压缩机辅机设备。改良卡扎里密封仍有主螺栓，反而使得头盖上螺栓多，显得结构拥挤，所以采用较少。结构较好的为外螺纹卡扎里密封，故采用较广泛。

外卡扎里密封的优缺点如下。

① 紧固元件采用长套筒可以省去大直径主螺栓。

② 采用了开有凹凸槽的间断螺纹套筒，因而装卸方便。

③ 在同样压力下，套筒轴向变形远小于螺栓的轴向变形，因此对安装有利，安装时预应力较小。

④ 锯齿形螺纹加工困难，精度要求高。

⑤ 卡扎里密封适用于大直径和较高压力的情况。

一般用于 $D_i \geqslant 1000$mm，$T \leqslant 350$℃，$p \geqslant 30$MPa。垫片材料与平垫密封相同。

三、双锥密封

双锥密封是一种半自紧式密封,其结构形式如图 7-7 所示。在密封锥面上放有 1mm 左右厚的金属软垫片,垫片靠主螺栓的预紧力压紧,使软垫片产生塑性变形,以达到初始密封,常用金属软垫为铝。为了增加密封的可靠性,双锥环密封面上开有 2~3 条半径为 1~1.5mm、深为 1mm 的半圆形沟槽。双锥环置于筒体与顶盖之间,借助托环将双锥环托住,以便装拆,托环用螺钉固定在端盖的底部。操作时,介质压力使顶盖向上抬起而导致双锥环向外回弹,这和强制密封的平垫片回弹原理是相似的。

图 7-7 双锥密封结构
1—主螺母;2—垫圈;3—主螺栓;4—顶盖;5—双锥环;6—软金属垫片;
7—筒体端部;8—螺钉;9—托环

顶盖的圆柱面对双锥环起支撑作用,它与环的内表面之间留有间隙,预紧时,双锥环被压缩贴向顶盖,与圆柱面成为一体,以限制双锥环的变形。圆柱面上铣有纵向沟槽,以便压力介质进入,使双锥环径向扩张,从而起到径向自紧作用。所以,双锥密封兼有强制及自紧两种密封机理,属于半自紧式密封。

双锥密封的优点如下。
① 结构简单,制造容易,加工精度要求不太高,因而生产周期较短。
② 这种密封结构可以用于较高的压力、较高的温度和较大直径范围内。由于双锥环径向的自紧作用,故在压力和温度波动不大的情况下,密封性能仍然良好。
③ 主螺栓预紧力比平垫密封小。

双锥密封适用于 $p = 6.4 \sim 35 \mathrm{MPa}$、$T = 0 \sim 400 ℃$、$D_i = 400 \sim 2000 \mathrm{mm}$ 的容器。

四、伍德式密封

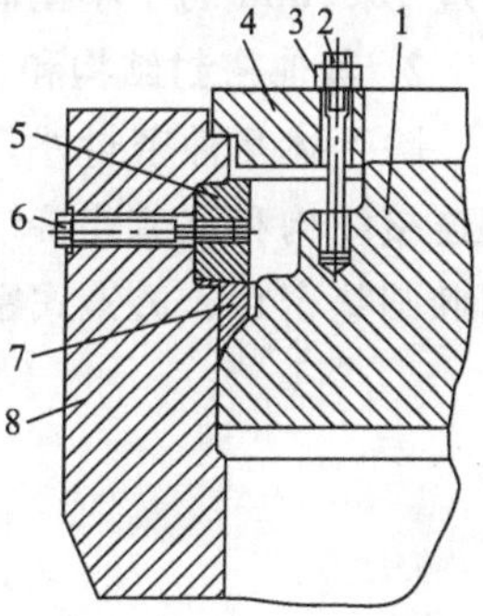

伍德式结构密封如图 7-8 所示,由顶盖(为特有的伍德式封头)、筒体端部、牵制螺栓、牵制环、四合环、拉紧螺栓、楔形压垫等元件组成。预装时,端部平盖封头落在筒体端部法兰的凸肩上,随后上紧牵制螺栓而把平盖封头向上吊起,以使它和楔形压垫形成接触,在此接触面(实为一狭窄的环带)上达到预紧密封;

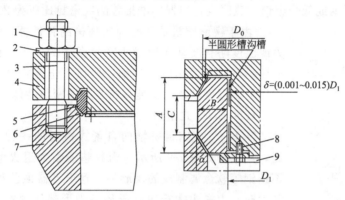

图 7-8 伍德式密封结构
1—顶盖;2—牵制螺栓;
3—螺母;4—牵制环;
5—四合环;6—拉紧螺栓;
7—楔形压垫;8—筒体端部

上紧拉紧螺栓时使四合环向外扩张，四合环的扩张也将楔形压垫压紧在平盖封头的球面上，以达到预紧密封。介质压力升起后，使顶盖略为向上浮动，导致封头球面部分和楔形压垫之间的压紧力增加，以保证操作状态的密封。封头和楔形压垫之间的密封比压随介质压力的提高而增加，因此伍德式密封属于轴向自紧式密封结构。

随着介质压力的升高，顶盖略为向上抬起，在预紧状态下所构成的牵制螺栓拉力则相应减小直至消失，楔形压垫和封头球面之间的预紧密封比压转化为由介质压力直接引起的工作密封比压。

楔形压垫和封头球面之间近于线接触，为保证密封性能，在预紧状态下要求达到足够的线密封比压，对碳钢或低合金钢，我国现行容器标准推荐的线密封比压为 200~300N/mm。

由于楔形压垫是开有周向环槽的弹性体，所以，当介质压力或温度略有波动而使封头产生微量的向上或向下移动时，楔形压垫可以产生相应的伸缩，所以，伍德式密封结构即使在介质压力、温度波动时仍能保持良好的密封性能。

1. N.E.C. 式密封

N.E.C. 式密封是轴向自紧式密封的一种，又称为氮气密封，其结构如图 7-9 所示。密封垫通常为退火紫铜、铝、软钢、不锈钢等软金属制成的楔形垫，置于容器顶盖和筒体端部之间。预紧时，上紧主螺栓通过压环将楔形垫压紧在顶盖和筒体端部的密封面上。类似的另一种轴向自紧式密封采用平垫片，称为布里奇曼式密封。工作时，介质压力的升起使顶盖向上浮动，楔形压垫和顶盖、筒体端部密封面之间的预紧密封比压转为工作密封比压。介质压力越高，楔形压垫上实际产生的工作密封比压越大，密封越可靠。

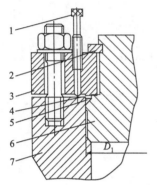

图 7-9　N.E.C. 式密封结构
1—顶丝；2—卡环；
3—压紧顶盖；4—压环；
5—楔形环；6—凸肩顶盖；
7—筒体端部

由于采用软金属垫片且为自紧式密封，故主螺栓在预紧和操作状态的载荷都比较小。顶盖可以上下略为浮动，所以，在介质压力、温度波动的条件下仍能保持良好的密封性。N.E.C. 式密封采用软金属垫，所以，在运行过程中易被挤压在顶盖和筒体端部之间的间隙中，使顶盖打开困难；且顶盖尺寸较大，拆卸不便，占用高压空间多，故一般适用于直径不超过 1000mm 的中小型高压容器。

2. 其他密封结构和密封垫片

除上述几种密封外，还有密封结构和密封垫片类型可以相互组合使用的。密封结构有卡箍连接结构和抗剪连接结构。密封垫片有 C 形环密封、O 形环密封、三角垫密封、八角垫和椭圆垫密封、透镜式密封、密封焊密封。

第三节　厚壁圆筒制造

一、单层卷焊式高压容器筒节的制造

单层卷焊式高压容器的制造与中低压容器基本相同，即先用厚钢板在大型卷板机上卷制成筒节（必要时需要将板坯加热），经纵焊缝的组焊和环焊缝的坡口加工后，将各个筒节的环焊缝逐个组焊成型。

单层卷焊式高压容器壁厚较大，所承受的压力很高。材料多为高强度低合金钢，由于合金成分使焊接敏感性增加，因而合理的焊接工艺是保证制造质量的关键。其焊接工艺评定制度较中低压容器更严格、更完整。

二、整体锻造式高压容器筒节的制造

整体锻造是厚壁容器最早采用的一种结构形式。其制造过程是，首先在钢坯中穿孔，加热后在孔中穿一芯轴，接着在水压机上锻造成所需尺寸的筒体，最后再进行内、外壁机械加工。容器的顶、底部可以与筒体一起锻出，也可以采用锻件经机械加工后，以螺纹连接于筒体上。整体锻造式高压容器如图 7-10 所示，标准中称为锻焊式压力容器。

整体锻造式筒体的优点是强度高，因为钢锭中有缺陷的部分已经被切除，而剩下的金属经锻压后组织很紧密；缺点是材料消耗大，大型筒体制造周期长，适于直径和长度都较小的筒体。

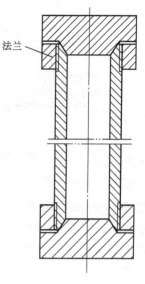

图 7-10　整体锻造式高压容器

三、多层包扎式高压容器筒节的制造

多层包扎式压力容器是以钢板卷制成内筒，再用厚度为 12～20mm 的钢板卷制成半圆形或瓦片形，并将其包扎在内筒上，包扎完成后焊接纵焊缝进行紧箍，包扎的层数由所需要的厚度确定。在实际工程制造中，一般是根据容器的长度和钢板的宽度，应用上述方法制成数个筒节，再将各个筒节用焊接或法兰连接为一体而制成高压容器。

多层包扎式压力容器的制造方法主要有内筒制造、层板制造和包扎工艺三个过程。

1. 内筒制造

层板包扎式内筒的制造方法与热套式相似，其工艺过程主要为划线→下料→喷砂清理外表面（不锈钢清洗即可）→刨边→预弯两侧直边→卷圆→焊接纵焊缝→无损检测。内筒制造时要求尺寸、形状精度，如果内壁厚度较小而刚度达不到要求时，可用内撑胎提高刚度，否则容易造成过大的错边量。

2. 层板制造

它主要包括层板材料的选择、下料、卷圆及边缘加工等工序。同一钢板的厚度偏差不超过 0.5mm，表面不得有裂缝、气泡、折叠、夹渣、结疤等缺陷。为了保证包扎时层板与内筒、层板与层板之间很好地贴合，可以采用两片或三片滚压成圆弧形的层板组成圆筒形。层板内半径应略小于内筒的外径，包扎时有利于与内筒贴合，当焊接完成后，焊缝冷却收缩，使得外层紧紧地包在内层上。包扎的第一层和第二层钢板必须钻直径为 10mm 的两个通气孔，作为检查泄漏之用。

3. 包扎工艺

层板包扎是在液压包扎机上进行的，层板组装好后，在筒节纵向每相距一定间距上分别绕上钢丝绳，如图 7-11 所示，在勒紧的过程中用锤轻击弧板，使其适当滑动，以消除层板间的间隙，使内外层贴紧。符合要求后进行点焊，点焊后解开钢丝绳焊接纵焊缝，焊接完成后要对松动面积进行检查，通常采用小锤敲击，凭所发出的声音判断，对公称直径 $DN \leqslant 1000$mm 的筒节，每一个松动部位沿环向长度不得超过筒体内径的 30%，沿轴向长度不得

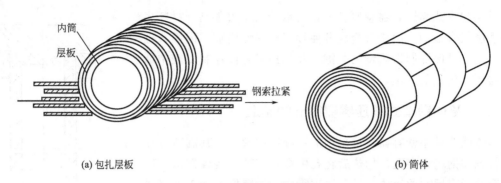

图 7-11　层板包扎结构

超过 600mm；对公称 $DN>1000$mm 的筒节，松动部位沿环向长度一般不得超过 300mm，沿轴向长度不得超过 600mm。此外，还可以用塞尺在筒节端部进行检查，ASME 规范第Ⅷ篇 ULM-77 规定间隙小于 0.25mm 时略去不计；通常按 JB 754 标准要求层间局部最大间隙不得超过 0.5mm。布置层板时，要注意各层板的焊口互相错开，使端面同一直径上不致出现重复的焊口。

四、绕带式高压容器筒节的制造

扁平钢带缠绕式高压容器是将宽度为 80～100mm 的无槽扁平钢带以相对于筒体环向 15°～30°倾角螺旋地缠绕在内筒外表面上，且相邻两层钢带的旋向相反但倾角相同，并以一定的张紧力逐层缠绕在内筒上，内筒厚度一般为容器总厚度的 1/6～1/4。与其他形式的高压容器相比，扁平钢带缠绕式高压容器的制造具有以下特点。

① 相邻两层钢带相互交错，消除了相同倾角对内筒的扭剪作用。内筒壁厚较薄，一般只有总厚度的 1/6～1/4，因此，所用对重型设备和厂房要求不高。

② 缠绕的钢带通常采用厚度为 4～6mm、宽度为 80～120mm 的 Q345R 或相近的材料热轧而成，材料成本低，利用率高，备料简单方便。

③ 容器基本由钢带缠绕而成，除了钢带始末两端分别与法兰和底盖锻件的锥形焊缝外，其余几乎没有焊缝，因此焊缝数量少，从而减少了热处理和探伤的工作量。

④ 该种方法生产成本低，效率高，缠绕装置简单，操作方便。主要用于制造内径在 1000mm 以下的高压容器。

它的主要制造工序有内筒制造和钢带缠绕。

(1) 内筒制造　采用厚度为容器总厚度的 1/6～1/4 钢板制造，其制造工艺过程与单层容器相同，钢板经卷制成筒节后，再与封头或法兰组对，并用焊接的方法连接成一体。该工序完成后就可以进行钢带的缠绕了。

(2) 钢带缠绕　缠绕的钢带一般采用厚度为 4～6mm、宽度为 80～120mm 的钢带，在专用的缠绕机上进行，如图 7-12 所示。缠绕前先将钢带端部约为 300mm 范围内可能存在的缺陷割去，同时割出斜边，斜边与钢带侧边的夹角等于钢带缠绕的螺旋倾角，然后将斜边焊接于缠绕开始端的法兰或封头的锥面上。缠绕时由床头带动内筒旋转，小车则带动钢带沿内筒轴向移动，通过调节床头的转动角速度 ω 与小车的轴向移动速度 v 来得到对应于缠绕倾角的导程，并由置于小车上的钢带张紧器调节和保持钢带张紧力。每根钢带缠绕至筒体的另一端后在钢带的末端割出与始端相同倾角斜边，并将斜边沿筒体的环向焊接于法兰或封头的锥面。每一层钢带

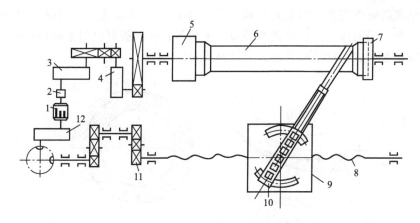

图 7-12 扁平钢带式缠绕过程示意图

1—电动机；2—刹车装置；3,4,12—减速器；5—床头；6—容器；7—尾架；8—丝杠；
9—小车；10—压紧装置；11—挂轮

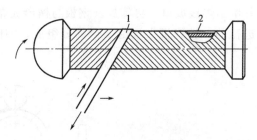

图 7-13 扁平钢带缠绕结构
1—扁平钢带；2—内筒

全部缠绕完毕后，在距钢板始、末两端 2 倍以上带宽的范围内，将钢带间的间隙全部焊满，经检验合格、修平焊缝余高后，即可以在相反方向上缠绕下一层，如图 7-13 所示。

值得注意的是每一层钢带的第一根是其余钢带缠绕的基准，需要严格控制缠绕倾角。一般是先在筒壁上按缠绕倾角绘出缠绕螺旋线，再依据螺旋线缠绕，如果出现偏差则用木槌进行修正。

钢带缠绕时筒节半径不断增加，为了每层有相同的螺旋倾角，应逐层调节机床的导程。实际缠绕时大多是依据经验采取措施、在保证缠绕质量的前提下，尽量少地调节导程，以提高生产率。

五、绕板式高压容器筒节的制造

绕板式压力容器的制造是近几十年才出现的一种新型结构，它是在内筒上连续缠绕薄层钢板所构成。它具有层板包扎的一系列优点，同时减少了纵向焊缝，省掉了一些复杂工序，缩短了生产周期，提高了劳动生产率和材料的利用率。但是这种方法仍然没有消除较深的环焊缝问题，这是其最大的不足之处。

绕板式高压容器的卷制工艺有两种，即冷卷法和热卷法，目前较多采用冷卷法。制造过程分为内筒制造和绕板两个主要工序。

（1）内筒制造 与层板包扎式相似，用钢板（一般厚度为 10mm）经过划线→下料→喷砂清理外表面（不锈钢清洗即可）→刨边→预弯两侧直边→卷圆→焊接纵焊缝→无损检查等工序后形成筒体，然后放置于卷板机上进行卷制绕板。为了防止出现卷制开始部位和卷制终止部位产生厚度的突然变化,需要在这两处用一块楔形薄板做接头,如图 7-14 所示。楔形板一端削尖,另一端的厚度与所采用的绕板厚度相等;楔形板可以用整块钢板加工,也可以用几块薄钢板重叠而成,楔形板长度为内圆筒周长的 1/4。

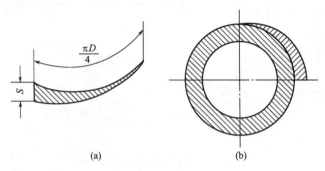

图 7-14 楔形板

(2) 绕板工序 楔形板滚圆后将厚的一端点焊在内圆筒上,同时将削尖的一端也点焊好,之后对接钢板、点焊并留出焊接坡口,再施焊。钢板与楔形板焊好后磨平焊缝就可以绕板了。卷绕是在卷绕机上进行的,卷绕机大致由 5 个部分组成,如图 7-15 所示其各部分的作用如下。

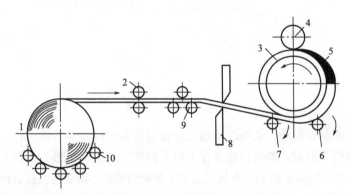

图 7-15 绕板式卷制过程示意图
1—钢板滚筒;2—夹紧辊;3—内筒;4—加压辊;5—楔形板;6—主动辊;
7—从动辊;8—切板机;9—校正辊;10—托辊

① 夹紧辊 上下各有一个,钢板从中间通过,下辊固定,上辊由液压缸控制,可以在机架内上下移动,以调整对钢板施加的夹紧力,而且在卷板时对钢板生产一定的拉紧作用。

② 钢板滚筒 卷板层所用钢板的厚度为 3~4mm、宽度为 1.2~2.2m,将钢板卷绕到一个滚筒上,滚筒则放在卷板机前的托辊上。

③ 校正辊 一般为三辊式,其作用是将弯曲的钢板矫平,以消除翘曲,便于绕制。下部辊子固定,上部辊子可用手轮调整,以适应不同钢板厚度的要求。

④ 切板机 它位于校正辊的后面,当筒节卷到预定的厚度时,则利用切板机将钢板切断。

⑤ 液压机 液压机为卷板机的关键部分。三个直径相同的活塞由液压机带动,上辊与其中的一个活塞相连,并固定在横梁上随活塞做上下运动,卷板时将筒节夹紧。下面两个辊子装在底部的导轨上,一个主动一个从动,辊子同时兼有支承和传递作用。两个辊子的间距

可以调整，以满足不同直径大小的要求。

绕板时先将内筒置于卷板机上并让其转动，所绕钢板先经夹紧辊拉紧，再通过校正辊矫平，之后便将钢板逐层卷绕在内筒上，当达到预定厚度时，利用切板机将钢板切断，并让筒节继续在滚子架上滚动几圈，以进一步将钢板包紧。在绕制过程中要不断检查层板的贴紧度和错边情况，贴紧度的检查与层板包扎和热套式类似。绕板结束后，将钢板切割的一端焊到筒体上，再用一块楔形板与绕板组对，留出坡口并进行施焊。制成筒节后再通过环焊缝将其连接达到所需要的长度。为了安全起见，一般需要在每一个筒节上钻上几个通到内筒外表面的泄漏安全检测孔。

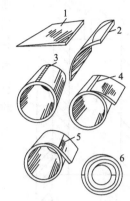

图 7-16 绕板式圆筒筒节的制造过程
1—楔形板下料；2—弯曲成形；
3—纵焊缝点焊；4—与钢板点焊；
5—沿纵焊缝焊接并绕制；
6—绕板结束，焊接外楔形板

绕板卷紧的原理是靠卷板机的加压辊对内筒和层板施力，使其产生弹性变形，并让加压辊附近的筒节曲率变小，钢板外侧长度缩短，当这部分钢板离开加压辊后，压力减少，弹性变形恢复，钢板即被拉紧在圆筒上而形成筒节，筒节的制造过程如图 7-16 所示。

制造多层绕板式高压容器时，通常是根据容器筒体长度和所卷钢板的宽度来确定需要的绕制筒节数，其主要的焊接工作是筒节与筒节、筒节与法兰（或封头）之间的环焊缝。用碳钢制成的绕板容器一般不需要经过热处理，用低合金钢制造的容器，可以按照验收条件做热处理。

用绕板冷卷具有操作方便、设备简单、机械化程度高、生产效率高、材料利用率高等优点；但因钢板的卷紧主要依靠筒节经过压力辊时产生的变形与回弹而实现的，在钢板的送进端并没有足够的拉力牵制钢板，故筒节上施加的预应力不可能很大，也难以调整，这是该种制造方法的主要缺点。

六、热套式高压容器筒节的制造

随着制造水平的提高，单层圆筒的圆度和过盈量已能很好控制，而且在制造过程中的几项关键性的工艺也得以解决，所以热套式高压容器近年来受到了普遍的重视。热套式高压容器的制造方法根据其制造工艺过程分为分段热套法和整体热套法两种。

（1）分段热套法 这种方法将筒节分解成长为 2~2.5m 的若干个筒节，然后将外筒逐层套在内筒上，直到所需要的厚度为止，之后将所有筒节用环焊缝焊接起来。这种方法分为内筒制造、外筒制造、热套三个工艺过程。

① 内筒制造 钢板经检验合格后，进行划线、下料与卷焊。无论内筒采用什么方法进行焊接，一般都采用 V 形双面对接焊。焊接完成的纵焊缝必须进行 100% 的射线探伤检查，合格后进行相应的热处理以消除焊接应力。然后对焊缝进行铲平及修磨，并在三辊卷板机上矫圆。内筒外表面一般不必加工，但有时需进行喷砂处理以消除铁锈、油污。

② 外筒制造 内筒制造完成后，精确测量其外圆直径，外筒则根据内筒直径的实测值来下料，使外筒的内直径略小于内筒的外直径。然后再对外筒进行滚圆、刨边、焊接纵焊缝，焊接完成后对纵焊缝的内外表面进行打磨平齐，以便于热套时的顺利进行。为保证热套的准确性，经探伤合格后，有时需再滚圆校正一次。

③ 热套 热套容器最关键的问题是过盈量的控制，最佳过盈量是以内外圆筒同时达到

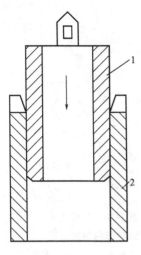

图 7-17 筒节热套示意图
1—内筒；2—外筒

屈服而确定的，此过盈量一般为 0.1mm 左右，对大型多层热套容器，是很难控制在此最佳范围内的。为了保证内外圆筒的紧密贴合，往往采用比理论计算值大得多的过盈量，一般采用 1mm 左右。由此，热套后在内外圆筒产生了一个预紧应力，使应力沿着壁厚方向均匀分布。热套是整个制造过程的关键工序，热套时先将外筒加热到 580～640℃，外筒受热膨胀到大于内筒的外径，然后将冷的内筒套在外筒中，最后在空气中缓冷至室温，外筒冷却后就紧紧地包在内筒上，如图 7-17 所示。如此循环进行，直到达到所需要的厚度为止。筒节热套后，在车床上加工筒节的两个端面，车出 U 形坡口，然后焊接环焊缝，焊接完成后再进行 100% 的射线探伤检查。

（2）整体热套法　此法的工艺过程和分段热套法基本相同，其特点如下。

① 先将内筒焊制好，再将外筒逐节套上，各节外筒的环焊缝不需要焊接。

② 内外圆筒间的过盈量不需要严格控制，在普通公差范围内即可。套合时可采用加热松套和加压套合的方式进行，无论采用哪种套合方式，在常温下内外筒之间都要紧密贴合，不得松动。

③ 内筒较厚，内压所产生的轴向力全部由内筒承担，而环向应力则由外筒承受。

④ 热套后，整个容器进行自增强处理。

整体热套法在于简化了热套工艺，筒壁上的预加应力分布比较均匀，但却存在内筒太长时热套不方便的缺点。

同步练习

一、填空题

1. 我们国家压力容器标准 GB 150 采用第（　　）强度理论设计计算。

2. 高压容器密封形式大致可分为（　　）、（　　）、（　　）三类。

3. 高压容器的密封中强制密封主要包括（　　）、（　　）、（　　）透镜式密封几类。半自紧密封主要指（　　）；自紧密封主要有（　　）、N.E.C. 式密封、（　　）、B 形环、C 形环、（　　）垫、椭圆垫、楔形环、Bridgman 密封、组合式密封等。

4. 绕板式高压容器的卷制工艺有（　　）、（　　）制造过程分为（　　）和（　　）两个主要工序。

5. 热套式高压容器的制造方法根据其制造工艺过程分为（　　）和（　　）两种。

二、选择题

1. 对于疲劳设备常采用（　　）方法进行设计计算。

　　① 常规设计　　　② 断裂力学设计
　　③ 分析设计　　　④ 第一强度理论

2. 在同一承载能力下，按（　　）理论计算出的 K 值最大（壁厚最厚）。

　　① 最大切应力　　② 中径公式
　　③ 最大应变能　　④ 最大主应力

3. 整体锻造式筒体的最大优点是（　　）。
　① 强度高　　　　② 硬度高
　③ 韧性高　　　　④ 弹性好
4. 绕板卷紧的原理是靠（　　）的加压辊对内筒和层板施力，使其产生弹性变形。
　① 卷板机　　　　② 绕板机
　③ 压力机　　　　④ 卷扬机
5. 钢带缠绕时每一层钢带的第一根是其余钢带缠绕的基准，需要严格控制（　　）。
　① 缠绕间隙　　　② 缠绕张紧度
　③ 缠绕力　　　　④ 缠绕倾角
6. 热套容器最关键的问题是（　　）的控制。
　① 热套环境温度　② 保温时间
　③ 加热温度　　　④ 过盈量

三、简答题

1. 简述多层板高压容器筒体的制造过程，并比较其与其他容器筒体制造方法的优缺点？
2. 写出生产实习中某典型设备的制造工艺过程。
3. 高压容器的密封结构有哪些？密封的原理各自有什么区别？都用在什么时候？

第八章 球罐的制造

● 知识目标
了解球罐结构特点、组装的技术要求及其检验方法。

● 能力目标
能够根据标准要求制造出合格的球瓣，能够组装出合格的球形容器。

● 观察与思考
- 观察图8-1所示的足球，思考球形表面是如何组成的？
- 观察图8-2所示的球罐，思考它的结构及组成与其他压力容器的异同。

图8-1 足球

图8-2 液氨球罐照片

第一节 球形容器的结构与分类

随着世界各国综合国力和科学技术水平的提高，球形容器的制造水平也正在高速发展。近年来，在石油、化工、冶金、城市煤气等工程中，球形容器被用于储存液化石油气（LNG）、液化天然气、液氧、液氮、液氢、液氨、天然气、城市煤气、压缩空气等；在原子能发电站，球形容器被用作核安全壳；在造纸厂被用作蒸煮球等。总之，随着工业的发展，球形容器的使用范围必将越来越广泛。由于球形容器多数作为有压储存容器，故又称球形储罐，简称"球罐"。

一、球罐的结构

球罐与其他储存容器相比有如下特点。

① 与同等体积的圆筒形容器相比，球罐的表面积最小，故钢板用量最少。

② 球罐受力均匀，且在相同直径和工作压力下，其薄膜应力为圆筒形容器的 1/2，故板厚仅为圆筒容器的 1/2。

③ 由于球罐的风力系数为 0.3，而圆筒形容器约为 0.7，因此对于风载荷来讲，球罐比圆筒形容器安全。

④ 与同等体积的圆筒形容器相比，球罐占地面积少，且可向高度发展，有利于地表面积的利用。

综上所述，球罐具有占地面积少、壁厚薄、重量轻、用材少、造价低等优点。球罐一般由球壳、支柱拉杆、人孔接管、梯子平台等部件组成，如图 8-3 所示。球壳为球罐的主要

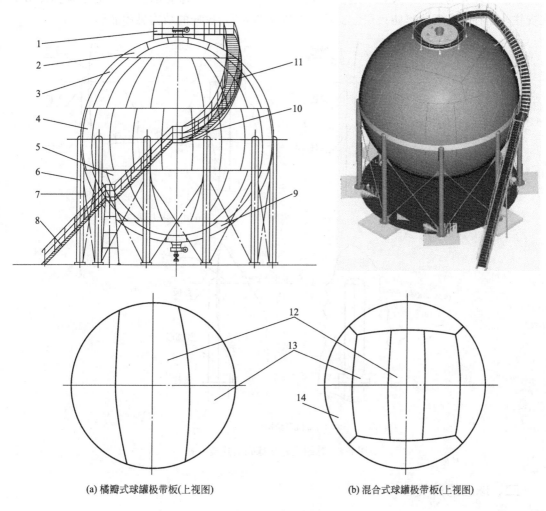

(a) 橘瓣式球罐极带板(上视图)   (b) 混合式球罐极带板(上视图)

图 8-3 球形储罐

1—顶部操作平台；2—上极带；3—上温带；4—赤道带；5—下温带；6—支柱；7—拉杆；8—下部斜梯；9—下极带；10—中间平台；11—上部盘梯；12—极中板；13—极侧板；14—极边板

部件，这里主要介绍球壳结构。

单壳单层的球壳结构形式主要分足球瓣式、橘瓣式和混合式三种。目前，国内自行设计、制造、组焊的球罐多为混合式。足球瓣式球罐的球壳划分和足球壳一样，所有球壳板片大小相同，所以又称均分法，优点是每块球壳板尺寸相同，下料成形规格化，材料利用率高，互换性好，组装焊缝较短，焊接及检验工作量小，缺点是焊缝布置复杂，施工组装困难，对球壳板的制造精度要求。

橘瓣式球罐的球壳划分就像橘瓣或西瓜瓣，是最常用的形式。优点是焊缝布置简单，组装容易，球壳板制造简单，缺点是材料利用率低，焊缝较长，这是国内 20 世纪 70~90 年代球壳结构的主要形式。

混合式球罐的球壳组成是赤道带和温带采用橘瓣式，极板采用足球瓣式。由于取橘瓣式和足球瓣式两种结构形式的优点，材料利用率较高，焊缝长度缩短，球壳板数量减少，且特别适合大型球罐，该结构目前已广泛应用，$400 \sim 10000 m^3$ 的球罐采用的就是该混合式结构。

支柱与球壳的连接常采用赤道正切式或相割式，支柱与球壳的连接处的结构如图 8-4，在支柱外侧往往还需包裹防火层。支柱的结构见图 8-5，拉杆的结构见图 8-6。

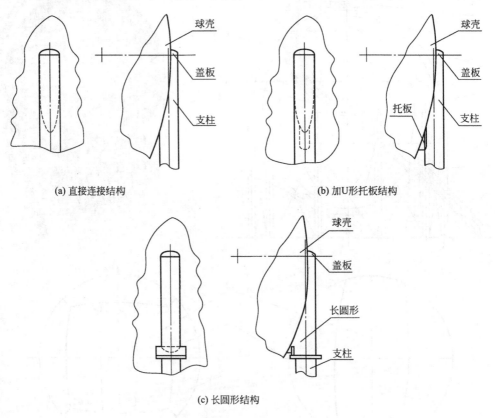

(a) 直接连接结构　　(b) 加U形托板结构

(c) 长圆形结构

图 8-4　球罐支柱与球壳的连接方式

二、球罐的分类

球罐种类很多，但主要根据储存的物料、支柱形式、球壳形式来分类。

（1）按储存物料分类　按储存物料球罐分为储存液相物料和气相物料两大类。储存液相物料的球罐又可根据其工作温度分为常温球罐和低温球罐。低温球罐又可分为单壳球罐、双

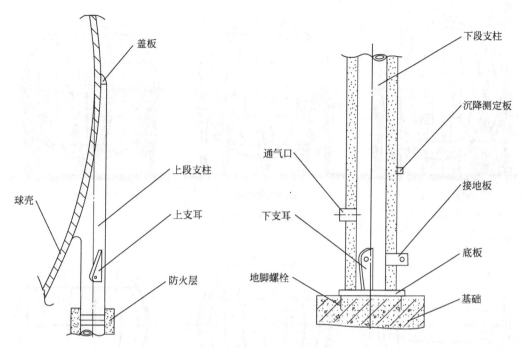

图 8-5 球罐的支柱（上段支柱、下段支柱）

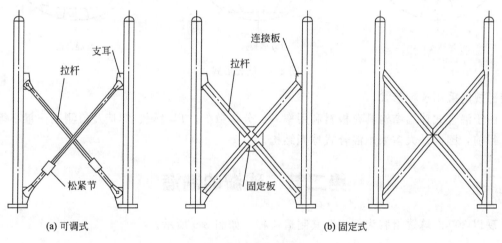

图 8-6 拉杆的结构

壳球罐及多壳球罐。

（2）按支柱形式分类　按支柱形式可分为支柱式、裙座式、锥底支撑式以及安装在混凝土基础上的半埋式。其中，支柱式又可分为赤道正切式、V形支柱式、三柱合一式，如图 8-7 所示。

（3）按球壳形式分类　按球壳形式可分为足球瓣式、橘瓣式和足球瓣式与橘瓣式相结合的混合式，如图 8-8 所示。

（4）按球壳层数分类　按球壳层数可分为单层球罐、多层球罐、双金属层球罐和双重壳球罐。

目前，国内外较常用的是单层赤道正切式、可调式拉杆的球罐。这种球罐无论是从设计、制造和组焊等方面均有较为成熟的经验，我国的国家标准 GB 12337—1998《钢制球形

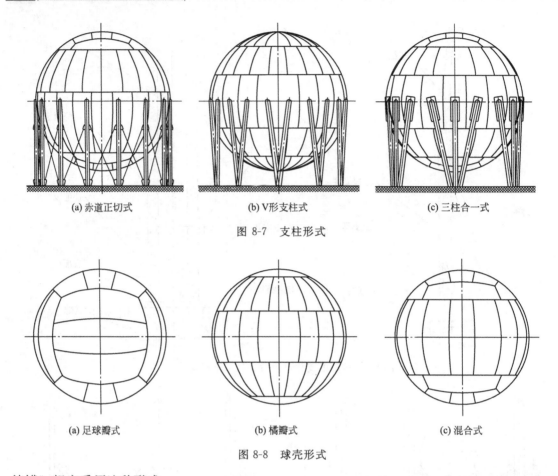

(a) 赤道正切式　　　　(b) V形支柱式　　　　(c) 三柱合一式

图 8-7　支柱形式

(a) 足球瓣式　　　　(b) 橘瓣式　　　　(c) 混合式

图 8-8　球壳形式

储罐》规定采用这种形式。

由于混合式球罐结构具有板材利用率高、分块数少、焊缝短、焊接及检测工作量小等优点，目前，国内外大多采用混合式球壳结构。

第二节　球瓣的制造

现以 3000^3 球罐组装为例介绍其制造流程，如图 8-9 所示。

一、原材料检验

制造厂必须按照设计文件的规定及相关国家的现行标准对球罐的材料进行检查和验收。首先必须按图纸及板材技术要求，明确钢板的使用状态。其次要了解进厂钢板的实际状态是否与使用状态相符，如规定在热处理下使用，而进厂的钢板为热轧状态，则必须先对钢板进行相应的热处理。

球罐用钢应附有钢材生产单位提供的钢材质量证明书原件，入厂时制造单位应按质量证明书进行验收。必要时进行复验，其内容有：

① 化学成分；
② 拉伸试验；
③ 弯曲试验；

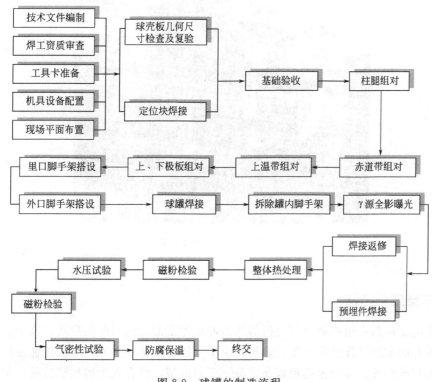

图 8-9 球罐的制造流程

④ 冲击试验；
⑤ 尺寸及外观检查；
⑥ 超声波探伤检查；
⑦ 其他技术要求中规定的材料检查。

当钢板检验后证明达到设计要求后，应在每张钢板上做适当标记，并且要求在以后的制造加工过程中仍保持这些标记，以备识别查考。

二、球瓣片加工

球瓣放样时，球壳的结构形式和尺寸应按图样的要求，制造单位对每块球瓣板都应建立记录卡，记录球瓣板材质、炉批号、编号、位号、带号等内容，并在球瓣板外表面标记位号及带号，同时，记录卡还应包括几何尺寸、曲率的检查结果等内容。

球壳是双曲面，不可能在平面上精确展开。球瓣板下料方法有一次下料法和二次下料法两种。一次下料法是用数控切割机对球壳用钢板进行精确切割（包括坡口）后，再进行球瓣板的压制成型。二次下料法是先对球壳用钢板进行粗下料，压制成型后再用置于特制导轨上的气割枪进行坡口切割，最后再对球壳板进行校形。目前，一般采用二次下料方法制造，切割坡口时，常采用双枪气割一次完成坡口的制备，如图 8-10 所示。随着计算机辅助设计（CAD）和辅助制造（CAM）的发展，数控切割设备的大量使用，一次平面下料将会迅速发展。

加工坡口时，圆柱形壳可先开坡口，再成型，而球片就不行。每个球片的焊接坡口，必须在球片压制成型后加工。坡口加工可采用火焰切割、风铲、机械加工及打磨等方法，亦

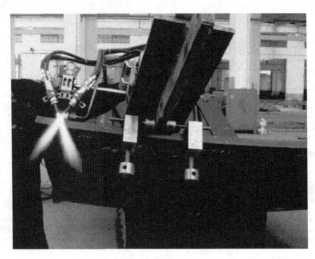

图 8-10 双枪气割下料法

可以各种方法结合进行。

三、球瓣成型方法

球壳板的瓣片是由钢板通过压力机的压力冲压加工而达到需要的形状，这个过程称为成型操作。球瓣的成型操作分为冷压、热压及温压。还有其他一些成型方法正在发展中，如液压成型、爆炸成型等。冷压是指钢板在常温下压制成型，没有人为的加热过程；热压是指将钢板加热到上临界点（A_{c_3}）以上的某一温度，并在这个温度下成型；温压指将钢板加热到低于下临界点（A_c）的某一温度时压制成型。

具体选择哪一种成型方法取决于材料种类、厚度、曲率半径、热处理、强度、延展性和设备能力等。

1. 冷压

冷压具有小模具、多压点，加工精度高，无较长的加热过程，不产生氧化皮，加工人员可不用特殊的防护服等优点，因此冷压得以广泛应用。球瓣片的冷压如图 8-11 所示。

图 8-11 球瓣片的冷压

为了提高球瓣的精度，特别是在热处理状态使用的并以使用状态供货的钢板（如正火状态使用、水淬加回火状态使用），宜采用冷压成型方法。

冷压要注意以下几点。

① 冷压钢板边缘如经火焰切割，则需注意消除热影响区硬化部分的缺口。

② 当冬季环境温度降低到 5℃ 以下时，或钢板较厚，在冷压时应将钢板预热到 100～150℃。加热可在炉内进行，或采用气体燃烧器来进行。

③ 冷压时，钢板外层纤维的应变量应满足要求，当碳钢大于 4%、低合金钢大于 3% 时应做中间热处理。中间热处理温度可按表 8-1 选取。

④ 冲压过程需要考虑回弹率造成的变形，一般回弹率大约为成型曲率的 20%。

⑤ 由于球瓣板易变形且操作不方便，因此对薄板及大板幅球瓣板的加工，应采用防变形措施。

⑥ 成型后需焊支柱、人孔及其他附件的球瓣板，其冲压曲率应考虑焊后的收缩变形。

表 8-1 中间热处理温度

材料	碳钢	碳钼钢	锰钼钢	锰钢	铬钼钢
热处理温度	590～650℃	590～650℃	617～680℃	590～680℃	630～700℃

2. 热压

将钢板加热到塑性变形温度，然后用模具一次冲压成型。热压可降低材料的屈服极限，减少动力消耗，避免应变硬化和增加材料的延展性。一次成型可以避免冷压的多点多次冲压过程，一般只适用于设备上使用的球形封头。

热压要注意以下几点。

① 热压温度要加以控制，过高的加热温度会造成脱碳、晶粒长大和晶间氧化。热压时为了避免上述问题要尽快加热到热压温度，要做到内外温度一致、全板温度一致，保温时间应尽可能短。一般热压温度在 800～950℃ 之间，按钢种不同稍有变化。

② 需正火热处理的材料，可以用热压的加热来代替钢厂的正火热处理，此时钢板在热压时的加热温度应相当于正火温度，且要有足够的保温时间。

③ 材料如要求其他热处理，如退火或淬火加回火，则必须在热压后重做热处理。

3. 温压

温压是将钢板加热到低于临界点（A_c）下的某一温度时压制成型，其主要解决工厂水压机的能力不足，以及防止某些材料产生低应力脆性破坏。温压介于冷压与热压之间，与热压相比，温压具有加热时间短、氧化皮少等优点。与冷压相比，则无脆性破坏的危险。

温压成型的温度及保温时间要仔细选择，确保以后在加工过程中的热处理与成型温度的效果，不使材料的力学性能降至最低要求之下。一般把温压的加热温度限制在焊后热处理温度之下。

冷压、热压及温压各有优缺点，从球形容器的组装方便及尽量减少局部应力方面考虑，要求球瓣的精度越高越好。其次因球形容器向大型化发展，要求材料的强度高、韧性好，故而采用高强度调质钢的场合越来越多，冷压成型必将作为首先考虑的球形容器球瓣成型方法。

在采用厚截面热轧材料（如 Q345R、Q370R）制作球瓣时，为了提高材料的韧性及塑性，即提高球罐的安全性，采用正火温度进行热压成型。

4. 其他新的成型方法

液压成型和爆炸成型均属于无模成型工艺，与传统制球瓣工艺相比最大特点是不用模具。

四、球瓣板的曲率及几何尺寸

球瓣板成形后，应按球罐国家标准或图样的要求，检查球瓣的曲率，曲率半径差不得大于 3mm，否则应予矫形，检查方法如图 8-12 所示。检查曲率时，应按横向、纵向、对角线方向对球瓣板及周边分别测量，其偏差应在允许的范围之内，否则应校形。球壳板的几何尺寸应按球罐国家标准的规定进行测量，如图 8-13 所示，按长度、宽度、对角线、对角线间的垂直距离分别进行，其偏差应在允许的范围之内。

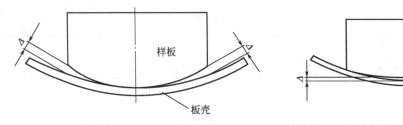

图 8-12 球瓣片的曲率检查

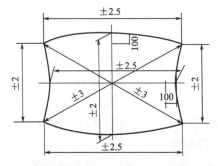

图 8-13 球片的几何尺寸检查

图 8-14 相关无损检测

球壳板的坡口检查内容有坡口夹角、钝边厚度、钝边中心位移、坡口表面平整光洁程度，表面粗糙度 $Ra \leqslant 25\mu m$，平面度 $B \leqslant 0.04\delta_n$（名义厚度）且小于 1mm，焊渣与氧化皮应清除干净，坡口表面图样有要求时，应按图样的规定进行 100% 磁粉或渗透检测，不应存在裂纹、分层和夹渣等缺陷。

五、球瓣板的超声波和磁粉检查

如图 8-14 所示，球瓣板周边 100mm 的范围内应进行 100% 超声波检测。材料标准抗拉强度下限值 $\sigma_b > 540MPa$ 的钢材所制球瓣板坡口、人孔坡口、接管坡口及球壳板开孔后的气割坡口，其表面应进行 100% 的磁粉检测或渗透检测，其他钢材制球壳板坡口、人孔颈坡口、接管坡口及球壳开孔后的气割坡口表面是否要求进行 100% 的磁粉检测或渗透检测，应根据钢材是否容易产生表面裂纹和球罐储存物料情况进行。与支柱连接的已成型赤道板，材料标准抗拉强度下限值 $\sigma_b > 540MPa$，且储存物料载荷较大时，一般应要求进行 100% 的超声波检测和 100% 的磁粉检测。

六、预组装

如图样有要求，球壳板出厂前上极、下极、赤道带、上温带、下温带应进行预组装，如图 8-15 所示，并分别检查上下口水平度、上下口椭圆度、对接坡口间隙、对口棱角度、对口错边量。合格后方可出厂，否则应校形。

图 8-15　球罐预组装

第三节　球罐的组装

近年来，我国的球罐建造速度及建造技术有了很大的提高和发展，下面介绍近年来普遍采用的几种组装方法。

一、整体组装法

整体组装法是指把球壳瓣片用工夹具逐一组装成球，而后一并焊接的方法。它的安装工程大致可分为两个阶段：组装阶段和焊接阶段。这种方法由于生产专业性强，给生产管理和生产速度带来很大优越性。

整体组装法不但适用大、中、小型球罐的安装，且适用于椭圆形容器的安装以及不同形式罐片的安装。整体组装法一般有两种形式：单片组装法和拼大片组装法。

1. 单片组装法

单片组装法又称散装法，即把单张球瓣逐一组装成型的方法。如图 8-16 所示，这种方法由于单片组装，故不需要很大的起吊机具和安装现场，准备工作量小，组装速度快，且球体的组装精度易于保证，组装应力小。在吊装赤道带时常常采用图 8-17 的吊装方法，可以比较好的保证组装质量。

2. 拼大片组装法

拼大片组装法是在胎具上把已预装编号的各带板中相邻的两张或更多的球瓣拼接成较大的一组合瓣，然后吊装各组合瓣成球。拼大片组装法由于部分球瓣在地面进行组焊，可采用各种不同的自动焊接手段进行焊接，大大提高了这部分纵缝的焊接质量，并减少了部分高空作业量和工夹具的数量。对于单张球瓣不大的球罐，此法是加快工程进度、提高质量的一种途径。

(a) 相邻两支柱间安装赤道板　(b) 赤道带合围
(c) 温带组装　(d) 极板组装

图 8-16　单片组装法

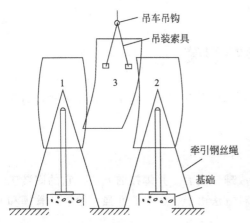

图 8-17　赤道带吊装示意图

二、分带组装法

分带组装法是在平台上按赤道带、上下温带、上下极板等各种带板分别组对并焊接环带，然后组装各环带成球的方法。由于分带组装法的各环带在平台上组焊，所以各环带纵缝的组装精确度好，组装拘束力小，且纵缝的焊接质量易于保证。

分带组装法（图 8-18）可分为两种形式：拼环带组装法和拼半球组装法。

拼环带组装法把所有的纵缝放在平台上组焊，把高空作业变为地面作业，因而各纵焊缝的拘束力小，精度好，且还可以利用自动焊接，手工焊接的质量也易于保证。拼环带组装法一般用于中小型球罐的安装。

拼半球组装法一般是先在平台上用拼环带的方法将球瓣分别组装成两个半球，然后在基础上将两个半球拼装成整球，拼半球组装法一般用于中小型球罐的安装。

图 8-18　分带组装法

三、分带和整体混合组装法

将各支柱截为两部分，把上支柱与赤道环带在平带上组装好，点固焊，必要时在纵焊缝两端焊一连码，以防止起吊时点焊爆裂，然后吊起赤道环，与已就位基础上的下部分支柱相对拼。以装好的赤道带为基准，用整体组装的方法将其余的球瓣组装成球。

分带、整体混合组装法兼备两种组装法的优点，它一般只适用于中小球罐的安装。

四、组焊准备

球罐组焊前，组焊单位应编制球罐施工组织设计方案，方案内容应包括组装、焊接，无损检测、整体热处理、水压试验和气密性试验等内容。该方案应征得用户同意并报质量检验部门备案。球罐应按设计图样进行组焊，如组焊中需改动设计图样时，必须征得设计单位同意并办理设计变更手续。球罐组焊前应按 GB 12337—1998 的规定，对基础各部位按基础设计蓝图、施工记录和验收报告进行检查和验收，并办理移交手续。

球罐组焊前应按下列要求对球罐零部件进行复查。

① 对球罐零部件的数量按图样和装箱单进行复查。

② 对每张球壳板的曲率、几何尺寸和表面机械损伤和坡口表面质量进行全面复查，复查结果应符合 GB 12337—1998 标准的要求。

③ 对球壳板应进行厚度抽查，抽查数量不少于球壳板总数的 20%；厚度测量每块球壳板最少应为 9 点。其厚度偏差应在钢材标准的允许负偏差之内。

④ 对材料标准抗拉强度下限值 σ_b＞540MPa 的钢板制球壳坡口，其表面应经磁粉或渗透检测抽查，不应有裂纹、分层和夹渣等缺陷，抽查数量不少于球壳板总数的 20%。

⑤ 对球壳板应进行超声波检测抽查，抽查数量不少于球壳板总数的 20%，且每带不少于 2 块，被抽查的球壳板周边 100mm 范围内进行全面积抽查，检查方法和检查结果应符合图或 GB 12337—1998 标准的规定，若发现超标缺陷，应加倍抽查，若仍有超标缺陷，则应 100% 检验。

此外，焊条也应按图样的规定进行扩散氢含量的复验，并按批进行化学成分和力学性能的复验。

五、焊接及热处理

球罐的焊接方法有焊条电弧焊或自动焊，如图 8-19 所示。对焊条电弧焊，在焊接时应

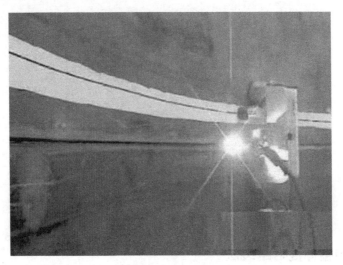

图 8-19 球罐的自动焊

该注意焊工要对称布置,以减小变形。

(1) 施焊环境 当施焊环境出现下列任何一种情况,且无有效防护措施时禁止施焊。

① 雨天及雪天。

② 风速超过 6m/s。

③ 环境温度在 -5℃以下。

④ 相对湿度在 85% 以上。

(2) 焊接要求 对焊接材料制造单位应制定焊接材料的储存、烘干及发放使用规定并严格执行;施焊现场必须使用保温效果良好的焊条保温筒;每次领用的焊条不得超过 4kg,最长使用时间不得超过 4h,否则必须返回烘干,且最多只可重复烘干 2 次;制造单位必须依据焊接工艺评定,制定具体焊接工艺标准,用于指导焊接施工;定位焊及临时辅件与承压件的焊接,其焊接工艺及焊工要求与球壳焊接相同;应根据减少焊接变形和残余应力的原则制定合理的球壳焊接顺序和焊工配置;施焊时应严格控制焊接热输入,保证焊接热输入及焊接层间温度不超过焊接工艺评定或焊接工艺规程的规定;双面对接焊缝,单侧焊接后应进行背面清根。用碳弧气刨清根后,应用砂轮修整坡口形状尺寸,磨除渗碳层。材料标准抗拉强度下限值 $\sigma_b \geqslant 540$MPa 的钢材清根后坡口应按 JB/T 4730—2005 进行 100% 渗透检测;承压焊缝应连续施焊,不得中间停焊,如因特殊原因中断,应采取措施以防产生裂纹,再次施焊前,应经磁粉检测或渗透检测确认无裂纹后,方可按原工艺要求继续施焊;图样有要求时,对球壳板与人孔、接管、支柱焊接的焊缝,以及人孔凸缘与法兰对接焊缝,焊后立即进行后热消氢处理,后热温度一般为 200~250℃,保温 0.5~1h,加热范围与温度测量等应与预热相同;焊接完成后,应在统一规定位置打上低应力焊工钢印,并应绘制焊缝编号及焊工钢印布置图,保证可跟踪性。

球罐整体的热处理是一个特殊过程,具有不可逆性的特点。对各方面的要求比较高,从外部条件来讲,必须选择良好的天气,必须保证电源供应。内部条件来讲,必须做好整套热处理设备的预试验工作,确保各部位如供油系统、供风系统、测温系统等运行正常,同时要准备好备品备件及机械仪表抢修工作。

球罐的热处理方法通常有柴油雾化内燃法,其加热原理是以球罐内部为炉膛,选用 0 号柴油为燃料，球罐外部用保温材料进行绝热保温，通过鼓风机送风和喷嘴将燃料油喷入并雾化，由电子点火器点燃，随着燃油不断燃烧产生的高温气流在球罐内壁对流传导和火焰热辐射作用，使球罐升温到热处理所需的温度。

六、检验

球罐的检验主要包括原材料的检验、车间制造检验、工地组装和焊接过程及焊后各项检验、竣工检验以及投入生产后的使用安全检验。

同步练习

一、填空题

1. "五带"式球罐指（　　）、（　　）、（　　）、（　　）、（　　）。
2. 按照球壳板的排板形式可以将球罐分为（　　）、（　　）、（　　）。
3. 球瓣片为了保证较高的精度，成型时选择（　　）方法压制。
4. 球罐焊接方法有（　　）、（　　）。
5. 分带组装法可分为两种形式：（　　）、（　　）。
6. 球瓣板下料方法有（　　）、（　　）两种。

二、选择题

1. 下列哪一种不是球罐的组装方法（　　）。
   ① 整体组装法　　② 分带和整体混合组装法
   ③ 分带组装法　　④ 随意组装法
2. 球壳板的曲率半径差要求不得大于（　　）mm。
   ① 1　　② 2
   ③ 3　　④ 4

三、简答题

1. 简述球罐的组成结构及特点。
2. 简述球罐的油雾化内燃法热处理工作原理。
3. 球罐的组装方法有哪些？各有什么优缺点？

附 录

附录一 碳素钢和低合金钢板的许用应力

钢号	钢板标准	使用状态	厚度/mm	室温强度指标 R_m/MPa	室温强度指标 R_{eL}/MPa	在下列温度(℃)下的许用应力/MPa ≤20	100	150	200	250	300	350	400	425	450	475	500	525	550	575	600
Q245R	GB 713	热轧,控轧,正火	3~16	400	245	148	147	140	131	117	108	98	91	85	61	41					
			>16~36	400	235	148	140	133	124	111	102	93	86	84	61	41					
			>36~60	400	225	148	133	127	119	107	98	89	82	80	61	41					
			>60~100	390	205	137	123	117	109	98	90	82	75	73	61	41					
			>100~150	380	185	123	112	107	100	90	80	73	70	67	61	41					
Q345R	GB 713	热轧,控轧,正火	3~16	510	345	189	189	189	183	167	153	143	125	93	66	43					
			>16~36	500	325	185	185	183	170	157	143	133	125	93	66	43					
			>36~60	490	315	181	181	173	160	147	133	123	117	93	66	43					
			>60~100	490	305	181	181	167	150	137	123	117	110	93	66	43					
			>100~150	480	285	178	173	160	147	133	120	113	107	93	66	43					
			>150~200	470	265	174	163	153	143	130	117	110	103	93	66	43					
Q370R	GB 713	正火	10~16	530	370	196	196	196	196	190	180	170									
			>16~36	530	360	196	196	196	193	183	173	163									
			>36~60	520	340	193	193	193	180	170	160	150									
18MnMoNbR	GB 713	正火	30~60	570	400	211	211	211	211	211	211	211	207	195	177	117					
		加回火	>60~100	570	390	211	211	211	211	211	211	211	203	192	177	117					

续表

钢号	钢板标准	使用状态	厚度/mm	室温强度指标 R_m/MPa	室温强度指标 R_{eL}/MPa	在下列温度(℃)下的许用应力/MPa ≤20	100	150	200	250	300	350	400	425	450	475	500	525	550	575	600
13MnNiMoR	GB 713	正火加回火	30~100	570	390	211	211	211	211	211	211	211	203								
			>100~150	570	380	211	211	211	211	211	211	211	200								
15CrMoR	GB 713	正火加回火	6~60	450	295	167	167	167	160	150	140	133	126	122	119	117	88	58	37		
			>60~100	450	275	167	167	157	147	140	131	124	117	114	111	109	88	58	37		
			>100~150	440	255	163	157	147	140	133	123	117	110	107	104	102	88	58	37		
14Cr1MoR	GB 713	正火加回火	60~100	520	310	193	187	180	170	163	153	147	140	135	130	123	80	54	33		
			>100~150	510	300	189	180	173	163	157	147	140	133	130	127	121	80	54	33		
12Cr2Mo1R	GB 713	正火加回火	6~150	520	310	193	187	180	173	170	167	163	160	157	147	119	89	61	46	37	
12Cr1MoVR	GB 713	正火加回火	6~60	440	245	163	150	140	133	127	117	111	105	103	100	98	95	82	59	41	
			>60~100	430	235	157	147	140	133	127	117	111	105	103	100	98	95	82	59	41	
12Cr2Mo1VR	—	正火加回火	30~120	590	415	219	219	219	219	219	219	219	219	219	193	163	134	104	72		
16MnDR	GB 3531	正火、正火加回火	6~16	490	315	181	181	180	167	153	140	130									
			>16~36	470	295	174	174	167	157	143	130	120									
			>36~60	460	285	170	170	160	150	137	123	117									
			>60~100	450	275	167	167	157	147	133	120	113									
			>100~120	440	265	163	163	153	143	130	117	110									
15MnNiDR	GB 3531	正火、正火加回火	6~16	490	325	181	181	181	173												
			>16~36	480	315	178	178	178	167												
			>36~60	470	305	174	174	173	160												

续表

钢号	钢板标准	使用状态	厚度/mm	室温强度指标 R_m/MPa	室温强度指标 R_{eL}/MPa	在下列温度(℃)下的许用应力/MPa ≤20	100	150	200	250	300	350	400	425	450	475	500	525	550	575	600
15MnNiNbDR	—	正火,正火加回火	10~16	530	370	196	196	196	196												
			>16~36	530	360	196	196	196	193												
			>36~60	520	350	193	193	193	187												
09MnNiDR	GB 3531	正火,正火加回火	6~16	440	300	163	163	163	160	153	147	137									
			>16~36	430	280	159	159	157	150	143	137	127									
			>36~60	430	270	159	159	150	143	137	130	120									
			>60~120	420	260	156	156	147	140	133	127	117									
08Ni3DR	—	正火,正火加回火,调质	6~60	490	320	181	181														
			>60~100	480	300	178	178															
06Ni9DR	—	调质	6~30	680	560	252	252															
			>30~40	680	550	252	252															
07MnMoVR	GB 19189	调质	10~60	610	490	226	226	226	226												
07MnNiVDR	GB 19189	调质	10~60	610	490	226	226	226	226												
07MnNiMoDR	GB 19189	调质	10~59	610	490	226	226	226	226												
12MnNiVR	GB 19189	调质	10~60	610	490	226	226	226	226												

附录二　化工压力容器常用标准

[1]　GB150.1～4—2011《压力容器》
[2]　TSG R0004—2009 固定式压力容器安全技术监察规程
[3]　JB 4732《钢制压力容器-分析设计标准》（2005 确认）
[4]　NB/T 47003.1《钢制焊接常压容器》
[5]　GB 713—2008《锅炉和压力容器用钢板》及第 1 号修改单
[6]　GB 24511—2009 承压设备用不锈钢钢板及钢带
[7]　GB 3531—2008《低温压力容器用低合金钢钢板》及第 1 号修改单
[8]　NB/T 47008—2010《承压设备用碳素钢和合金钢锻件》
[9]　NB/T 47009—2010《低温承压设备用低合金钢锻件》
[10]　NB/T 47010—2010《承压设备用不锈钢和耐热钢锻件》
[11]　HG/T 20580—2011《钢制化工容器设计基础规定》
[12]　HG/T 20584—2011《钢制化工容器制造技术要求》
[13]　NB/T 47020—2012《压力容器法兰分类与技术条件》
[14]　NB/T 47021—2012《甲型平焊法兰》
[15]　NB/T 47022—2012《乙型平焊法兰》
[16]　NB/T 47023—2012《长颈对焊法兰》
[17]　HG 20592～20635—2009《钢制管法兰、垫片和紧固件》
[18]　JB/T 4730—2005《承压设备无损检测》
[19]　JB/T 4710—2005《钢制塔式容器》
[20]　GB/T 25198—2010《压力容器封头》
[21]　NB/T 47014—2011《承压设备焊接工艺评定》
[22]　NB/T 47015—2011《压力容器焊接规程》
[23]　NB/T 47016—2011《承压设备产品焊接试件的力学性能检验》
[24]　JB/T 4711—2003《压力容器涂敷与运输包装》
[25]　HG/T 20583—2011《钢制化工容器结构设计规定》

参 考 文 献

[1] 朱方鸣. 化工机械制造技术. 北京：化学工业出版社，2005.
[2] 寿比南. 中、美压力容器标准的对比分析. 中国锅炉压力容器安全，1999.
[3] 李世玉，桑如苞主编. 压力容器工程师设计指南. 北京：化学工业出版社，1994.
[4] 王林征. 炼厂设备制造工艺学. 北京：石油工业出版社，1989.
[5] 郑津洋 董其武. 过程设备设计. 北京：化学工业出版社，2010.
[6] 王春林 庞春虎. 化工设备制造技术. 北京：化学工业出版社，2009.
[7] 林志民. 钢制容器和结构件应用下料手册. 北京：机械工业出版社，1997.
[8] 王志斌. 压力容器结构与制造. 北京：化学工业出版社，2009.
[9] 文申柳. 金属材料焊接. 北京：化学工业出版社，2008.
[10] 王志斌. 压力容器基础. 北京：高等教育出版社，2010.
[11] 全国锅炉压力容器标准化技术委员会编. 压力容器设计工程师培训手册. 北京：新华出版社，2005.
[12] 压力容器技术丛书编写委员会主编. 压力容器制造和修理. 北京：化学工业出版社，2003.